科学ファンのための

理工系数学

～二項係数から相対論まで～

松延宏一朗

現代数学社

はじめに

　本書は，数学や物理学の専門家ではない高校数学教師の書いた数理科学の本である．中身は，雑多な数理科学の話題で，少し物理学に偏っている．具体的には，現代数学社の月刊誌「理系への数学」において，高校生向けの「入試問作者の意図」，一般向けの「これだけは知っておこう理工系数学」の連載記事をもとに，そのほとんどを修正・加筆，再構成したものである．一部大幅に拡張したところもある．

　現代数学社編集部から連載記事を本として出版する企画を提案されたときは，タイトルはそのまま「これだけは知っておこう理工系数学」にしようと考えていたのだが，なんとなく違和感を感じていた．というのも，私は数理科学の専門家になるための訓練も受けていないし，価値ある学位ももっていない．大学理工系の者が習得しておく理工系数学の素養とはどんなものか，ということに対して，専門家のような確たる考えを持っているわけではなかった．そのようなとき，「科学ファンのための理工系数学」というタイトルを編集部の方が考えて下さった．「なるほど」と思った．そう，私自身は科学ファンなのだから．

　理工系の研究者・技術者や大学教員にならない限り，大学理工系を卒業しても，大学で学んだ数学や物理の知識を直接活用しているという人は少ないのが現実だろう．例えば，カーナビなどの GPS 技術が使われている道具を日常的に使っていても，GPS 技術の背後にある相対論を知っている必要はないし，毎日 PC を使って文書を作っていても，メモリやハードディスクの物理的状態を電子レベルで理解する必要もない．しかし，理工系出身者ならば，詳しくは知らなくても，そういう背景があるらしいことぐらいは知っておきたい．また，科学技術のプロにならなくても，科学ファンでありつづけることは理工系出身者の特権ともいえる．相対論が生まれて 100 年以上たつ今日，素粒子実験や宇宙の観測技術の進歩によって相対論が量子論とならぶ物理学の基礎理論として確立しているが，そうなる前には数学者を含む一部の理論研究者のみの研究対象であった時代があり，そ

ういう時代に相対論ファンが相対論の市民権を支えてきたという事情がある．ある科学理論や科学技術が，これまでの謎を解いたり，実生活に応用の可能性を秘めていたりしても，それが人間社会に市民権を持たなければ，宝の持ち腐れになってしまったり，隠れて悪用されることがあるかもしれない．科学に限らず，どんな文化やスポーツでも，専門家だけでなくそれに市民権を与えるファンや支持者なくしては，これを後世に継承していくシステムもできにくい．

　本書では，理工系数学に関する話題を，正統的な論文や教科書だけでなく，啓蒙書，大学入試問題やOfficeソフトなど，より身近で手に入りやすいものからも選んだ．物理学の諸分野を数学を使って議論している例を多くあげているが，数学や物理の教科書に傍流として書かれているようなことも詳しくとりあげている．傍流という意味は，重要でないということではない．そこで触れてしまうと，本流として伝えたいことを混乱させてしまうからあえて傍流にしているのであって，重要であることもあったり，本質的な理解を助けてくれることもある．例えば，相対論における双子のパラドクスの問題は教科書では正面からとらえていることはほとんどないが，これらの問題を突き詰めたら自分は本当に相対論を理解しているかどうかのチェックにもなる．

　次に本書の記述レベルについても説明しておこう．これについては章によってバラバラだと言わねばならない．それは，原稿の大半が読み切り形式の雑誌連載記事を集めたことによる．高校生や大学初年級の学生にとっては決してやさしく分かりやすいものではないし，それでは高度すぎるかというとそうでもない．筆者は，大学理工系の数学や物理のコースは，どのような大学でもそうレベルは変わらないと思っている．要は理解する側がどれだけ理解しようと努力しているかにかかっている．おそらく数学や物理の単位を修得したすべての学生の7割程度は，講義する側の大学教官が期待する標準的理解度に達していないのではないかと思う（これは筆者の偏見かもしれない）．数学や物理学を一定のレベルまで理解しようと思うなら，相当覚悟して努力しなければならない．理工系出身を自認するなら，

せめて標準的理解がどういうものかということぐらいは知っておかなければならない．本書が大学の先生が執筆する標準的レベルの教科書と異なっているところは，標準的理解をしようと紙と鉛筆による膨大な作業をしつつ学ぶ側の立場にたって，計算の詳細を一切省略していないことである．また，時折，数学の大学入試問題を例題に挙げている．かつて，「受験数学は数学ではない」ということが言われたが，本当にそうだろうか．最近の数学の入試問題は，内容的に最新の数理科学のトピックから題材をとっていると考えられる問題が少なくない．最近の学生の学力低下が定説になりつつある一方で，数十年前の数学の入試問題に比べて，最近の入試問題はかなり難しくなっていると言われている．高校数学教員としての筆者自身もそう思う．難問でも，難問のための難問ではなく，最近の数理科学の話題などを高校数学で語ろうとするために難しくなっているのであれば，制限時間を無視してこういう問題と向き合うことは非常にわくわくしてしまう．

本書の読み方は読者の自由である．各章が独立しているので，同じことを繰り返し述べていることもある．目次をみて，興味があるところだけをときどき斜め読みするのもよいと思う．幅広い記述をしたので，筆者がその分野の標準的理解度に到達していない箇所もあるかもしれない（いや，きっとある）．

本書を執筆するにあたって参考にした文献は本文中に引用していない．その1冊1冊が素晴らしい本であり，その素晴らしさを詳しく述べたいと考え，最終章で紹介している．実は，この最終章が筆者が最も力を注いだ部分であり，この本を手にとった読者に最も読んでほしいところでもある．数学で科学を語ることの素晴らしさを感じられたならもう本書の役割は終了し，最終章で紹介したような標準的入門書で本格的な勉強を初めてほしい．標準的理解へ到達するにはこれらの本を地道に学ぶことである．「学問に王道なし」とはよく言ったもので，王道があるとすれば本人がやる気をもつことであろう．

本書は，原稿からレイアウト編集や目次や索引の作成まで出版素人の筆者自身が行った．それができたのは，アメリカの数学者・コンピュータ科学

者 Donald Elvin Knuth が作った TeX，およびそれを使いやすくした LaTeX 2ε という非常に優れたフリーソフトウェアを用いたからである．とくに，本文のレイアウトは (株) 加藤文明社印刷所のフリーソフト「LaTeX 2ε 基本レイアウト Ver3.5」を用いた．TeX やそれを日本語 Windows 上で使いやすい環境を開発された多くの方々には，参考文献の著者の方々と同じくらいにとても感謝しています．そして，本書の出版を勧めて下さった現代数学社富田栄氏に感謝します．雑誌連載の経験のなかった筆者に，いろいろアドバイスして下さり，掲載記事に関する読者のコメントを紹介してくださったり，いろいろ勉強になりました．

平成 19 年 6 月 12 日　松延宏一朗

目 次

第 1 章　二項係数　　1
- 1.1　Jordan の階乗記号 1
- 1.2　二項係数 2
  - 1.2.1　二項係数の重要公式 3
  - 1.2.2　Leibniz の微分公式 4
- 1.3　二項展開 6

第 2 章　関数の Taylor 展開　　9
- 2.1　Taylor の定理 9
  - 2.1.1　e^x を近似する 2 つの多項式 11
  - 2.1.2　Taylor 展開の他の例 15
  - 2.1.3　Taylor 展開の力学への応用例 16
  - 2.1.4　Taylor 展開が応用上重要なわけ 19
- 2.2　多変数関数の場合 20
  - 2.2.1　多変数関数の Taylor の定理 20
  - 2.2.2　多変数関数の極値問題 23

第 3 章　微分方程式　　31
- 3.1　運動学の常微分方程式 31
  - 3.1.1　変数分離法 35
  - 3.1.2　解を求める 36
- 3.2　流体力学の偏微分方程式 40
  - 3.2.1　大学入試問題から 40

		3.2.2	数学的準備	41
		3.2.3	物理的準備	48
		3.2.4	回転流体の水面	51

第 4 章　Euler の公式　　53

- 4.1 Euler の公式 53
  - 4.1.1 複素数の表示形式 53
  - 4.1.2 微分方程式からみた指数関数 55
  - 4.1.3 Picard の逐次近似法 56
- 4.2 Euler の公式の応用 68
  - 4.2.1 周期的境界条件をもつ漸化式 68
  - 4.2.2 直線に下ろした垂線の足 71
  - 4.2.3 球対称場の中の粒子 73

第 5 章　重要な無限積分　　77

- 5.1 Riemann 積分とその拡張 77
  - 5.1.1 1 変数の場合 77
  - 5.1.2 2 変数の場合 78
- 5.2 無限積分 $\int_{-\infty}^{\infty} dx e^{-x^2} = \sqrt{\pi}$ 79
- 5.3 いくつかの派生積分公式 80
- 5.4 拡散方程式の解 85

第 6 章　線形波動方程式　　89

- 6.1 Fourier 展開 89
- 6.2 波動方程式の初期値問題 92

第 7 章　Dirac の δ　　97

- 7.1 デルタ関数 97
  - 7.1.1 デルタ関数の定義と性質 98
  - 7.1.2 量子力学とデルタ関数 101

7.2		デルタ関数の応用	110
	7.2.1	Dirac の δ 関数と Heaviside 関数	110
	7.2.2	撃力	111
	7.2.3	点粒子の電荷密度と電流密度	112
	7.2.4	標本化定理	114

第 8 章 Markov 連鎖　　119

8.1	Markov 連鎖	119
8.2	大学入試問題から	121
	8.2.1　解答 1	123
	8.2.2　解答 2	126
8.3	確率過程	129

第 9 章 実数の p 進表記　　131

9.1	Gauss 記号	131
9.2	p 進表記	133
	9.2.1　整数 $[x]$ の p 進表記	134
	9.2.2　実数 x の p 進表記	135
	9.2.3　Gauss 記号の美しさ	136

第 10 章 離散力学系　　139

10.1	離散力学系	139
10.2	連続関数の場合	141
	10.2.1　N 周期点を求める	142
	10.2.2　N 周期軌道に漸近する軌道	150
	10.2.3　カオス	151
10.3	不連続関数の場合	154
	10.3.1　周期点	160
	10.3.2　周期的区間列に収まる軌道	164
	10.3.3　不連続区間力学系と 2 次の無理数	166

10.4	無限次元離散力学系	168

第 11 章 パソコンと数学　　　　　　　　　　　　　　　　　173

11.1	素因数分解のアルゴリズム	173
	11.1.1　プログラムの解説	174
	11.1.2　プログラムの改良	175
	11.1.3　アルゴリズムの効率化	177
11.2	Bezier 曲線	179
	11.2.1　Bezier 曲線の定義	179
	11.2.2　Bezier 曲線による補間	180
	11.2.3　その他の補間多項式	184
11.3	Office ソフトと数学	187
	11.3.1　関数電卓	187
	11.3.2　表計算ソフト	191
	11.3.3　リレーショナルデータベースと数学	196
	11.3.4　Office ソフトで数学の問題を解く	203

第 12 章 相対性理論　　　　　　　　　　　　　　　　　　　　215

12.1	Lorentz 変換	216
	12.1.1　時間の遅れ	216
	12.1.2　Lorentz 収縮	217
	12.1.3　Minkowski 時空における世界距離	218
	12.1.4　世界距離と固有時間	219
	12.1.5　特殊相対論的速度の合成	220
12.2	特殊相対論的力学	221
	12.2.1　身近な相対論的現象	222
	12.2.2　特殊相対論的等加速度運動	226
	12.2.3　双子のパラドクス	228
	12.2.4　瞬間加速度運動	230

		12.2.5 もう一度，特殊相対論的等加速度運動	232
		12.2.6 加速度運動すると時間は遅れる	236
	12.3	電磁気学の 4 次元的定式化	241
		12.3.1 基本テンソルと反変・共変ベクトル	242
		12.3.2 電磁場中の荷電粒子の運動方程式	245
		12.3.3 Maxwell 方程式	247
		12.3.4 エネルギー運動量テンソルと保存則	250
	12.4	一般相対論の基本的な考え方	257
		12.4.1 等価原理と一般相対性原理	257
		12.4.2 時空の計量と重力ポテンシャル	258
		12.4.3 重力場中の物体の運動方程式	260
	12.5	重力場の方程式	263
		12.5.1 曲率テンソル	267
		12.5.2 等加速度時空	268

第 13 章 本格的に勉強するために　　285

13.1	数学関係の本	286
13.2	物理学関係の本	294
13.3	情報科学関係の本	303
13.4	その他の本	306

第1章

二項係数

Section 1.1
Jordanの階乗記号

n を正の整数とし，r を n 以下の 0 以上の整数とする．異なる n 個のものから r 個とって，順序を付けてできる並べる方法の総数を ${}_n\mathrm{P}_r$ で表す．

まず，
$$_n\mathrm{P}_0 = 1 \tag{1.1}$$
と考える．これは定義である．

次に $r \geq 1$ のときを考える．1番目の選び方は n 通り，2番目の選び方は1番目で使ったものを除く $n-1$ 通り，$\cdots$，r 番目の選び方は1番目から $r-1$ 番目までに使った $r-1$ 個を除く $n-(r-1) = n-r+1$ 通りあるから，積の法則により，

$$_n\mathrm{P}_r = \overbrace{n \times (n-1) \times \cdots \times (n-r+1)}^{r\text{ 個の積}} \tag{1.2}$$

となる．これはまた次のようにも書ける：

$$_n\mathrm{P}_r = \overbrace{n(n-1)\cdots(n-r+1)}^{r\text{ 個}} = \frac{\overbrace{n(n-1)\cdots(n-r+1)}^{r\text{ 個}} \times \overbrace{(n-r)\cdots 1}^{(n-r)\text{ 個}}}{\underbrace{(n-r)\cdots 1}_{(n-r)\text{ 個}}} = \frac{n!}{(n-r)!} \tag{1.3}$$

最後の表式は $r=0$ でも意味を持ち，その値は 1 である．これは ${}_n\mathrm{P}_0$ の値に一致する．

さて，
$$ {}_n\mathrm{P}_r = \overbrace{n(n-1)\cdots(n-r+1)}^{r個} \quad (r=0,1,\cdots,n) \tag{1.4}$$

において，右辺の n は正の整数，r は n 以下の 0 以上の整数であるが，n の代わりに複素数 α とし，r の上限を取り払っても右辺の数式は意味を持つ．そのときの右辺を $(\alpha)_r$ と表すことにしよう．すなわち，

$$ (\alpha)_r = \overbrace{\alpha(\alpha-1)\cdots(\alpha-r+1)}^{r個} \quad (r=0,1,\cdots) \tag{1.5}$$

とかく．$(\alpha)_0 = 1, (\alpha)_1 = \alpha, (\alpha)_2 = \alpha(\alpha-1)$ 等々．例えば，$(\alpha)_3 = \alpha(\alpha-1)(\alpha-2)$ において，$\alpha = 4,3,2,1,0$ としてみると，$(4)_3 = 4\cdot 3\cdot 2 = 24, (3)_3 = 3! = 6, (2)_3 = 2\cdot 1\cdot 0 = 0, (1)_3 = 1\cdot 0(-1) = 0, (0)_3 = 0(-1)(-2) = 0$ となる．一般に $\alpha = n$(正の整数) とすれば，

$$ (n)_r = \overbrace{n(n-1)\cdots(n-r+1)}^{r個} = \begin{cases} {}_n\mathrm{P}_r & (r=0,1,\cdots,n) \\ 0 & (r=n+1,\cdots) \end{cases} \tag{1.6}$$

となる．$r>n$ のときうまく 0 になってくれるところが気持ちがいい．

この記号 $(\alpha)_r\,(r=0,1,\cdots)$ は Jordan の階乗記号と呼ばれる．α を変数と考え，r を定数と考えると，$(\alpha)_r$ は α の r 次多項式である．

Section 1.2
二項係数

n を正の整数，r を n 以下の 0 以上の整数とする．異なる n のものから r 個とってできる組み合わせの総数を ${}_n\mathrm{C}_r$ とする．

$r \geq 1$ のとき，${}_n\mathrm{P}_r$ 個の順列は，異なる n 個からまず r 個の組を 1 つ選んで（選び方は ${}_n\mathrm{C}_r$ 通り），それを並べるとできあがる（並べ方は $r!$ 通り）．

したがって，

$$_nP_r = {_nC_r} \times r! \quad \therefore {_nC_r} = \frac{_nP_r}{r!} \tag{1.7}$$

が成り立つ．この式は $r = 0$ でも意味を持ち，$_nC_0 = 1$ を与えるから，$r = 0$ のときの $_nC_r$ をそのように定義する．

こうして，異なる n 個の物から r 個とってできる組み合わせの総数 $_nC_r$ は，

$$_nC_r = \frac{\overbrace{n(n-1)\cdots(n-r+1)}^{r \text{個}}}{r!} = \frac{n!}{r!(n-r)!} \quad (r = 0, 1, \cdots, n) \tag{1.8}$$

と表せる．

$$_nC_r = \frac{_nP_r}{r!} \tag{1.9}$$

の右辺において，n は正の整数，r は n 以下の 0 以上の整数であるが，n の代わりに複素数 α とし，r の上限を取り払うと，前節と同様に，右辺は $(\alpha)_r/r!$ となり意味を持つ．そのときの右辺を $\binom{\alpha}{r}$ と表すことにしよう．すなわち，

$$\binom{\alpha}{r} = \frac{(\alpha)_r}{r!} = \frac{\overbrace{\alpha(\alpha-1)\cdots(\alpha-r+1)}^{r \text{個}}}{r!} \quad (r = 0, 1, \cdots) \tag{1.10}$$

とかく．とくに $\alpha = n$(正の整数) とすれば，やはり

$$\binom{n}{r} = \begin{cases} _nC_r & (r = 0, 1, \cdots, n) \\ 0 & (r = n+1, \cdots) \end{cases} \tag{1.11}$$

となる．

1.2.1 二項係数の重要公式

一般の二項係数について，1つだけ重要公式を証明しておこう．

$$\binom{\alpha}{r} = \binom{\alpha-1}{r-1} + \binom{\alpha-1}{r} \quad (r = 1, 2, \cdots) \tag{1.12}$$

なぜなら，

$$\begin{aligned}(\text{右辺}) &= \frac{(\alpha-1)_{r-1}}{(r-1)!} + \frac{(\alpha-1)_r}{r!} = \frac{(\alpha-1)_{r-1}r + (\alpha-1)_r}{r!} \\ &= \frac{(\alpha-1)_{r-1}\{r + (\alpha-r)\}}{r!} = \frac{\alpha(\alpha-1)_{r-1}}{r!} = \frac{(\alpha)_r}{r!} = (\text{左辺})\end{aligned} \tag{1.13}$$

（証明終）．

この公式は，$\alpha = n$（2以上の整数），$1 \leqq r \leqq n-1$ のとき，組み合せ的な考え方で導かれることが多い．つまり，${}_n C_r$ を，n 個のうち特定の1個を定めて，それを含む場合（${}_{n-1}C_{r-1}$ 通り）と含まない場合（${}_{n-1}C_r$ 通り）に分けて数え上げたものと考えるのだ（和の法則）．しかし，上記の式変形による証明では，α, r にかかる制限は r が正の整数であることだけで，より一般的な証明になっていることに注意しよう．

1.2.2　Leibnizの微分公式

公式(1.12)を利用して，次の微分公式を導くことが出来る．

> n を0以上の整数とする．実数 x の関数 $f(x), g(x)$ が n 階微分可能であるとき，次の式が成り立つ：
>
> $$\{f(x)g(x)\}^{(n)} = \sum_{k=0}^{n} \binom{n}{k} f^{(n-k)}(x) g^{(k)}(x) \tag{1.14}$$
>
> ここで，第0階導関数はもとの関数に等しいとする．

この公式は，高校課程で学ぶ「二項定理」$(a+b)^n = \sum_{k=0}^{n}\binom{n}{k}a^{n-k}b^k$ と全く同じ形をしている．k 乗が第 k 階導関数になっているだけである．このとき，二項定理の n は0であってもよい（ただし，変数 z について，$z^0 = 1$ と定義する）．

（証明）$n=0$ のとき，第 0 階導関数の定義により明らかに成り立つ．n のとき成り立つと仮定しよう．

$$\begin{aligned}
&\{f(x)g(x)\}^{(n+1)} \\
&= \frac{d}{dx}\{f(x)g(x)\}^n = \frac{d}{dx}\sum_{k=0}^{n}\binom{n}{k}f^{(n-k)}(x)g^{(k)}(x) = \sum_{k=0}^{n}\binom{n}{k}\frac{d}{dx}\{f^{(n-k)}(x)g^{(k)}(x)\} \\
&= \sum_{k=0}^{n}\binom{n}{k}\{f^{(n-k+1)}(x)g^{(k)}(x) + f^{(n-k)}(x)g^{(k+1)}(x)\} \\
&= \sum_{k=0}^{n}\binom{n}{k}f^{(n-k+1)}(x)g^{(k)}(x) + \sum_{k=0}^{n}\binom{n}{k}f^{(n-k)}(x)g^{(k+1)}(x) \\
&= \sum_{k=0}^{n}\binom{n}{k}f^{(n+1-k)}(x)g^{(k)}(x) + \sum_{k=1}^{n+1}\binom{n}{k-1}f^{(n+1-k)}(x)g^{(k)}(x) \\
&= f^{(n+1)}(x)g(x) + \sum_{k=1}^{n}\binom{n}{k}f^{(n+1-k)}(x)g^{(k)}(x) \\
&\quad + \sum_{k=1}^{n}\binom{n}{k-1}f^{(n+1-k)}(x)g^{(k)}(x) + f(x)g^{(n+1)}(x) \\
&= f^{(n+1)}(x)g(x) + \sum_{k=1}^{n}\left\{\binom{n}{k}+\binom{n}{k-1}\right\}f^{(n+1-k)}(x)g^{(k)}(x) + f(x)g^{(n+1)}(x) \\
&= f^{(n+1)}(x)g(x) + \sum_{k=1}^{n}\binom{n+1}{k}f^{(n+1-k)}(x)g^{(k)}(x) + f(x)g^{(n+1)}(x) \\
&= \sum_{k=0}^{n+1}\binom{n+1}{k}f^{(n+1-k)}(x)g^{(k)}(x)
\end{aligned}$$

(1.15)

2番目の等号で n のときの仮定を，9番目の等号で公式 $\binom{n+1}{k} = \binom{n}{k}+\binom{n}{k-1}$ ($1 \leqq k \leqq n$) を使った．こうして，$n+1$ のときも成り立つことが示され，すべての $n=0,1,2,\cdots$ に対して与えられた微分公式が成り立つ．(証明終)

この微分公式は，2つの微分可能な関数 f,g の積 fg の微分公式 $(fg)' = f'g + fg'$ の拡張で，Leibniz の公式と呼ばれる．

2005年の東京大学の前期入試で，関数 $f(x) = \log x/x$ ($x>0$) の第 n 階導関数（n は正の整数）の表式を問う問題が出題された．そこでは $f^{(n)}(x) = (a_n + b_n \log x)/x^{n+1}$ (a_n, b_n は定数) の形に表せることを証明させ，a_n, b_n を求

めさせるという形式をとっていた．ここでは，Leibniz の公式を利用して，$f^{(n)}(x)$ の表式を直接求めてみよう．

まず，k を 0 以上の整数とするとき，

$$(x^{-1})^{(k)} = (-1)(-2)\cdots(-k)x^{-(k+1)} = \frac{(-1)^k k!}{x^{k+1}} \tag{1.16}$$

$$(\log x)^{(k)} = \begin{cases} \log x & (k=0) \\ (-1)(-2)\cdots\{-(k-1)\}x^{-k} = \dfrac{(-1)^{k-1}(k-1)!}{x^k} & (k \geq 1) \end{cases} \tag{1.17}$$

に注意する．

$$\begin{aligned} f^{(n)}(x) &= \sum_{k=0}^{n} \binom{n}{k}(x^{-1})^{(n-k)}(\log x)^{(k)} = \sum_{k=0}^{n} \frac{n!}{k!(n-k)!} \frac{(-1)^{n-k}(n-k)!}{x^{n-k+1}}(\log x)^{(k)} \\ &= \sum_{k=0}^{n} \frac{(-1)^{n-k} n!}{k! x^{n-k+1}}(\log x)^{(k)} = \frac{(-1)^n n!}{x^{n+1}} \log x + \sum_{k=1}^{n} \frac{(-1)^{n-k} n!}{k! x^{n-k+1}}(\log x)^{(k)} \\ &= \frac{(-1)^n n!}{x^{n+1}} \log x + \sum_{k=1}^{n} \frac{(-1)^{n-k} n!}{k! x^{n-k+1}} \frac{(-1)^{k-1}(k-1)!}{x^k} \\ &= \frac{(-1)^n n!}{x^{n+1}} \log x + \sum_{k=1}^{n} \frac{(-1)^{n-1} n!}{k x^{n+1}} \\ &= \frac{(-1)^n n!}{x^{n+1}} \log x + \frac{(-1)^{n-1} n!}{x^{n+1}} \sum_{k=1}^{n} \frac{1}{k} \\ &= \frac{(-1)^{n-1} n!}{x^{n+1}} \left(-\log x + \sum_{k=1}^{n} \frac{1}{k} \right) \end{aligned}$$

$$\tag{1.18}$$

Section 1.3
二項展開

二項係数の「係数」という言葉は，有名な二項定理

$$(a+b)^n = \sum_{r=0}^{n} {}_n\mathrm{C}_r a^{n-r} b^r \tag{1.19}$$

1.3 二項展開

における右辺の $a^{n-r}b^r$ の係数になっていることに由来している．$a = 1, b = z$ とおけば

$$(1+z)^n = \sum_{r=0}^{n} {}_nC_r z^r \tag{1.20}$$

となり，z の n 次多項式 $(1+z)^n$ を z のべき級数に展開したものとみることができる．n が正の整数のとき，右辺の級数は有限級数だが，n がそれ以外のときには，例えば $n = -1$ の場合にこれはどのように拡張されるだろうか．おそらく r の上限がなくなるだろうから，

$$(1+z)^{-1} = \sum_{r=0}^{\infty} \binom{-1}{r} z^r \tag{1.21}$$

となると予想される．右辺の二項係数は

$$\binom{-1}{r} = \frac{(-1)_r}{r!} = \frac{(-1)(-2)\cdots(-r)}{r!} = \frac{(-1)^r r!}{r!} = (-1)^r \tag{1.22}$$

となるから，右辺は $(-1)^r z^r = (-z)^r$ の $r = 0, 1, 2, \cdots$ についての和，すなわち初項 1，公比 $-z$ の無限等比級数になる．したがって，z が $|-z| = |z| < 1$ を満たす複素数なら，その和は $1/\{1-(-z)\} = (1+z)^{-1}$ となり，左辺に等しくなる．うまくできているものである．

一般に，α が任意の実定数で，$z = x$ が実変数のとき，

$$(1+x)^\alpha = \sum_{r=0}^{\infty} \binom{\alpha}{r} x^r \quad (-1 < x < 1) \tag{1.23}$$

が成り立つことが知られている．これを二項展開の公式という．これまでの議論で，α が正の整数や -1 のときは厳密に証明した．$\alpha = 0$ のときもほとんど自明である．$\alpha = -m - 1$ $(m = 0, 1, 2, \cdots)$ のときも，$\alpha = -1$ の場合の両辺を m 回微分することによって

$$(1+x)^{-m-1} = \sum_{k=0}^{\infty} (-1)^k \binom{k+m}{m} x^k \quad (-1 < x < 1) \tag{1.24}$$

となることが想像できる．ただし，右辺の無限級数は項別に微分した．無限級数を項別に微分することは極限操作の入れ替えになるので一般には許されない．しかし，結果は正しいことがわかっている．

二項展開の公式で，$\alpha = -1/2$ としてみよう．右辺の二項係数について，

$$\begin{pmatrix}-\frac{1}{2}\\r\end{pmatrix} = \frac{1}{r!}\left(-\frac{1}{2}\right)\left(-\frac{3}{2}\right)\cdots\left(-\frac{2r-1}{2}\right) = \frac{1}{r!}(-1)^r\frac{1\cdot 3\cdots(2r-1)}{2^r}$$
$$= \frac{1}{r!}(-1)^r\frac{1\cdot 2\cdot 3\cdots(2r-1)(2r)}{2\cdot 4\cdots 2r\cdot 2^r} = \frac{(-1)^r(2r)!}{r!2^r r!2^r} = \frac{(-1)^r(2r)!}{(r!)^2 2^{2r}} \quad (1.25)$$

となるので，次の二項展開が成り立つ．

$$\frac{1}{\sqrt{1+x}} = \sum_{r=0}^{\infty}\frac{(-1)^r(2r)!}{(r!)^2 2^{2r}}x^r = 1 - \frac{1}{2}x + \frac{3}{8}x^2 - \frac{5}{16}x^3 + \cdots \quad (-1 < x < 1) \quad (1.26)$$

右辺の展開式の x^r の係数は，r の増加とともに急激に減少してゆく．x が 0 に近いとなおさらである．したがって，$x \cong 0$ ならば最初の2項でも十分真の値を近似する：

$$\frac{1}{\sqrt{1+x}} \cong 1 - \frac{1}{2}x \quad (|x| \cong 0) \quad (1.27)$$

一般に，α を任意の実定数として，

$$(1+x)^\alpha \cong 1 + \alpha x \quad (|x| \cong 0) \quad (1.28)$$

が成り立つ．この近似は二項近似と呼ばれることがある．近似の精度を上げるには，もっと高次の項まで取ればよい．

第 2 章

関数の Taylor 展開

Section 2.1
Taylor の定理

次の定理は，微積分やそれに続く解析学の応用上最も重要な定理である．

> 実変数 x の関数 $f(x)$ が，実定数 a を含むある区間 I で第 n 階まで微分可能とする．このとき，
> $$f(x) = \sum_{k=0}^{n-1} \frac{f^{(k)}(a)}{k!}(x-a)^k + \frac{f^{(n)}(\xi)}{n!}(x-a)^n \tag{2.1}$$
> $$\xi = a + \theta(x-a), \; 0 < \theta < 1$$
> となる θ が存在する．ただし，$f^{(0)}(x) \equiv f(x)$ とする．

この定理は，高校課程で学ぶ「平均値の定理」の拡張である．実際，$n=1$ のときの Taylor は「平均値の定理」である．

この定理の応用上の核心は，関数の多項式による近似である．この定理より，

$$f(x) = \sum_{k=0}^{n-1} \frac{f^{(k)}(a)}{k!}(x-a)^k + R_n, \quad R_n = \frac{f^{(n)}(a)}{n!}(x-a)^n + o(x-a)^n \; (x \to a) \tag{2.2}$$

が成り立つ．ここで，$o(h)\,(h \to 0)$ は，$o(h) = \epsilon h$ とおいたとき，$\lim_{h \to 0} \epsilon = 0$ を意味する．つまり，$h \to 0$ のとき h よりも速く 0 に近づく項をまとめて

$o(h)$ で表し，h より高位の無限小という．まとめて書くと，

$$f(x) = \sum_{k=0}^{n} \frac{f^{(k)}(a)}{k!}(x-a)^k + o(x-a)^n \ (x \to a)$$

が成り立つ．これは，$f^{(n)}(a)$ が存在するとき，$x = a$ の近くにおける関数 $f(x)$ の値が n 次多項式 $\sum_{k=0}^{n} \frac{f^{(k)}(a)}{k!}(x-a)^k$ で近似され，近似の誤差は $(x-a)^n$ よりずっと小さいということを意味している．まわりくどい言い方になってしまったが，$n = 1$ のとき，すなわち平均値の定理を考えてみれば，このことはすでに高校の数学か力学で学んでいるはずである．すなわち，

$$f(x) \cong f(a) + f'(a)(x-a) \tag{2.3}$$

関数のグラフで考えると，

> $f(x)$ が $x = a$ の近傍で微分可能であるとき，曲線 $y = f(x)$ の $x = a$ の近くの振る舞いは，接線 $y = f(a) + f'(a)(x-a)$ の振る舞いで近似できる

ということである．このように関数のグラフが直線で近似できるということから，線形近似可能な関数ということもできる．

なお，上記の n 次多項式という言葉は，正確には n 次以下の多項式と言わねばならないが，煩わしいので「以下の」という語句は省略することにする．

関数の多項式による近似は，Taylor の定理における n 次多項式が唯一ではない．実際，Weierstrass の多項式近似定理では，連続関数を近似する多項式が少なくとも一つ存在することを主張している．それでも，この定理が応用上重要なのは，ある点の近傍で考える限り，一般に n を大きくすれば近似の精度が上がり，その収束も速いからである．次の節で，指数関数を近似する多項式として，Taylor の定理の多項式ともうひとつの多項式を取り上げ，これらを比較することによってこのことを議論してみよう．

2.1.1 e^x を近似する 2 つの多項式

代表的な初等関数の指数関数 e^x を近似する 2 つの多項式を考える.

e^x を Taylor 展開する

まず，1 つ目は，Taylor の定理における n 次多項式である．$a = 0$ とし，e^x は何階微分しても不変だから，$f(x) = e^x, f^{(k)}(x) = e^x, f^{(k)}(0) = 1$ ($k = 0, 1, 2, \cdots$)

$$e^x = \sum_{k=0}^{n-1} \frac{x^k}{k!} + R_n, \quad R_n = \frac{e^{\theta x} x^n}{n!}, \; 0 < \theta < 1 \tag{2.4}$$

この式は任意の実数 x で成立する．$R_n = e^{\theta x} x^n / n!$ を $x^n / n!$ で置き換えた n 次多項式を $T_n(x)$ とする：

$$T_n(x) = \sum_{k=0}^{n} \frac{x^k}{k!} = \sum_{k=0}^{n-1} \frac{x^k}{k!} + \frac{x^n}{n!} = e^x - R_n + \frac{x^n}{n!} \tag{2.5}$$

つまり e^x を n 次多項式 $T_n(x)$ で近似しようというのである．近似の誤差を e^x と $T_n(x)$ の差 $\epsilon_n(x)$ で定義すると，

$$\epsilon_n(x) = e^x - T_n(x) = R_n - \frac{x^n}{n!} = \frac{x^n}{n!}(e^{\theta x} - 1) \tag{2.6}$$

となる．

$\epsilon_n(x)$ が任意の実数 x について 0 に収束することを証明しよう．

まず，x を任意の実数として，

$$\lim_{n \to \infty} \frac{x^n}{n!} = 0 \tag{2.7}$$

を既知とする．任意の実数 x に対して

$$\lim_{n \to \infty} R_n = \lim_{n \to \infty} \frac{e^{\theta x} x^n}{n!} = 0 \tag{2.8}$$

であることを示せばよい．これは，$0 < \theta < 1$ より，$|e^{\theta x}| \leq e^{|\theta x|} = e^{\theta |x|} \leq e^{|x|}$ であるから，$|e^{\theta x} x^n / n!| \leq e^{|x|} |x|^n / n! \to 0 \; (n \to \infty)$ から正しい．（証明終）

$\lim_{n \to \infty} \epsilon_n(x) = 0$ は $\lim_{n \to \infty} \{e^x - T_n(x)\} = e^x - \lim_{n \to \infty} T_n(x) = 0$ を意味するから，指数関数 e^x のべき級数展開

$$e^x = \sum_{k=0}^{\infty} \frac{x^k}{k!} = 1 + x + \frac{x^2}{2!} + \cdots + \frac{x^n}{n!} + \cdots \tag{2.9}$$

が得られる．これを，e^x の $x = 0$ のまわりの Taylor 展開という．関数 $f(z)$ (z は複素数でもよい) が Taylor 展開できるとき，$f(z)$ は解析関数とよばれる．

一般に，複素変数 z のべき級数で表された関数

$$f(z) \equiv \sum_{k=0}^{\infty} a_k z^k \quad (|z| < r) \tag{2.10}$$

を解析関数という．ここに r は，べき級数が収束する $|z|$ の上限値で，収束半径とよばれる．関数 $f(z)$ の Taylor 展開というとき，そのべき級数表示とは別に $f(x)$ の定義法があることを前提とする．解析関数とは，べき級数表示が定義そのものであって，それ以外の定義法があることを要求しない．例えば解析関数 e^z ($z = x + iy$ は複素数) の定義は $\sum_{k=0}^{\infty} z^k/k!$ で行われ，指数法則 $e^{z_1} e^{z_2} = e^{z_1 + z_2}$ もべき級数表示から導くことになる．

e^x の多項式関数によるもう一つの定義

前項までは，大学 1，2 年の微積分の教科書には必ず載っている事柄である．ここでは，e^x を近似する 2 つ目の多項式として，次の n 次多項式を考える：

$$E_n(x) = \left(1 + \frac{x}{n}\right)^n \tag{2.11}$$

これが $n \to \infty$ のとき e^x に収束することは，高校数学で理解できるような気がする．なぜなら，高校数学では e を次のように定義している：

$$e = \lim_{n \to \infty} \left(1 + \frac{1}{n}\right)^n = \lim_{t \to 0} (1 + t)^{\frac{1}{t}} \tag{2.12}$$

右辺の n は自然数，t は実数である．これをもとにすると，$x \neq 0$ のとき，$t = x/n$ とおくと，

$$\lim_{n \to \infty} E_n(x) = \lim_{t \to 0} (1 + t)^{\frac{x}{t}} = \lim_{t \to 0} \{(1 + t)^{\frac{1}{t}}\}^x = \{\lim_{t \to 0} (1 + t)^{\frac{1}{t}}\}^x = e^x \tag{2.13}$$

となり，また，$E_n(0) = 1 = e^0$ だから，任意の実数 x に対して，

$$e^x = \lim_{n \to \infty} \left(1 + \frac{x}{n}\right)^n \tag{2.14}$$

となる．

　しかし，ここでは重要な点があいまいにされている．すなわち，e の無理数乗とはどう定義されるかという点である．すなわち，無理数 x に収束する有理数列 $\{x_n\}$ があるとき，$e^x \equiv \lim_{n \to \infty} e^{x_n}$ とするわけであるが，e^{x_n} が収束することはなぜ言えるのだろう．これを e^x の連続性によって，$\lim_{n \to \infty} e^{x_n} = e^{\lim_{n \to \infty} x_n}$ としてはいけない．なぜなら，e^x が連続であるというときは，すでに e^x が明確に定義されている必要があり，堂々巡りになってしまうからである．

　この場合，e^x の定義は対数関数 $x = \log y \ (y > 0)$ の逆関数として定義するのがよい．対数関数は分数関数 $1/y$ の積分関数として定義される：

$$\log y = \int_1^y \frac{dt}{t} \quad (y > 0) \tag{2.15}$$

このとき，微分公式

$$\frac{d \log y}{dy} = \frac{1}{y} \quad (y > 0) \tag{2.16}$$

が成り立つので，逆関数の微分公式によって，$y = e^x$ の導関数は，

$$\frac{dy}{dx} = \frac{1}{\dfrac{dx}{dy}} = \frac{1}{\dfrac{d \log y}{dy}} = \frac{1}{\dfrac{1}{y}} = y = e^x \tag{2.17}$$

となり自分自身に等しい．よって，$y^{(n)} = e^x \ (n = 0, 1, 2, \cdots)$ となり，

$$e^x = \sum_{n=0}^{\infty} \frac{x^n}{n!} \tag{2.18}$$

e^x はどう転んでもべき級数で定義されるのが自然なのである．よって，$E_n(x) = (1 + x/n)^n$ が e^x に収束することは，そのべき級数に収束することを示すしかない．

$$E_n(x) = \sum_{k=0}^{n} \binom{n}{k}\left(\frac{x}{n}\right)^k = \sum_{k=0}^{n} \frac{1}{n^k}\binom{n}{k}x^k = \sum_{k=0}^{n} e_{k,n} x^k \tag{2.19}$$

ここに,

$$\begin{aligned}e_{k,n} &= \frac{1}{n^k}\binom{n}{k} = \frac{\overbrace{n(n-1)\cdots(n-k+1)}^{k\,\text{個}}}{n^k k!} = \frac{1}{k!}\frac{n}{n}\frac{n-1}{n}\cdots\frac{n-k+1}{n} \\ &= \frac{1}{k!}1\left(1-\frac{1}{n}\right)\left(1-\frac{2}{n}\right)\cdots\left(1-\frac{k-1}{n}\right) \to \frac{1}{k!}\ (n\to\infty)\end{aligned} \tag{2.20}$$

となる. よって, 大きな N に対し,

$$E_N(x) \cong \sum_{k=0}^{N} \frac{x^k}{k!} = T_N(x) \tag{2.21}$$

少し雑だが, これをきちんと精密化した議論によって,

$$\lim_{N\to\infty} E_N(x) = \sum_{k=0}^{\infty} \frac{x^k}{k!} = e^x \tag{2.22}$$

であることが導かれる.

次に, $E_N(x)$ から指数法則を導いてみよう. 大きな自然数 N を用いて, $e^a \cong (1+a/N)^N, e^b \cong (1+b/N)^N$ と表すと, $e^a e^b \cong \{(1+a/N)(1+b/N)\}^N = \{1+(a+b)/N+ab/N^2\}^N \cong \{1+(a+b)/N\}^N \cong e^{a+b}$.

導関数については,

$$\frac{d}{dx}E_n(x) = \frac{E_n(x)}{1+x/n} \tag{2.23}$$

がなりたつので, 左辺における微分操作 d/dx と $n\to\infty$ の極限操作を入れ替えてよいのなら,

$$\frac{d}{dx}\lim_{n\to\infty} E_n(x) = \lim_{n\to\infty} E_n(x) \tag{2.24}$$

となり, $y = e^x$ に対する微分方程式

$$\frac{dy}{dx} = y \tag{2.25}$$

を与える．したがって，結果的にさっきの 2 つ操作の入れ替えは妥当だった．微分操作は極限操作である．一般には複数の極限操作の順序を入れ替えると極限が変わってしまう可能性があることに注意しておこう．

$E_n(x)$ は $T_n(x)$ に比べて実用性に乏しい．例えば，e の近似値 $T_n(1), e_n(1)$ について，$n = 10$ で比較してみると，

$$T_{10}(1) = 1 + \frac{1}{1!} + \frac{1}{2!} + \cdots + \frac{1}{10!} = 2.718281801 \cdots$$
$$E_{10}(1) = \left(1 + \frac{1}{10}\right)^{10} = 2.5937424601 \tag{2.26}$$

これらを真の値 $e = 2.718281828\cdots$ と比べると，$T_n(x)$ の方がはるかに収束が速い．計算機に組み込むのなら，$T_n(x)$ と $E_n(x)$ のいずれにするかは明白であろう．

2.1.2 Taylor 展開の他の例

重要な初等関数の Taylor の例として，e^x の他に，$1/(1-x), \sin x, \cos x, (1+x)^\alpha$ (α は実数) を記しておこう．

$$\frac{1}{1-x} = \sum_{k=0}^{\infty} x^k \quad (|x| < 1) \tag{2.27}$$

$$(1+x)^\alpha = \sum_{k=0}^{\infty} \binom{\alpha}{k} x^k \quad (|x| < 1) \tag{2.28}$$

$$\sin x = \sum_{k=0}^{\infty} \frac{(-1)^k}{(2k+1)!} x^{2k+1} \tag{2.29}$$

$$\cos x = \sum_{k=0}^{\infty} \frac{(-1)^k}{(2k)!} x^{2k} \tag{2.30}$$

最初の 2 つは $|x| < 1$ で成り立つ．このように，$\sum_{k=0}^{\infty} a_k x^k$ の形のべき級数が収束するような $|x|$ の上限値を収束半径ということはすでに述べた．この場合，収束半径は 1 である．また，後の 2 つは任意の実数で収束するから，収束半径は無限大であるともいう．x は複素数であってもよい．べき級数は，

収束半径の内部で自由に項別微分，項別積分できることが知られている．例えば，第 1 式の x を $-x$ で置き換えた式 $1/(1+x) = \sum_{k=0}^{\infty}(-1)^k x^k$ の両辺を項別積分すると，

$$\int_0^x \frac{dt}{1+t} = \sum_{k=0}^{\infty} \int_0^x (-1)^k t^k \, dt, \quad \log(1+x) = \sum_{k=0}^{\infty} \frac{(-1)^k}{k+1} x^{k+1} \qquad (2.31)$$

が得られる．このべき級数は $-1 < x \leqq 1$ で収束することが知られている．少し書き換えると，

$$\log(1+x) = \sum_{k=1}^{\infty} \frac{(-1)^{k-1}}{k} x^k \quad (-1 < x \leqq 1) \qquad (2.32)$$

$x = 1$ では，無限級数 $\sum_{k=1}^{\infty} \frac{(-1)^{k-1}}{k}$ はいわゆる条件収束をする．

2.1.3 Taylor 展開の力学への応用例

Taylor 展開の物理学での応用例を 1 つ挙げよう．

質量 m の粒子が，場 $U(x)$（ポテンシャルエネルギー）の影響を受けて 1 次元運動をする場合を考える．$U(x)$ の具体的な形は分からないけれども，2 階微分可能で，$x = 0$ で極小値をとるものとする．この粒子の $x = 0$ 付近での運動がどうなるかを考えて見よう．$x \cong 0$ であるから，$U(x)$ を $x = 0$ のまわりに Taylor 展開して，

$$U(x) \cong U(0) + U'(0)x + \frac{1}{2}U''(0)x^2 \qquad (2.33)$$

と近似される．$U(x)$ は $x = 0$ で極小値をとるので，$U'(0) = 0, U''(0) = k > 0$ となり，

$$U(x) \cong U(0) + \frac{1}{2}kx^2 \qquad (2.34)$$

となる．これは $x \cong 0$ であれば成り立つ近似式であり，粒子がどのような運動をするかには無関係に成り立つ．x に粒子の軌道 $x = x(t)$ を代入しても成り立つためには，粒子が微小運動（$x(t) \cong 0$）をしている必要がある．

ところで，一般に，粒子のポテンシャルエネルギー $U(x)$ が極小になるところは，粒子の速さ $v = |dx/dt|$ が極大になるところである．そのことは，力学的エネルギーの保存則，

$$\frac{1}{2}mv^2 + U(x) = E \tag{2.35}$$

からわかる．ここに，E は定数で粒子の力学的エネルギーと呼ばれる．これを少し変形すると，

$$v = \left|\frac{dx}{dt}\right| = \sqrt{\frac{2\{E - U(x)\}}{m}} \tag{2.36}$$

であるから，$x = 0$ で $U(x)$ が極小となれば，速さ v は $x = 0$ は極大になる．このことは，粒子が最初に $x = 0$ 付近に存在していれば，$x = 0$ から離れるに従って速さ v は小さくなることを意味する．さらに，E が極端に大きくなければ $U(x)$ は $x = 0$ からある程度離れると $U(x) > E$ となる領域が存在するが，そこでは運動エネルギー $mv^2/2$ が負になり，速さ v が純虚数になってしまうから，その領域に存在することはできない．つまり，粒子の運動は，$v = 0 \iff U(x) = E$ となる x の値を $a, b\, (a < 0 < b)$ とすると，領域 $a \leq x \leq b$ に収まってしまう．そして，$x = 0$ における速さ $v_0 = \sqrt{2\{E - U(0)\}/m}$（速さの極大値）が小さいなら，図 2.1 において E と $U(0)$ の差が小さくなり，a, b は 0 に近い．この事情を力学的に言うと，ゆっくり運動する粒子は原点付近に束縛されやすいということができる．とくに，最初からそこに静止して存在すれば粒子は静止したままである．まとめると，

> 場 $U(x)$ の極小となるところでは粒子は安定である．すなわち，$U(x)$ の極小点の近くである程度ゆっくり運動する粒子は，いつまでたってもその付近で微小運動を続ける傾向にある．

このことから，実際の粒子の安定点のまわりの微小運動 $x = x(t)$ においても，Taylor の近似 $U(x(t)) \cong U(0) + \frac{1}{2}kx(t)^2$ が成り立つとしてよい．粒子

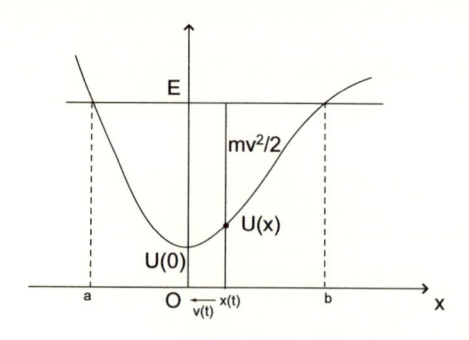

図 2.1 場 $U(x)$ の中の粒子の運動

の運動方程式

$$m\frac{d^2x}{dt^2} = -\frac{\partial U}{\partial x} \tag{2.37}$$

は次のようになる：

$$\frac{d^2x}{dt^2} \cong -\frac{k}{m}x \tag{2.38}$$

これが厳密に成立するとして解いてみよう．まず，初期条件として，$t = 0$ において，位置 $x = 0$，速度 v_0 の場合を考える．微分法方程式

$$\frac{d^2x}{dt^2} = -\frac{k}{m}x \tag{2.39}$$

において，$x = e^{\lambda t}$ とおいてみる．

$$\lambda^2 e^{\lambda t} = -\frac{k}{m}e^{\lambda t}, \quad \lambda^2 = -\frac{k}{m}, \quad \lambda = \pm i\sqrt{\frac{k}{m}} \tag{2.40}$$

微分方程式は線形であるから，C_1, C_2 を複素定数として，$x(t) = C_1 e^{i\sqrt{k/m}\,t} + C_2 e^{-i\sqrt{k/m}\,t}$ も解であり，これが一般解の形である．$x(t)$ は実数だから，$x^* = x$，すなわち

$$C_1^* e^{-i\sqrt{k/m}\,t} + C_2^* e^{i\sqrt{k/m}\,t} = C_1 e^{i\sqrt{k/m}\,t} + C_2 e^{-i\sqrt{k/m}\,t} \tag{2.41}$$

これはすべての t について成立するから，$t = 0, t = (m/k)(\pi/2)$ として，

$$C_1^* + C_2^* = C_1 + C_2, \quad -iC_1^* + iC_2^* = iC_1 - iC_2 \tag{2.42}$$

これを解くと, $C_2^* = C_1, C_1^* = C_2$ となるから, $C_1 = C$ とおくと,

$$x(t) = Ce^{i\sqrt{k/m}\,t} + C^* e^{-i\sqrt{k/m}\,t}$$

$$\frac{dx(t)}{dt} = i\sqrt{\frac{k}{m}}\left(Ce^{i\sqrt{k/m}\,t} - C^* e^{-i\sqrt{k/m}\,t}\right)$$

$$0 = x(0) = C + C^*, \quad v_0 = \frac{dx(0)}{dt} = i\sqrt{\frac{k}{m}}(C - C^*), \; C = \frac{v_0}{2i}\sqrt{\frac{m}{k}} \quad (2.43)$$

$$\therefore \; x = v_0\sqrt{\frac{m}{k}}\frac{e^{i\sqrt{k/m}\,t} - e^{-i\sqrt{k/m}\,t}}{2i} = v_0\sqrt{\frac{m}{k}}\sin\left(\sqrt{\frac{k}{m}}\,t\right)$$

$v_0 = \sqrt{2\{E - U(0)\}/m}, k = U''(0)$ であるから,

$$\begin{aligned} x(t) &= \sqrt{\frac{2\{E - U(0)\}}{m}}\sqrt{\frac{m}{U''(0)}}\sin\left(\sqrt{\frac{U''(0)}{m}}\,t\right) \\ &= \sqrt{\frac{2\{E - U(0)\}}{U''(0)}}\sin\left(\sqrt{\frac{U''(0)}{m}}\,t\right) \end{aligned} \quad (2.44)$$

これは角振動数 $\sqrt{U''(0)/m}$ の単振動である．つまり，粒子の安定点のまわりの微小運動は一般に単振動であることがわかる．

2.1.4 Taylor 展開が応用上重要なわけ

関数 $f(x)$ の $x = a$ のまわりの Taylor$f(x) = \sum_{k=0}^{\infty}(f^{(k)}(a)/k!)(x-a)^k$ が実用上重要なのは，一般の関数 $f(x)$ の振る舞いを多項式 $\sum_{k=0}^{n}(f^{(k)}(a)/k!)(x-a)^k$ で近似できることである．しかも，近似の精度を上げるには最高次の項より高い次数の項を，最高次以下の項の係数を変えることなく加えるだけでよい（e^x の収束の遅い近似多項式 $E_n(x) = \sum_{k=0}^{n} e_{k,n} x^n$ では，n を増すと係数たち $e_{0,n}, e_{1,n}, \cdots, e_{n,n}$ すべてが変更を受ける）．収束が速い理由は，大雑把に言って，級数の第 $n+1$ 項

$$\frac{f^{(n)}(a)}{n!}(x-a)^n \quad (n = 0, 1, \cdots) \quad (2.45)$$

における $n!$ が，n の増加につれて超指数的に大きくなるからである．もちろん，$f^{(n)}(a)(x-a)^n$ がそれ以上に大きくならないことを仮定してのことである．

$n!$ の増加速度の凄さは実際に計算してもよくわかる．高校の教科書には初めて $n!$ がでてきたときに，10! ぐらいまでの数値を載せていることがある．理論的には Stirling の公式

$$n! \sim \sqrt{2\pi n} n^n e^{-n} \tag{2.46}$$

からみてとれる．ここで記号 $\sim$ は，その比が $n \to \infty$ のとき 1 に近づくことを意味する．

こうして，狭い区間での $f(x)$ の振舞いを記述するなら，例えば $x \cong 0$ のときの $f(x)$ の振る舞いは 1 次関数 $a_0 + a_1 x$ か 2 次関数 $a_0 + a_1 x + (a_2/2)x^2$ で近似できることになる．次数の低い関数の取り扱いは十分理解されているので，Taylor 展開が重宝されるのだ．

もっとも，数値計算のいろいろな場面ではある程度広い区間において一様に近似の精度が高い多項式が必要な場合もある．Taylor は展開の中心から離れるに従って，その収束が遅くなり，近似の精度も下がる．この意味で，Taylor 展開による近似は接触的近似ともよばれる．

Section 2.2
多変数関数の場合

今までは，1 変数関数の Talor の定理とそれにまつわる話題を議論してきた．以後，多変数関数の場合とその極値問題への応用について考えてみよう．

2.2.1 多変数関数の Taylor の定理

2 変数関数 $f(x, y)$ について述べよう．3 変数以上も同様である．

全微分可能性とそのための十分条件

まず，点 (a,b) に対し，この点から少し離れた点 $(a+h, b+k)$ を考え，$\rho = \sqrt{h^2+k^2}$ とおく．今，$f(a+h, b+h)$ について

$$f(a+h, b+h) = f(a,b) + Ah + Bk + o(\rho) \, (\rho \to 0) \tag{2.47}$$

が成り立つような (h, k に依らない) 定数 A, B が存在するとき，$f(x,y)$ は点 (a,b) において全微分可能という．A, B は (a,b) には依存する．$\rho \to 0$ は，点 $(a+h, b+k)$ がどのような方向からでも限りなく (a,b) に近づいてもよいことを意味する．とくに，x 軸に沿って近づく ($h \neq 0, k = 0$) とすれば，

$$\begin{aligned} f(a+h, b) &= f(a,b) + Ah + o(h) \, (h \to 0) \\ \iff A &= \lim_{h \to 0} \frac{f(a+h, b) - f(a,b)}{h} = \frac{\partial f(a,b)}{\partial x} \end{aligned} \tag{2.48}$$

が成り立つ．また，y 軸に沿って近づく ($h = 0, k \neq 0$) とすれば，

$$B = \lim_{h \to 0} \frac{f(a+h, b) - f(a,b)}{h} = \frac{\partial f(a,b)}{\partial y} \tag{2.49}$$

が成り立つ．従って，$f(x,y)$ が (a,b) で全微分可能ならば，$\rho \to 0$ のとき $f(a+h, b+k) - f(a,b)$ を一次近似する部分（主要部）を $df(a,b)$ とかくと，

$$df(a,b) = \frac{\partial f(a,b)}{\partial x} h + \frac{\partial f(a,b)}{\partial y} k \tag{2.50}$$

である．この h, k の一次式 $df(a,b)$ を f の全微分という．

$f(x,y)$ が (a,b) で全微分可能な十分条件として，次のことがなりたつ：

> (a,b) の近傍で $\partial f/\partial x, \partial f/\partial y$ が存在して連続なら，$f(x,y)$ は (a,b) で全微分可能である．

全微分 $df(a,b)$ を考えるときは，定点 (a,b) における h, k の一次式とみるが，逆に，h, k を定数と考え，a, b を変数 x, y に置き換えると，$df(x,y) = h\partial f(x,y)/\partial x + k\partial f(x,y)/\partial y$ は x, y の 2 変数関数とみることができる．する

と，さらに $df(x,y)$ の全微分 $d(df)$ を考えることができる．それを d^2f とかく．これが存在するための十分条件は，

$$\frac{\partial(df)}{\partial x} = h\frac{\partial^2 f}{\partial x^2} + k\frac{\partial^2 f}{\partial x \partial y}, \quad \frac{\partial(df)}{\partial y} = h\frac{\partial^2 f}{\partial y \partial x} + k\frac{\partial^2 f}{\partial y^2} \tag{2.51}$$

が連続であることであるが，そのためには，2階偏導関数たち

$$\frac{\partial^2 f}{\partial x^2}, \frac{\partial^2 f}{\partial x \partial y}, \frac{\partial^2 f}{\partial y \partial x}, \frac{\partial^2 f}{\partial y^2} \tag{2.52}$$

が連続であればよい．この条件を，f は「$C^{(2)}$ 級」とか「2回連続微分可能」という．この場合，2変数関数として全微分可能だけでなく，偏微分の順序が交換できることが分かっている．すなわち，

> ある領域について，$\partial^2 f/\partial y \partial x, \partial^2 f/\partial x \partial y$ が連続ならば，これらは等しい．

よって，$d^2 f$ は，

$$\begin{aligned}d^2 f &= \frac{\partial(df)}{\partial x} + \frac{\partial(df)}{\partial x} = \frac{\partial}{\partial x}\left(\frac{\partial f}{\partial x}h + \frac{\partial f}{\partial y}k\right) + \frac{\partial}{\partial y}\left(\frac{\partial f}{\partial x}h + \frac{\partial f}{\partial y}k\right) \\ &= h^2 \frac{\partial^2 f(x,y)}{\partial x^2} + 2hk\frac{\partial^2 f(x,y)}{\partial x \partial y} + k^2 \frac{\partial^2 f(x,y)}{\partial y^2}\end{aligned} \tag{2.53}$$

とかける．これを演算子 $h\partial/\partial x + k\partial/\partial y$ を用いて，次のように簡潔に書くことができる：

$$d^2 f = \left(h\frac{\partial}{\partial x} + k\frac{\partial}{\partial y}\right)^2 f \tag{2.54}$$

これを f の (x,y) における2階全微分という．

同様にして，f が3回連続微分可能ならば，3階全微分 $d^3 f \equiv d(d^2 f)$ が存在して，$(h\partial/\partial x + k\partial/\partial y)^3 f$ と表すことができる．一般に，次のことが成り立つ：

> ある領域において，関数 $f(x,y)$ が n 回連続微分可能であるとする．このとき n 階全微分 $d^n f(x,y)$ が存在し，
>
> $$d^n f(x,y) = \left(h\frac{\partial}{\partial x} + k\frac{\partial}{\partial y}\right)^n f(x,y) \tag{2.55}$$

とかける．つまり，演算子 $d = h\partial/\partial x + k\partial/\partial y$ を次々に施すことにより，高階の全微分が得られる．

2 変数関数の Taylor の定理

前項の記法を用いて，2 変数関数の Taylor を述べよう．

> 点 (a,b) を含むある領域において，関数 $f(x,y)$ が n 回連続微分可能であるとする．(a,b) と (x,y) を結ぶ線分全体がこの領域に含まれているとき，$h = x - a, k = y - b$ とおき，
> $$d = h\frac{\partial}{\partial x} + k\frac{\partial}{\partial y} \tag{2.56}$$
> とかく．このとき，
> $$f(x,y) = f(a,b) + \sum_{m=0}^{n-1} \frac{1}{m!} d^m f(a,b) + \frac{1}{n!} d^n f(a+h\theta, b+k\theta), \ (0 < \theta < 1) \tag{2.57}$$
> を満たす θ が存在する．

2.2.2 多変数関数の極値問題

まず，一般の 2 変数関数 $f(x,y)$ の極値問題を次のように定義する．$f(x,y)$ が点 (a,b) で極大になるというのは，(a,b) に十分近いすべての (x,y) に対して
$$(x,y) \neq (a,b) \Rightarrow f(x,y) < f(a,b) \tag{2.58}$$
となることをいい，$f(a,b)$ を極大値という．極小，極小値についても，不等号の向きを反対にして同様に定義される．極小値と極大値をまとめて極値とよぶ．1 変数の場合と異なるのは，(x,y) は軸方向に限らず，xy 平面のすべての方向に動いてもよいということである．

$f(x,y)$ が偏微分可能ならば，1 変数関数の場合と全く同様に，
$$\frac{\partial f(a,b)}{\partial x} = 0, \ \frac{\partial f(a,b)}{\partial y} = 0 \tag{2.59}$$

が成り立つ．また，この式が成立することは，点 (a,b) において $f(x,y)$ が極値を持つことの必要条件であって十分条件ではないのは1変数の場合と同様である．例えば $f(x,y) = x^2 - y^2$ の場合，$\dfrac{\partial f(x,y)}{\partial x} = 2x$, $\dfrac{\partial f(x,y)}{\partial y} = -2y$ であるから，

$$\frac{\partial f(0,0)}{\partial x} = 0, \ \frac{\partial f(0,0)}{\partial y} = 0 \tag{2.60}$$

が成り立つが，x の関数 $f(x,0) = x^2$ は $x = 0$ で1変数関数として極小になり，かつ y の関数 $f(0,y) = -y^2$ は $y = 0$ で1変数関数として極大になるので，明らかに $f(0,0) = 0$ は2変数関数として極値ではない．このような点は鞍点 (saddle point) といい，xyz 空間において曲面 $z = f(x,y)$ の形が馬の鞍のようになっていることからこのように呼ばれる．

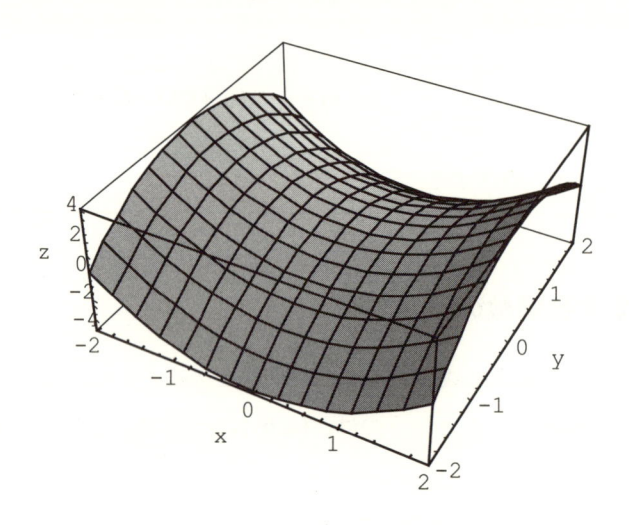

図 **2.2** 曲面 $z = x^2 - y^2$ とその鞍点 $(0,0,0)$

2 次多項式関数の極値問題

さて，$f(x,y)$ が 2 次の多項式関数であるときに，この関数の極値問題を詳しく調べてみよう．A, B, C, D, E, F を定数として，

$$f(x,y) = Ax^2 + 2Bxy + Cy^2 + Dx + Ey + F \tag{2.61}$$

とする．ここで，A, B, C は同時に 0 でないとする．なお，以下の議論は，2 次形式の理論として有名な事実としてよく知られた事実だが，2 次形式の理論は通常線形代数の固有値問題の応用例として議論される．ここでは，そのような行列理論はほとんど用いないで，初等的に展開する．

$f(x,y)$ が極値を持つとしたら，その場所 $(x,y) = (a,b)$ は，次の連立 1 次方程式

$$\begin{cases} \dfrac{\partial f}{\partial x} = 2Ax + 2By + D = 0 \\ \dfrac{\partial f}{\partial x} = 2Bx + 2Cy + E = 0 \end{cases} \quad \begin{pmatrix} A & B \\ B & C \end{pmatrix}\begin{pmatrix} x \\ y \end{pmatrix} = \frac{-1}{2}\begin{pmatrix} D \\ E \end{pmatrix} \cdots ① \tag{2.62}$$

を満たすはずである．これは，唯一つの解をもつか，無数の解をもつか，解を持たないかである．第 3 番目を除外するのは当然として，第 2 番目も次のような理由から除外する．第 2 番目の場合は (a,b) は直線 $2Ax+2By+D = 0$ 上のすべての点になる．しかし，極値の定義より $(x,y) \ne (a,b) \Rightarrow f(x,y) \ne f(a,b)$ であるから，極値が存在するとすればそれは孤立していなければならない．したがって，この連立 1 次方程式は唯一つの解をもち，

$$\Delta \equiv \begin{vmatrix} A & B \\ B & C \end{vmatrix} = AC - B^2 \ne 0 \tag{2.63}$$

の場合を考察することになる．

$$\begin{pmatrix} a \\ b \end{pmatrix} = \frac{-1}{2\Delta}\begin{pmatrix} C & -B \\ -B & A \end{pmatrix}\begin{pmatrix} D \\ E \end{pmatrix} = \begin{pmatrix} \frac{-CD+BE}{2(AC-B^2)} \\ \frac{BD-AE}{2(AC-B^2)} \end{pmatrix} \tag{2.64}$$

$f(a,b)$ が極値かどうかは，$x = a+h, y = b+k$ とおき，$(h,k) \ne (0,0)$ が $(0,0)$

に十分近いとき，$d(h,k) \equiv f(x,y) - f(a,b)$ の符号を調べればよい．

$$\begin{aligned}
d(h,k) &= f(a+h, b+k) - f(a,b) \\
&= A(a+h)^2 + 2B(a+h)(b+k) + C(b+k)^2 + D(a+h) + E(b+k) + F \\
&\quad - Aa^2 - 2Bab - Cb^2 - Da - Eb - F \\
&= Ah^2 + 2Bhk + Ck^2 + h(2Aa + 2Bb + D) + k(2Ba + 2Cb + E)
\end{aligned} \tag{2.65}$$

とかける．ここで，(a,b) は①の解なので，

$$2Aa + 2Bb + D = 0, \ 2Ba + 2Cb + E = 0 \tag{2.66}$$

が成り立つ．したがって，

$$d(h,k) = f(x,y) - f(a,b) = Ah^2 + 2Bhk + Ck^2 \tag{2.67}$$

となる．ここで，

$$h = \rho \cos\theta, k = \rho \sin\theta \quad ((h,k) \neq (0,0) \iff \rho > 0) \tag{2.68}$$

とおくと，

$$\begin{aligned}
d(h,k) &= A\rho^2 \cos^2\theta + 2B\rho^2 \cos\theta \sin\theta + C\rho^2 \sin^2\theta \\
&= A\rho^2 \frac{1}{2}(1 + \cos 2\theta) + B\rho^2 \sin 2\theta + C\rho^2 \frac{1}{2}(1 - \cos 2\theta) \\
&= \frac{\rho^2}{2}\{(A-C)\cos 2\theta + 2B \sin 2\theta + A + C\} \\
&= \frac{\rho^2}{2}\left(\sqrt{(A-C)^2 + 4B^2} \cos(2\theta - \alpha) + A + C\right)
\end{aligned} \tag{2.69}$$

$$\cos\alpha = \frac{A-C}{\sqrt{(A-C)^2 + 4B^2}}, \ \sin\alpha = \frac{2B}{\sqrt{(A-C)^2 + 4B^2}}$$

である．$d(h,k)$ の最後の表式で，$A - C = 0$ かつ $2B = 0$ のときは α が定まらないが，$d(h,k)$ の表式は正しいものを与える．$(A-C)^2 + 4B^2 = (A+C)^2 - 4(AC - B^2) = (A+C)^2 - 4\Delta$ を使って少し書き直すと，

$$d(h,k) = \frac{\rho^2}{2}\left(\sqrt{(A+C)^2 - 4\Delta} \cos(2\theta - \alpha) + A + C\right) \tag{2.70}$$

となる．$-1 \leqq \cos(2\theta - \alpha) \leqq 1$ であるから，

$$M = \frac{\sqrt{(A+C)^2 - 4\Delta} + A + C}{2}, \quad m = \frac{-\sqrt{(A+C)^2 - 4\Delta} + A + C}{2} \tag{2.71}$$

とおくと，

$$\rho^2 m \leqq d(h,k) \leqq \rho^2 M \tag{2.72}$$

$(A-C)^2 + 4B^2 = 0$ ならば $d(h,k) = \rho^2 m = \rho^2 M$，$(A-C)^2 + 4B^2 > 0$ ならば，$2\theta - \alpha = 0, \pi \mod 2\pi$ のときそれぞれ $d(h,k) = \rho^2 m, \rho^2 M$．すなわち，ある $(h,k) \neq (0,0)$ に対しこの不等式の等号は成立する．

$\Delta \neq 0$ であるから，$\Delta > 0$ と $\Delta < 0$ の場合に分けて考える．

$\Delta > 0$ のとき

$AC > B^2 \geqq 0$ であるから，A, C はともに正かともに負である．$A > 0, C > 0$ のとき，$A + C > 0$ であるから，

$$\begin{aligned} m &= \frac{-\sqrt{(A+C)^2 - 4\Delta} + A + C}{2} > \frac{-\sqrt{(A+C)^2} + A + C}{2} \\ &= \frac{-(A+C) + A + C}{2} = 0, \therefore d(h,k) \geqq \rho^2 m > 0 \end{aligned} \tag{2.73}$$

となり，$f(a,b)$ は極大値である．$A < 0, C < 0$ のとき，$A + C < 0$ であるから，

$$\begin{aligned} M &= \frac{\sqrt{(A+C)^2 - 4\Delta} + A + C}{2} < \frac{\sqrt{(A+C)^2} + A + C}{2} \\ &= \frac{-(A+C) + A + C}{2} = 0, \therefore d(h,k) \leqq M\rho^2 < 0 \end{aligned} \tag{2.74}$$

となり，$f(a,b)$ は極小値である．

よって，$\Delta = AC - B^2 > 0$ の場合は

$$\begin{cases} A > 0, C > 0 \Rightarrow f(a,b) : 極大値 \\ A < 0, C < 0 \Rightarrow f(a,b) : 極小値 \end{cases} \tag{2.75}$$

であり，$f(a,b)$ が極値であることが分かった．

$\Delta < 0$ のとき

$|A+C| \geqq \pm(A+C)$ であるから，

$$\begin{aligned}
m &= \frac{-\sqrt{(A+C)^2-4\Delta}+A+C}{2} < \frac{-\sqrt{(A+C)^2}+A+C}{2} \\
&= \frac{-|A+C|+A+C}{2} \leqq 0 \\
M &= \frac{\sqrt{(A+C)^2-4\Delta}+A+C}{2} > \frac{\sqrt{(A+C)^2}+A+C}{2} \\
&= \frac{|A+C|+A+C}{2} \geqq 0
\end{aligned} \quad (2.76)$$

$$\therefore m < 0, M > 0$$

任意の $(h,k) \neq (0,0)$ に対し，$d(h,k)$ は負の値 $\rho^2 m$ から正の値 $\rho^2 M$ の範囲を連続的にとりうるから，$d(h,k)$ は正にも負にもなり得る．よって，$f(a,b)$ は極値でない．

2 次の多項式関数 $f(x,y)$ の極値問題についてのこれまでの議論は，(x,y) は (a,b) の近傍に限られる必要はなく，極大，極小という言葉をそのまま最大，最小という言葉に置き換えてよい．

一般の関数の場合

さて，$f(x,y)$ が 2 次の多項式関数に限らず，もっと一般的な場合を考えよう．記述を簡明にするために，$(x,y), f(a,b)$ を $\boldsymbol{x}, f(\boldsymbol{a})$ などとかく．

ある点 $\boldsymbol{a}$ において $\frac{\partial f}{\partial x} = 0, \frac{\partial f}{\partial y} = 0$ が成り立ち，点 $\boldsymbol{a}$ の近傍で 2 回連続微分可能であるとする．点 $\boldsymbol{a}$ の近傍に属する $\boldsymbol{x} = \boldsymbol{a}$ に対して，$(h,k) = \boldsymbol{h} = \boldsymbol{x}-\boldsymbol{a}$ とおくと，Taylor より，ある $0 < \theta < 1$ が存在して，

$$\begin{aligned}
f(\boldsymbol{x}) = f(\boldsymbol{a}) &+ \frac{\partial f(\boldsymbol{a})}{\partial x}h + \frac{\partial f(\boldsymbol{a})}{\partial y}k \\
&+ \frac{1}{2}\left(\frac{\partial^2 f(\boldsymbol{a}+\theta\boldsymbol{h})}{\partial x^2}h^2 + 2\frac{\partial^2 f(\boldsymbol{a}+\theta\boldsymbol{h})}{\partial x\partial y}hk + \frac{\partial^2 f(\boldsymbol{a}+\theta\boldsymbol{h})}{\partial y^2}k^2\right)
\end{aligned} \quad (2.77)$$

が成り立つ．さらに，$\frac{\partial f(\boldsymbol{a})}{\partial x} = 0, \frac{\partial f(\boldsymbol{a})}{\partial y} = 0$ であるから，

$$f(\boldsymbol{x})-f(\boldsymbol{a}) = \frac{1}{2}\left(\frac{\partial^2 f(\boldsymbol{a}+\theta\boldsymbol{h})}{\partial x^2}h^2 + 2\frac{\partial^2 f(\boldsymbol{a}+\theta\boldsymbol{h})}{\partial x\partial y}hk + \frac{\partial^2 f(\boldsymbol{a}+\theta\boldsymbol{h})}{\partial y^2}k^2\right) \quad (2.78)$$

が成り立つ. $\dfrac{\partial^2 f(\boldsymbol{a})}{\partial x^2} = A, \dfrac{\partial^2 f(\boldsymbol{a})}{\partial x \partial y} = B, \dfrac{\partial^2 f(\boldsymbol{a})}{\partial y^2} = C$ とおき,

$$\frac{\partial^2 f(\boldsymbol{a}+\theta\boldsymbol{h})}{\partial x^2} = A + \varepsilon_1, \quad \frac{\partial^2 f(\boldsymbol{a}+\theta\boldsymbol{h})}{\partial x \partial y} = B + \varepsilon_2, \quad \frac{\partial^2 f(\boldsymbol{a}+\theta\boldsymbol{h})}{\partial y^2} = C + \varepsilon_3 \tag{2.79}$$

とおくと,

$$\begin{aligned} f(\boldsymbol{x}) - f(\boldsymbol{a}) &= \frac{1}{2}\{(A+\varepsilon_1)h^2 + 2(B+\varepsilon_2)hk + (C+\varepsilon_3)k^2\} \\ &= \frac{1}{2}(Ah^2 + 2Bhk + k^2) + \frac{1}{2}(\varepsilon_1 h^2 + 2\varepsilon_2 hk + \varepsilon_3 k^2) \end{aligned} \tag{2.80}$$

となる. ここで, 2階偏導関数の連続性から, $\lim_{h \to 0} \varepsilon_1 = 0$, $\lim_{h \to 0} \varepsilon_2 = 0$, $\lim_{h \to 0} \varepsilon_3 = 0$ となる. したがって, $\rho = \sqrt{h^2 + k^2}$ が十分小さいとき, $f(\boldsymbol{x}) - f(\boldsymbol{a})$ の符号はその主要部

$$\frac{1}{2}\left(\frac{\partial^2 f(\boldsymbol{a})}{\partial x^2}h^2 + 2\frac{\partial^2 f(\boldsymbol{a})}{\partial x \partial y}hk + \frac{\partial^2 f(\boldsymbol{a})}{\partial y^2}k^2\right) = \frac{1}{2}(Ah^2 + 2Bhk + Ck^2) \tag{2.81}$$

の符号でほとんど決まってしまう. これの符号は, すでに2次の多項式関数の場合に論じたので, その結果がほとんどそのまま当てはめることができる.

2変数関数 $f(\boldsymbol{x}) = f(x,y)$ は点 $\boldsymbol{a} = (a,b)$ を含むある領域で, 2回連続微分可能であるとする. このとき,

$$\frac{\partial f(\boldsymbol{a})}{\partial x} = 0, \frac{\partial f(\boldsymbol{a})}{\partial y} = 0$$

ならば,

$$A = \frac{\partial f(\boldsymbol{a})}{\partial x^2}, \quad B = \frac{\partial f(\boldsymbol{a})}{\partial x \partial y}, \quad C = \frac{\partial f(\boldsymbol{a})}{\partial y^2}$$

$$\Delta = AC - B^2$$

とおくと,

$$\begin{cases} \Delta > 0, A > 0, C > 0 \Rightarrow f(\boldsymbol{a}) : \text{極大値} \\ \Delta > 0, A < 0, C < 0 \Rightarrow f(\boldsymbol{a}) : \text{極小値} \\ \Delta < 0 \Rightarrow f(\boldsymbol{a}) : \text{極値でない} \end{cases}$$

が成り立つ.

第3章

微分方程式

理工系の数学で欠くことができないものが微分方程式である．1変数関数の導関数を含む方程式を常微分方程式，2変数以上の多変数関数の偏導関数を含む方程式を偏微分方程式という．ここでは，運動学や力学の微分方程式を2つ解いて行く．

Section 3.1
運動学の常微分方程式

まず，ある大学入試問題を紹介しよう．次の問題は，2003年の名古屋工業大学前期の問題（を多少変えたもの）である．最初から微分方程式が与えられている．

> xy 座標平面において，直線 $x=1$ 上を正の方向へジェリーが一定の速さ1で走っている．時刻 $t=0$ において，ジェリーが点 $(1,0)$ を通過した瞬間から，原点にいたトムが一定の速さでトムを追いかけた．トムはジェリーに向かって走った．トムが通った跡はある関数 $f(x)$ のグラフとなり，$f(x)$ は等式
>
> $$\frac{d}{dx}f(x) = -\frac{\sqrt{1-x}}{2} + \frac{1}{2\sqrt{1-x}} \tag{3.1}$$
>
> を満たしている．
> 　トムの速さ V を求めよ．（答え：$V=2$）

この問題の特徴はトムの軌道 $y = f(x)$ を決める情報，すなわち，微分方程式 (3.1) を与えて，トムの速さを求めさせていることである．

トムの速さは，

$$V = \sqrt{\left(\frac{dx}{dt}\right)^2 + \left(\frac{dy}{dt}\right)^2} = \sqrt{\left(\frac{dx}{dt}\right)^2 + \left\{\frac{df(x(t))}{dt}\right\}^2} \quad (3.2)$$

で与えられるから，$f(x)$ の形が分かっただけでは V は求まらず，x と t の関係を知らなければならない．それは，トムが常にジェリーに向かっているということを数学的に定式化すれば得られる．具体的には，直線 **PQ** の傾き $(t - f(x))/(1 - x)$ を点 P における軌道 $y = f(x)$ の接線の傾き $f'(x)$ に等しいとして得られる．

まず，$f(x)$ を求める．条件 $f(0) = 0$ を考慮して (3.1) を積分すると，

$$\begin{aligned}
f(x) &= -\int_0^x \frac{\sqrt{1-u}}{2}\,du + \int_0^x \frac{1}{2\sqrt{1-u}}\,du = \int_1^{1-x} \frac{\sqrt{s}}{2}\,ds - \int_1^{1-x} \frac{1}{2\sqrt{s}}\,ds \\
&= \left[\frac{1}{3}s^{\frac{3}{2}}\right]_1^{1-x} - \left[\sqrt{s}\right]_1^{1-x} = \left\{\frac{1}{3}(1-x)^{\frac{3}{2}} - \frac{1}{3}\right\} - \left\{\sqrt{1-x} - 1\right\} \\
&= \frac{1}{3}(1-x)^{\frac{3}{2}} - \sqrt{1-x} + \frac{2}{3}
\end{aligned}$$

(3.3)

トムの位置は $\mathrm{P}(x, f(x))$，ジェリーの位置は $\mathrm{Q}(1, t)$ であるから，

$$\frac{t - f(x)}{1 - x} = \frac{t - \frac{1}{3}(1-x)^{\frac{3}{2}} + \sqrt{1-x} - \frac{2}{3}}{1 - x} = \frac{t - \frac{1}{3}(1-x)^{\frac{3}{2}} + \sqrt{1-x} - \frac{2}{3}}{1 - x} \quad (3.4)$$

これと $f'(x) = -\frac{\sqrt{1-x}}{2} + \frac{1}{2\sqrt{1-x}}$ を等しいとして，

$$\begin{aligned}
\frac{t - \frac{1}{3}(1-x)^{\frac{3}{2}} + \sqrt{1-x} - \frac{2}{3}}{1 - x} &= -\frac{\sqrt{1-x}}{2} + \frac{1}{2\sqrt{1-x}} \\
t - \frac{1}{3}(1-x)^{\frac{3}{2}} + \sqrt{1-x} - \frac{2}{3} &= -\frac{(1-x)^{\frac{3}{2}}}{2} + \frac{\sqrt{1-x}}{2} \\
t &= -\frac{1}{6}(1-x)^{\frac{3}{2}} - \frac{\sqrt{1-x}}{2} + \frac{2}{3}
\end{aligned}$$

(3.5)

3.1 運動学の常微分方程式

これが x と t の関係式である．その両辺を t で微分すると，

$$\frac{dt}{dt} = -\frac{1}{4}(1-x)^{\frac{1}{2}}\left(-\frac{dx}{dt}\right) - \frac{1}{4\sqrt{1-x}}\left(-\frac{dx}{dt}\right)$$

$$1 = \left\{\frac{1}{4}(1-x)^{\frac{1}{2}} + \frac{1}{4\sqrt{1-x}}\right\}\frac{dx}{dt} = \frac{2-x}{4\sqrt{1-x}}\frac{dx}{dt} \quad (3.6)$$

$$\frac{dx}{dt} = \frac{4\sqrt{1-x}}{2-x}$$

さらに，

$$\frac{df(x)}{dx} = -\frac{\sqrt{1-x}}{2} + \frac{1}{2\sqrt{1-x}} = \frac{-(1-x)+1}{2\sqrt{1-x}} = \frac{x}{2\sqrt{1-x}}$$

$$\therefore \frac{df(x)}{dt} = \frac{df(x)}{dx}\frac{dx}{dt} = \frac{x}{2\sqrt{1-x}} \frac{4\sqrt{1-x}}{2-x} = \frac{2x}{2-x} \quad (3.7)$$

したがって，

$$V = \sqrt{\left(\frac{dx}{dt}\right)^2 + \left(\frac{df(x)}{dt}\right)^2} = \sqrt{\left(\frac{4\sqrt{1-x}}{2-x}\right)^2 + \left(\frac{2x}{2-x}\right)^2} = \sqrt{\frac{4(2-x)^2}{(2-x)^2}} = 2 \quad (3.8)$$

となる．

これで問題は解けたが，よく考えてみると，(3.1) という方程式が天下り的に与えられていて，V を求めるという問い方はどうも不自然である．本来ならば，V を与えて，軌道 $y = f(x)$ を求める方が自然である．以下では，このような視点にたって問題を再構成する．

トムは，トムから距離 L だけ離れたところをジェリーが一定の速さ c で（トムがジェリーを見つけたときのトムの視線の方向と垂直な方向に）一直線に走っていくのを見つけた．この瞬間，トムは一定の速さ $V > c$ でジェリーの方向に向かって追いかけて走り出した．

トムの軌道はどのようになるか（適当な直角座標系におけるトムの位置座標を (x,y) とするとき，y を x の式で表せ）．また，$L = 50[m], v = 6[m/s], V = 10[m/s]$ のときトムがジェリーに追いつく時刻 $T[s]$ を求めよ．

名古屋工業大学前期 (2003) から

トムの運動の特徴を数学的に記述する微分方程式を自らうちたてて，さらにそれを解かなければならない．これが運動を数学的に解析するときの王道である．原題の入試問題の不自然さは，制限時間内に制限された知識（カリキュラムのこと）でこの問題を解けるようにすることの代償である．

トムがジェリーに気付いた時刻を時間 t の原点にとる．$t = 0$ におけるトムとジェリーの間の距離 L を長さの単位にとる（$L = 1$）．単位時間にジェリーの進む距離が単位長さになるように時間の単位をとる．こうするとジェリーの速さ c は 1 になり，$V > 1$ となる．また，$t = 0$ におけるトムの位置を平面の原点にとり，時刻 $t = 0$ におけるトムからジェリーの方向を x 軸方向，ジェリーの走る方向を y 軸方向にとる．このように座標軸を設定すると，トムとジェリーはそれぞれ点 $P(x(t), y(t))$ $(x(0) = y(0) = 0)$ と点 $Q(1, t)$ で表される．この問題の数学モデルは，点 $P(t)$ の時間 t に関する微分方程式の初期値問題

$$\frac{d\overrightarrow{OP}}{dt} = V \frac{\overrightarrow{PQ}}{PQ}, \quad P(0) = O \tag{3.9}$$

であり，成分で書くと

$$\begin{cases} \dfrac{dx}{dt} = \dfrac{V(1-x)}{\sqrt{(1-x)^2 + (t-y)^2}} \\ \dfrac{dy}{dt} = \dfrac{V(t-y)}{\sqrt{(1-x)^2 + (t-y)^2}} \end{cases} \quad \begin{cases} x(0) = 0 \\ y(0) = 0 \end{cases} \tag{3.10}$$

である．トムがジェリーに追いついてしまう，すなわち $x = 1, y = t$ のとき，トムの速度は向きが定まらず，方程式は破綻する．したがって，方程式が意味を持つのは，トムがジェリーに追いつく寸前までで，このとき $0 \leq x < 1, 0 \leq y \leq t$（$y = t$ となるのは $y = t = 0$ のときに限る）と考えてよい．

問題構成はこれで自然になったが，原題よりもはるかに難しい微分方程式が登場した．これを解く過程に，「変数分離法」とよばれる微分方程式の解法を用いる．まずこれについて解説し，その後解いていくことにしよう．

3.1.1 変数分離法

微分方程式を解く作業は，積分を使って行われる．例えば，次の形の微分方程式を考えよう．

$$\frac{dy}{dx} = f(x)g(y) \tag{3.11}$$

$g(y) \neq 0$ ならば，これは次のように変形される：

$$\frac{1}{g(y)}\frac{dy}{dx} = f(x) \tag{3.12}$$

両辺を x で積分すると，

$$\int \frac{1}{g(y)}\frac{dy}{dx}\,dx = \int f(x)\,dx \tag{3.13}$$

左辺は置換積分の公式から

$$\int \frac{1}{g(y)}\frac{dy}{dx}\,dx = \int \frac{1}{g(y)}\,dy \tag{3.14}$$

となるから，微分方程式を形式的に

$$\frac{dy}{g(y)} = f(x)\,dx \tag{3.15}$$

とかいて，両辺に $\int$ 記号をつけて，左辺は y で積分し，右辺は x で積分すればよい：

$$\int \frac{dy}{g(y)} = \int f(x)\,dx, \quad G(y) = F(x) + C \ (C \text{ は定数}) \tag{3.16}$$

ただし，$F(x), G(y)$ はそれぞれ $f(x), 1/g(y)$ の不定積分の一つである．

このように，微分方程式の変数が両辺に分離できる型の微分方程式を変数分離型とよび，その型の微分方程式を解く方法を変数分離法とよぶ．

例として，

$$\frac{dy}{dx} = -xy \tag{3.17}$$

を解いてみよう．$y \neq 0$ のとき，

$$\frac{dy}{y} = -x\,dx, \quad \int \frac{dy}{y} = -\int x\,dx$$
$$\log|y| = -\frac{x^2}{2} + C, \quad y = Ae^{-\frac{x^2}{2}} \ (A = \pm e^C \neq 0) \tag{3.18}$$

$y = 0$ も微分方程式の解になる．これは上記の解で $A = 0$ として得られる．よって，解は

$$y = Ae^{-\frac{x^2}{2}} \quad (A \text{ は任意の定数}) \tag{3.19}$$

である．

3.1.2 解を求める

$\dfrac{\overrightarrow{PQ}}{PQ}$ は単位ベクトルであるから $(\cos\theta, \sin\theta)$ と書けて，$0 \leqq x < 1, 0 \leqq y \leqq t$ のとき $0 \leqq \theta < \dfrac{\pi}{2}$ である．$\tan\theta$ は PQ の傾きであると同時に軌道の点 P における接線の傾きでもある（図 3.1）．

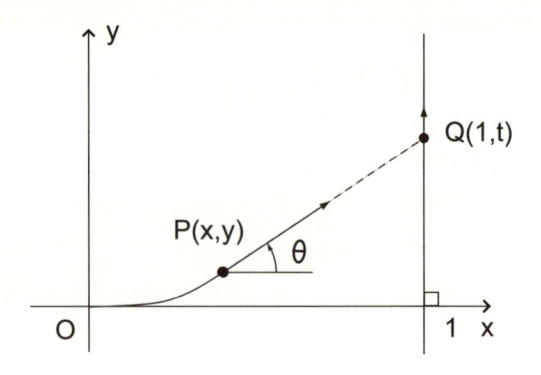

図 3.1 $\dfrac{dx}{dt} = V\cos\theta,\ \dfrac{dy}{dt} = V\sin\theta,\ \tan\theta = \dfrac{t-y}{1-x}$

$$\frac{dx}{dt} = V\cos\theta \tag{3.20}$$

$$\frac{dy}{dt} = V\sin\theta \tag{3.21}$$

$$\tan\theta = \frac{t-y}{1-x} \tag{3.22}$$

(3.22) の両辺を t で微分して，

$$\frac{1}{\cos^2\theta}\frac{d\theta}{dt} = \frac{(1-\frac{dy}{dt})(1-x) - (t-y)(-\frac{dx}{dt})}{(1-x)^2} \tag{3.23}$$

3.1 運動学の常微分方程式

この式の右辺に (3.20)，(3.21) および，(3.22) から $t - y = (1 - x)\tan\theta$ を代入すると，

$$\frac{(1 - V\sin\theta)(1 - x) - (t - y)(-V\cos\theta)}{(1 - x)^2}$$
$$= \frac{(1 - V\sin\theta)(1 - x) - (1 - x)\tan\theta(-V\cos\theta)}{(1 - x)^2}$$
$$= \frac{1 - V\sin\theta - \tan\theta(-V\cos\theta)}{1 - x} = \frac{1}{1 - x} \quad (3.24)$$
$$\therefore \frac{d\theta}{dt} = \frac{\cos^2\theta}{1 - x}$$

ゆえに，

$$\frac{dx}{dt} = \frac{dx}{d\theta}\frac{d\theta}{dt} = \frac{dx}{d\theta}\frac{\cos^2\theta}{1 - x} \quad (3.25)$$

これと (3.20) とから，次のような変数分離型の微分方程式が得られる：

$$\frac{dx}{d\theta}\frac{\cos^2\theta}{1 - x} = V\cos\theta, \quad \frac{dx}{1 - x} = \frac{Vd\theta}{\cos\theta} \quad (3.26)$$

積分して，

$$\int\frac{dx}{1 - x} = V\int\frac{d\theta}{\cos\theta}, \; -\log|1 - x| = -V\log\left|\tan\frac{1}{2}\left(\frac{\pi}{2} - \theta\right)\right| + C \; (C \text{ は定数}) \quad (3.27)$$

$0 \leqq x < 1, \; 0 \leqq \theta < \frac{\pi}{2}$ であるから，

$$-\log(1 - x) = -V\log\tan\frac{1}{2}\left(\frac{\pi}{2} - \theta\right) + C, \; 1 - x = e^{-C}\tan^V\frac{1}{2}\left(\frac{\pi}{2} - \theta\right) \quad (3.28)$$

$t = 0$ のとき $x = y = 0, \tan\theta = \frac{t - y}{1 - x} = 0, \theta = 0$ であるから，

$$x = 1 - \tan^V\frac{1}{2}\left(\frac{\pi}{2} - \theta\right) \quad (3.29)$$

$u = \tan\frac{1}{2}\left(\frac{\pi}{2} - \theta\right)$ とおくと，$\tan\frac{\pi}{4} \geqq u > \tan 0, 1 \geqq u > 0$ で，$x = 1 - u^V$，

$$\cos\theta = \sin\left(\frac{\pi}{2} - \theta\right) = 2\sin\frac{1}{2}\left(\frac{\pi}{2} - \theta\right)\cos\frac{1}{2}\left(\frac{\pi}{2} - \theta\right)$$
$$= 2\tan\frac{1}{2}\left(\frac{\pi}{2} - \theta\right)\cos^2\frac{1}{2}\left(\frac{\pi}{2} - \theta\right) = 2\tan\frac{1}{2}\left(\frac{\pi}{2} - \theta\right)\frac{1}{1 + \tan^2\frac{1}{2}\left(\frac{\pi}{2} - \theta\right)}$$
$$= \frac{2u}{1 + u^2}$$

$$(3.30)$$

これらをもちいて (3.20) を書き換えると，

$$\frac{dx}{du}\frac{du}{dt} = V\frac{2u}{1+u^2}, \quad -Vu^{V-1}\frac{du}{dt} = V\frac{2u}{1+u^2}, \quad dt = -\frac{1}{2}(u^{V-2}+u^V)du \quad (3.31)$$

$t = 0$ のとき $\theta = 0, u = 1$ であるから，

$$\begin{aligned}
t &= -\int_1^u \frac{1}{2}(s^{V-2}+s^V)ds = -\frac{1}{2}\left\{\left(\frac{u^{V-1}}{V-1}+\frac{u^{V+1}}{V+1}\right)-\left(\frac{1}{V-1}+\frac{1}{V+1}\right)\right\} \\
&= -\frac{1}{2}\left\{\left(\frac{\tan^{V-1}\left(\frac{\pi}{4}-\frac{\theta}{2}\right)}{V-1}+\frac{\tan^{V+1}\left(\frac{\pi}{4}-\frac{\theta}{2}\right)}{V+1}\right)-\left(\frac{1}{V-1}+\frac{1}{V+1}\right)\right\}
\end{aligned}$$
(3.32)

(3.22) より $y = t - (1-x)\tan\theta$ であるから，

$$y = t - \tan^V\left(\frac{\pi}{4}-\frac{\theta}{2}\right)\tan\theta = \frac{V}{V^2-1} - \frac{1}{2}\left\{\frac{\tan^{V-1}\left(\frac{\pi}{4}-\frac{\theta}{2}\right)}{V-1}+\frac{\tan^{V+1}\left(\frac{\pi}{4}-\frac{\theta}{2}\right)}{V+1}\right\}$$
$$- \tan^V\left(\frac{\pi}{4}-\frac{\theta}{2}\right)\tan\theta$$
(3.33)

(3.20), (3.21), (3.22) を満たす x, y, t を θ で表したものが (3.29), (3.33), (3.32) である．ここで θ を消去するために，(3.29) を $u = \tan\left(\frac{\pi}{4}-\frac{\theta}{2}\right)$ についてとくと，

$$u = (1-x)^{\frac{1}{V}} \quad (3.34)$$

また，$\tan\theta = \tan\left\{\frac{\pi}{2} - 2\left(\frac{\pi}{4}-\frac{\theta}{2}\right)\right\}$ であるから，

$$\tan\theta = \frac{1}{\tan 2\left(\frac{\pi}{4}-\frac{\theta}{2}\right)} = \frac{1}{\frac{2u}{1-u^2}} = \frac{1}{2}\left(\frac{1}{u}-u\right) \quad (3.35)$$

(3.32) を x で表すと，

$$t = \frac{V}{V^2-1} - \frac{1}{2}\left\{\frac{u^{V-1}}{V-1}+\frac{u^{V+1}}{V+1}\right\} = \frac{V}{V^2-1} - \frac{1}{2}\left\{\frac{(1-x)^{\frac{V-1}{V}}}{V-1}+\frac{(1-x)^{\frac{V+1}{V}}}{V+1}\right\}$$
(3.36)

3.1 運動学の常微分方程式

さらに, (3.33) を x で表すと,

$$\begin{aligned}
y &= t - (1-x)\tan\theta = t - u^V \frac{1}{2}\left(\frac{1}{u} - u\right) = t - \frac{1}{2}\left(u^{V-1} - u^{V+1}\right) \\
&= \frac{V}{V^2-1} - \frac{1}{2}\left(\frac{u^{V-1}}{V-1} + \frac{u^{V+1}}{V+1}\right) - \frac{1}{2}\left(u^{V-1} - u^{V+1}\right) \\
&= \frac{V}{V^2-1}\left\{1 - \frac{(V+1)u^{V-1} - (V-1)u^{V+1}}{2}\right\} \\
&= \frac{V}{V^2-1} - \left\{\frac{V(1-x)^{\frac{V-1}{V}}}{2(V-1)} - \frac{V(1-x)^{\frac{V+1}{V}}}{2(V+1)}\right\}
\end{aligned} \tag{3.37}$$

原理的には, (3.36) を x について解いて $x = x(t)$ を求め, さらにそれを (3.37) に代入すれば $y = y(t)$ が得られる.

単位系を元に戻す. $L = 1[\mathrm{m}], c = 1[\mathrm{m/s}]$ であるから, 長さの次元をもつ量 $x[\mathrm{m}], y[\mathrm{m}]$ を $x/L, y/L$ で, 速さの次元をもつ量 $V[\mathrm{m/s}]$ を V/c で置き換えるとよい:

$$\begin{aligned}
y/L &= \frac{V/c}{V^2/c^2 - 1} - \left\{\frac{(V/c)(1-x/L)^{\frac{V/c-1}{V/c}}}{2(V/c-1)} - \frac{(V/c)(1-x/L)^{\frac{V/c+1}{V/c}}}{2(V/c+1)}\right\} \\
y &= \frac{cVL}{V^2 - c^2} - \left\{\frac{VL(1-x/L)^{\frac{V-c}{V}}}{2(V-c)} - \frac{VL(1-x/L)^{\frac{V+c}{V}}}{2(V+c)}\right\}
\end{aligned} \tag{3.38}$$

これがトムの走る軌道である. この式で $L = 1, c = 1, V = 2$, あるいは (3.37) で $V = 2$ とすると, 原題における $f(x)$ が得られる:

$$f(x) = \frac{2}{3} - (1-x)^{\frac{1}{2}} + \frac{(1-x)^{\frac{3}{2}}}{3}, \quad \frac{d}{dx}f(x) = \frac{1}{2\sqrt{1-x}} - \frac{1}{2}\sqrt{1-x} \tag{3.39}$$

名工大の問題の出題者は, 上記の軌道の式または (3.37) を知っていて, $V = 2$ としたときの $\frac{d}{dx}f(x)$ を与えて, 逆に $V = 2$ を問うているわけである.

さて, P (トム) が Q (ジェリー) に追いつく時刻 T を求めよう.

$$\begin{aligned}
PQ &= \frac{1-x}{\cos\theta} = \frac{\tan^V \frac{1}{2}\left(\frac{\pi}{2}-\theta\right)}{\sin\left(\frac{\pi}{2}-\theta\right)} = \frac{\frac{\sin^V \frac{1}{2}\left(\frac{\pi}{2}-\theta\right)}{\cos^V \frac{1}{2}\left(\frac{\pi}{2}-\theta\right)}}{2\sin\frac{1}{2}\left(\frac{\pi}{2}-\theta\right)\cos\frac{1}{2}\left(\frac{\pi}{2}-\theta\right)} \\
&= \frac{\sin^{V-1} \frac{1}{2}\left(\frac{\pi}{2}-\theta\right)}{2\cos^{V+1} \frac{1}{2}\left(\frac{\pi}{2}-\theta\right)}
\end{aligned} \tag{3.40}$$

$0 \leqq \theta < \frac{\pi}{2}$ であるから PQ は決して 0 にならないが，$V > 1$ であるから $\theta \to \frac{\pi}{2}$ のとき PQ は 0 に近づく．このことはトムがジェリーより速く走り $(V > 1)$，ジェリーの後方につきながら $(\theta \to \frac{\pi}{2})$ 追いつくことを意味する．(3.32) において $\theta \to \frac{\pi}{2}$ とすると t は次の値に限りなく近づく：

$$T = \frac{V}{V^2 - 1} \quad (V > 1) \tag{3.41}$$

これをトムがジェリーに追いつく時刻と考えてよい．単位系を元に戻すためには，V[m/s] は V/c で置き換えればよいが，T[s] については，$s = m/(m/s)$ であるから $T/(L/c)$ で置き換える：

$$T/(L/c) = \frac{V/c}{(V/c)^2 - 1}, \quad T = \frac{VL}{V^2 - c^2} \quad (V > c) \tag{3.42}$$

$V = 10$[m/s]$, c = 6$[m/s]$, L = 50$[m] を代入すると，$T = \frac{10 \times 50}{10^2 - 6^2} = \frac{125}{16} = 7.8125$[s] となる．

Section 3.2
流体力学の偏微分方程式

3.2.1 大学入試問題から

> 中心軸を鉛直方向とする円筒容器に水が入っている．容器と水を中心軸のまわりに一定角速度 $\omega > 0$ で回転運動させる．鉛直下向きの重力加速度の大きさを $g > 0$ とする．
> 円筒容器の中心軸を z 軸，円筒の底面に xy 平面をとる．中心軸における水面の高さを z_0 とすると，回転する水の上面は，次の回転放物面
>
> $$z = \frac{\omega^2}{2g}(x^2 + y^2) + z_0 \tag{3.43}$$
>
> であることを示せ．ただし，回転する水面は大気から一定の圧力を受けているとする．
>
> 芝浦工業大学 (2004) から

原題では，$z = x^4$ を z 軸の周りに回転させてできる容器を使っていて，回転する水の表面が放物線 $z = \omega^2 x^2/2g$ を z 軸のまわりに回転させてできる曲面になることを仮定している．そして，水の体積の値を指定して，角速度の値を問うたりしている．そこでは，回転体の体積積分についての知識や計算技術が問われている．

そもそも，回転する水の表面が回転放物面になるのはなぜだろう．表面の方程式に角速度 ω や重力加速度 g が含まれているので，物理法則としての方程式から導かれるに違いない．一見，水面の形は容器の形に関係しているように思える．現実はそうかもしれないが，後述するように，水が一様に等角速度運動をするならば，水面の形は容器の形とは関係ない．

この問題を解くには流体力学の知識が必要になる．その数学的道具は 3 次元空間ベクトル解析の知識である．まず，これらについて準備する．

3.2.2 数学的準備

流体は空間的な広がりをもっていて，その運動や変形を数学的に記述するには空間ベクトルが必要になる．空間ベクトルの演算でよく使うのは，和，差，実数倍，内積である．高校数学でも学ぶ．もう一つ重要な演算「外積」は高校までの教科書には載っていない．外積はベクトル積ともいう．

空間ベクトルの外積

2 つの空間ベクトル $\vec{a}, \vec{b}$ に対して，新しい空間ベクトル $\vec{a} \times \vec{b}$ を次のように定義する．まず，$\vec{a} = \vec{0}$ または $\vec{b} = \vec{0}$ または $\vec{a} \parallel \vec{b}$ ならば $\vec{a} \times \vec{b} = \vec{0}$．この定義から，すぐ

$$\vec{a} \times \vec{a} = \vec{0} \tag{3.44}$$

が成り立つ．$\vec{a}, \vec{b}$ がともに $\vec{0}$ でなく平行でないならば，$\vec{a}, \vec{b}$ は面積 $S > 0$ の平行四辺形をつくる．$\vec{a} \times \vec{b}$ は，S を大きさとし，その向きは S に垂直

で，$\vec{a}$ を $\vec{b}$ に重ねるように $\vec{a}$ と $\vec{b}$ のなす角（それは 0 と π の間の値をとる）だけ回転するときに，右ねじの進む方向と同じ向きのベクトルと定義する．$\vec{a} \times \vec{b}$ は $\vec{a}$ と $\vec{b}$ の外積とよばる．定義から

$$\vec{b} \times \vec{a} = -\vec{a} \times \vec{b} \tag{3.45}$$

が成り立つ．外積をベクトルの掛け算の一種とみると，掛ける順序を変えると符号が変わるということである．

ベクトルの外積の成分表示は次のようになる．すなわち，

$$\vec{a} = (a_x, a_y, a_z),\ \vec{b} = (b_x, b_y, b_z) \tag{3.46}$$

のとき，

$$\vec{a} \times \vec{b} = (a_y b_z - a_z b_y, a_z b_x - a_x b_z, a_x b_y - a_y b_x) \tag{3.47}$$

これが最初の幾何学的な定義に合致することは，次のように考えると分かる．$\vec{a}, \vec{b}$ が，$\vec{0}$ でなく平行でないとき，$\vec{a}$ の方向を x 軸の正方向にとり，$\vec{b}$ は xy 平面上にとると，$|\vec{a}| = a > 0, |\vec{b}| = b > 0$ とし，$\vec{a}$ と $\vec{b}$ のなす角を $\theta\,(0 < \theta < \pi)$ とすると，

$$\vec{a} = (a, 0, 0),\ \vec{b} = (b\cos\theta, b\sin\theta, 0)\ \therefore\ \vec{a} \times \vec{b} = (0, 0, ab\sin\theta) \tag{3.48}$$

また，$\vec{c} = (c_x, c_y, c_z), k$：実数 とすると，分配法則や結合法則

$$\vec{a} \times (\vec{b} + \vec{c}) = \vec{a} \times \vec{b} + \vec{a} \times \vec{c},\ (\vec{a} + \vec{b}) \times \vec{c} = \vec{a} \times \vec{c} + \vec{b} \times \vec{c} \tag{3.49}$$

$$k(\vec{a} \times \vec{b}) = k\vec{a} \times \vec{b} = \vec{a} \times k\vec{b} \tag{3.50}$$

が成り立つことが，上記の成分の式から証明される．ここでは，$\vec{a} \times (\vec{b} + \vec{c}) = \vec{a} \times \vec{b} + \vec{a} \times \vec{c}$ だけ証明してみよう．

$$\begin{aligned}(\vec{a} \times (\vec{b} + \vec{c}))_x &= a_y(\vec{b} + \vec{c})_z - a_z(\vec{b} + \vec{c})_y = a_y(b_z + c_z) - a_z(b_y + c_y)\\ &= (a_y b_z - a_z b_y) + (a_y c_z - a_z c_y) = (\vec{a} \times \vec{b})_x + (\vec{a} \times \vec{c})_x\\ &= (\vec{a} \times \vec{b} + \vec{a} \times \vec{c})_x\end{aligned} \tag{3.51}$$

3.2 流体力学の偏微分方程式

y 成分, z 成分も同様である.

空間ベクトルの外積計算で簡単にかたづく問題を 1 題やってみよう.

> 四面体 OABC がある. 4 つのベクトル $\vec{f_1}, \vec{f_2}, \vec{f_3}, \vec{f_4}$ の大きさについて,
>
> $$|\vec{f_1}| = \triangle OBC, \quad |\vec{f_2}| = \triangle OCA$$
> $$|\vec{f_3}| = \triangle OAB, \quad |\vec{f_4}| = \triangle ABC$$
>
> である. また, それらの向きについて, それぞれ面 OBC, 面 OCA, 面 OAB, 面 ABC に垂直で, すべて四面体の外部から内部へ向く. このとき,
>
> $$\vec{f_1} + \vec{f_2} + \vec{f_3} + \vec{f_4} = \vec{0}$$
>
> であることを示せ.

(証明) $\overrightarrow{OA} = \vec{a}, \overrightarrow{OB} = \vec{b}, \overrightarrow{OC} = \vec{c}$ とおくと, 外積の定義より,

$$\begin{aligned}
\vec{f_1} &= \frac{1}{2}\overrightarrow{OC} \times \overrightarrow{OB} = \frac{1}{2}(\vec{c} \times \vec{b}), \quad \vec{f_2} = \frac{1}{2}\overrightarrow{OA} \times \overrightarrow{OC} = \frac{1}{2}(\vec{a} \times \vec{c}), \\
\vec{f_3} &= \frac{1}{2}\overrightarrow{OB} \times \overrightarrow{OA} = \frac{1}{2}(\vec{b} \times \vec{a}), \quad \vec{f_4} = \frac{1}{2}\overrightarrow{BC} \times \overrightarrow{BA} = \frac{1}{2}(\vec{c} - \vec{b}) \times (\vec{a} - \vec{b})
\end{aligned} \tag{3.52}$$

となる. 最後の式をベクトル積の計算法則を使って,

$$\begin{aligned}
2\vec{f_4} &= \vec{c} \times (\vec{a} - \vec{b}) - \vec{b} \times (\vec{a} - \vec{b}) = \vec{c} \times \vec{a} - \vec{c} \times \vec{b} - \vec{b} \times \vec{a} - \vec{b} \times \vec{b} \\
&= -\vec{a} \times \vec{c} - \vec{c} \times \vec{b} - \vec{b} \times \vec{a} = -2\vec{f_2} - 2\vec{f_1} - 2\vec{f_3} \\
\therefore \quad & \vec{f_1} + \vec{f_2} + \vec{f_3} + \vec{f_4} = \vec{0}
\end{aligned} \tag{3.53}$$

(証明終)

多変数関数の偏微分

流体力学では, 流体の運動を空間の各点における流速ベクトルで記述する. すなわち, 時刻 t において, 流体の広がる空間内の位置 $\vec{r}$ における流体の微小部分の流れる速度をベクトル $\vec{u} = (u_x, u_y, u_z)$ で表す. このとき, 各成分 $u_i\ (i = x, y, z)$ は, 位置 $\vec{r} = (x, y, z)$ と時刻 t をまとめた一組 $(\vec{r}, t) = (x, y, z, t)$ が決まれば値が 1 つ決まる. u_i は 4 変数関数 $u_i(x, y, z, t)$ である. このよう

に，各時刻において空間内の各点で定義される量を「場」の量という．流体力学では，流速 $\vec{u}(\vec{r}, t)$ の場が空間的拡がりをもつ流体の運動を記述するわけである．

このように，独立変数が 2 つ以上あって，それらの値の 1 組に対して 1 つの値が定まる対応を多変数関数という．対応する値は実数であることもあるし，ベクトルでもよい．例えば $\vec{u}$ は 4 変数のベクトル値関数 $\vec{u}(\vec{r}, t)$ である．質量密度 $\rho(\vec{r}, t)$ や圧力 $p(\vec{r}, t)$ など実数値をとる多変数関数は，ベクトル値関数と区別することを強調するときはスカラ値関数とよぶことがある（ただし，ベクトル値関数の成分 $u_i(\vec{r}, t)$ はスカラ値関数とは言わない）．

x, y, z, t の関数 $f(x, y, z, t)$ に対して，x 以外の変数 y, z, t を定数とみて $f(x, y, z, t)$ を x で微分したものを $\partial f/\partial x$ のようにかく．すなわち，

$$\frac{\partial f(x, y, z, t)}{\partial x} = \lim_{\Delta x \to 0} \frac{f(x + \Delta x, y, z, t) - f(x, y, z, t)}{\Delta x} \tag{3.54}$$

関数 f の代わりに，ベクトル関数 $\vec{f}$ でも同様に定義される．これは 1 変数の微分の定義と全く同じで，f または $\vec{f}$ を x で偏微分するという．定義が同じなので，1 変数の微分計算法則はそのまま成り立つ．

変数に x, y, z を含む多変数のスカラ値関数やベクトル値関数を頻繁に取り扱うときの偏微分計算には，次のベクトル演算子ナブラを使うと便利である：

$$\vec{\nabla} = \left(\frac{\partial}{\partial x}, \frac{\partial}{\partial y}, \frac{\partial}{\partial z}\right) \tag{3.55}$$

これを使うと，例えばスカラ値関数 $p(x, y, z, t)$ やベクトル値関数 $\vec{u}(x, y, z, t)$ に対して，次のような記法を使っていろいろな量を定義できる：

$$\begin{aligned}&\vec{\nabla} p = \left(\frac{\partial p}{\partial x}, \frac{\partial p}{\partial y}, \frac{\partial p}{\partial z}\right), \ \vec{\nabla} \cdot \vec{u} = \frac{\partial u_x}{\partial x} + \frac{\partial u_y}{\partial y} + \frac{\partial u_z}{\partial z}, \\ &\vec{\nabla} \times \vec{u} = \left(\frac{\partial u_z}{\partial y} - \frac{\partial u_y}{\partial z}, \frac{\partial u_x}{\partial z} - \frac{\partial u_z}{\partial x}, \frac{\partial u_y}{\partial x} - \frac{\partial u_x}{\partial y}\right)\end{aligned} \tag{3.56}$$

これらはそれぞれ，p の勾配 (gradient)，$\vec{u}$ の発散 (divergence)，$\vec{u}$ の回転 (rotation) と呼ばれ，それぞれ $\mathrm{grad}\, p, \mathrm{div}\, \vec{u}, \mathrm{rot}\, \vec{u}$ ともかく．$\vec{\nabla}$ は，偏微分の演算子であることに注意すれば，通常のベクトル記法を用いることができる．

スカラ値関数やベクトル値関数の偏微分計算の具体例を紹介しよう．例えば，関数 f が $R = \sqrt{x^2 + y^2}$ と z の関数 $f(R, z)$ ならば，f は $R = \sqrt{x^2 + y^2}$ を通して x にも依存しているから，x に関して，次のように偏微分することができる．

$$\frac{\partial f(R, z)}{\partial x} = \frac{\partial f(R, z)}{\partial R} \frac{\partial R}{\partial x} \tag{3.57}$$

これは合成関数の微分法則である．また，$\partial R/\partial x$ は次のように計算される：

$$\frac{\partial R}{\partial x} = \frac{\partial \sqrt{x^2+y^2}}{\partial x} = \frac{\partial(x^2+y^2)/\partial x}{2\sqrt{x^2+y^2}} = \frac{2x}{2\sqrt{x^2+y^2}} = \frac{x}{R} \tag{3.58}$$

$f(R, z)$ の y による偏微分も同様に行われ，$\partial f(R, z)/\partial y = (\partial f(R, z)/\partial R)(y/R)$ となる．まとめて，

$$\vec{\nabla} f(R, z) = \vec{e_R} \frac{\partial f(R, z)}{\partial R} + \vec{e_z} \frac{\partial f(R, z)}{\partial z} \tag{3.59}$$

となる．ここに，$\vec{e_R} = \vec{R}/R = (x/R, y/R, 0), \vec{e_z} = (0, 0, 1)$ で，これらは垂直である．

2つ以上の多変数が関わる関数の合成関数の微分法則は，1変数関数の合成関数の微分法を次のように拡張しなければならない．例えば，多変数関数スカラ値関数 $f(x, y, z)$ があって，3変数 x, y, z がすべて t の関数であるようなとき，合成関数としての t の関数 $f(\vec{r}(t)) = f(x(t), y(t), z(t))$ の t による微分は，1変数関数の合成微分の公式をまねると，

$$\frac{d f(\vec{r}(t))}{dt} = \frac{\partial f(\vec{r})}{\partial \vec{r}} \cdot \frac{d \vec{r}}{dt} \tag{3.60}$$

とかける．ここで，$\partial f(\vec{r})/\partial \vec{r}$ はベクトルなのだろうか．これとベクトル $d\vec{r}/dt$ との積をとってスカラ df/dt になるためには，$\partial f(\vec{r})/\partial \vec{r}$ はベクトル $(\partial f/\partial x, \partial f/\partial y, \partial f/\partial z) = \vec{\nabla} f$ であり，積"・"が内積であればよい：

$$\frac{d f(\vec{r}(t))}{dt} = \frac{\partial f(\vec{r})}{\partial \vec{r}} \cdot \frac{d \vec{r}}{dt} = \frac{\partial f(\vec{r})}{\partial x} \frac{dx}{dt} + \frac{\partial f(\vec{r})}{\partial y} \frac{dy}{dt} + \frac{\partial f(\vec{r})}{\partial z} \frac{dz}{dt} = \vec{\nabla} f \cdot \frac{d \vec{r}}{dt} \tag{3.61}$$

多変数関数に関する微積分はこのような形式的類推があてはまることが多い．微積分ではその記法がその計算を効率化している．微積分記法を作った Leibniz は偉大だ．

同じ事を 3 変数ベクトル値関数 $\vec{f}(\vec{r}(t))$ についても行ってみよう．ベクトルとその成分表示 $\vec{f} = (f_x, f_y, f_z)$ を $f = (f_\alpha)$ と表記する．ここで，ギリシャ文字 $\alpha, \beta, \cdots$ は 1, 2, 3 の値をとり，それぞれ空間の x, y, z 成分に対応する．また，数式中に同じギリシャ文字が 2 つ現れたらそれらの 1, 2, 3 の値に関する和をとるものとする．例えば，力のベクトル $\vec{F} = (F_x, F_y, F_z)$ と変位ベクトル $d\vec{r} = (dx, dy, dz)$ の内積 $\vec{F} \cdot d\vec{r}$ は成分で $\sum_{\alpha=1}^{3} F_\alpha dx_\alpha$ とかけるが，これを $F_\alpha dx_\alpha$ と表すのである．この記法を用いると，3 変数関数ベクトル値関数 $f(x)$ があって，3 変数 x が t の関数であるようなとき，合成関数としての t の関数 $f(x(t))$ の t による微分は，1 変数関数の合成微分の公式をまねると，

$$\frac{df(x(t))}{dt} = \frac{\partial f}{\partial x} \cdot \frac{dx}{dt} \quad \text{すなわち} \quad \frac{df_\alpha}{dt} = \frac{\partial f_\alpha}{\partial x_\beta} \frac{dx_\beta}{dt} \tag{3.62}$$

これは，ベクトル $df(x(t))/dt = (df_\alpha(x(t))/dt)$ が，行列 $\partial f / \partial x = (\partial f_\alpha / \partial x_\beta)$ とベクトル $dx/dt = (dx_\alpha/dt)$ の積

$$\begin{pmatrix} \frac{\partial f_1}{\partial x_1} & \frac{\partial f_1}{\partial x_2} & \frac{\partial f_1}{\partial x_3} \\ \frac{\partial f_2}{\partial x_1} & \frac{\partial f_2}{\partial x_2} & \frac{\partial f_2}{\partial x_3} \\ \frac{\partial f_3}{\partial x_1} & \frac{\partial f_3}{\partial x_2} & \frac{\partial f_3}{\partial x_3} \end{pmatrix} \begin{pmatrix} \frac{dx_1}{dt} \\ \frac{dx_2}{dt} \\ \frac{dx_3}{dt} \end{pmatrix} = \begin{pmatrix} \frac{\partial f_1}{\partial x_1} \frac{dx_1}{dt} + \frac{\partial f_1}{\partial x_2} \frac{dx_2}{dt} + \frac{\partial f_1}{\partial x_3} \frac{dx_3}{dt} \\ \frac{\partial f_2}{\partial x_1} \frac{dx_1}{dt} + \frac{\partial f_2}{\partial x_2} \frac{dx_2}{dt} + \frac{\partial f_2}{\partial x_3} \frac{dx_3}{dt} \\ \frac{\partial f_3}{\partial x_1} \frac{dx_1}{dt} + \frac{\partial f_3}{\partial x_2} \frac{dx_2}{dt} + \frac{\partial f_3}{\partial x_3} \frac{dx_3}{dt} \end{pmatrix} \tag{3.63}$$

とベクトル $dx/dt = (dx_\alpha/dt)$ の積で表されることを示していて，理にかなっている．行列 $\partial f / \partial x = (\partial f_\alpha / \partial x_\beta)$ は Jacobi 行列と呼ばれ，2 階テンソルというものの一例になっている．テンソルとは，スカラ，ベクトルを一般化したもので，スカラは 0 階テンソル，ベクトルは 1 階テンソルである．ここでは述べないが，テンソルは座標変換との関わりで定義される量である．今扱っているのは 3 次元空間におけるテンソルだから添え字は 3 通りの値をとるが，Einstein の相対性理論では，相対性原理の要請からすべての物理法則を 4 次元時空におけるテンソル形式で定式化する．テンソルの添え字は時間成分が加わり 4 通りの値をとる．ベクトルの成分を識別する添え

字で同じものが 2 度現われたら和をとるという記法も Einstein が発明した記法である．

とくに，関数 $f(x(t), y(t), z(t), t)$ の時間変化率は次のようになる：

$$\frac{d\vec{f}(\vec{r}(t), t)}{dt} = \frac{d\vec{f}(x(t), y(t), z(t), t)}{dt} = \frac{\partial \vec{f}}{\partial x}\frac{dx}{dt} + \frac{\partial \vec{f}}{\partial y}\frac{dy}{dt} + \frac{\partial \vec{f}}{\partial z}\frac{dz}{dt} + \frac{\partial \vec{f}}{\partial t}\frac{dt}{dt}$$
$$= \frac{\partial \vec{f}}{\partial t} + u_x\frac{\partial \vec{f}}{\partial x} + u_y\frac{\partial \vec{f}}{\partial y} + u_z\frac{\partial \vec{f}}{\partial z} = \frac{\partial \vec{f}}{\partial t} + (\vec{u} \cdot \vec{\nabla})\vec{f}$$
(3.64)

ここに，$u_\alpha = dx_\alpha/dt$ すなわち $\vec{u} = d\vec{r}/dt$ である．もし，$\vec{r}(t) = (x(t), y(t), z(t))$ が流れの中で運動する流体の微小部分の位置ベクトルであるなら，$\vec{u} = (u_x, u_y, u_z)$ は，$\vec{r}$ における流速ベクトルである．そのとき，$d\vec{f}/dt$ を $D\vec{f}/Dt$ とかき，$\vec{f}$ の Lagrange 微分とよぶことがある：

$$\frac{D\vec{f}}{Dt} = \frac{\partial \vec{f}}{\partial t} + (\vec{u} \cdot \vec{\nabla})\vec{f} \tag{3.65}$$

これは，流体の微小部分（位置 $\vec{r}(t)$）とともに変化する $\vec{f}(\vec{r}(t), t)$ という量の時間変化率である．$\partial \vec{f}(\vec{r}, t)/\partial t$ は，固定された位置 $\vec{r}$ における時間変化率で，流体の微小部分の運動には無関係である．この違いに注意して欲しい．

3.2.3　物理的準備

点粒子や剛体とみなせる物体の力学と流体力学の大きな違いは，流体は広がりのある変形しうる連続体として扱わなければならないことである．流体内部では，圧力や粘性の効果を流体の方程式に取り入れなければならない．粘性とは，流体の流れの摩擦のようなもので，これを数学的に取り入れるとかなり難しくなる．粘性を無視できるような流体は完全流体という．本稿では完全流体を扱う．

静止流体の圧力

静止流体の圧力については次の重要な特徴がある：静止した流体中に微小な薄い面 ΔS を入れて，それに表裏をつけて，裏から表に向く ΔS に垂

直な単位ベクトルを $\vec{n}$ とする．流体に働く圧力による力 $\Delta \vec{F}$ は，

- $\Delta \vec{F}$ の向きは $-\vec{n}$

- $\Delta \vec{F}$ の大きさは ΔS に比例

- 同じ場所において，$\Delta \vec{F}$ の大きさは $\vec{n}$ の向きによらない

これらを一つのベクトルの式で表すと，

$$\Delta \vec{F} = -p(\vec{r}) \Delta S \vec{n} \tag{3.66}$$

となる．この右辺の比例係数 p が圧力であり，微小な面 ΔS の位置 $\vec{r}$ に依存し，面の方向 $\vec{n}$ には依存しない．

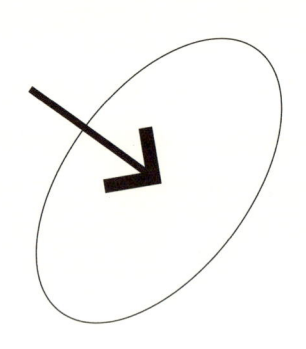

図 **3.2** 静止流体の圧力

　これらのことから，ベクトルの外積の応用例として紹介した問題は，一定圧力の静止流体に働く力のつりあいの問題に他ならないことがわかる．$\vec{f_i}$ は，四面体の面に垂直で，大きさが面の面積であるから，これに圧力 p をかければ，$p\vec{f_i}$ は面に働く力そのものになる．よって，一定圧力の静止流体の中に置かれた四面体に，その外部から各面からに働く圧力による力の総和は $\vec{0}$ になる．一般に，外力の働かない一様圧力下の静止流体の中におかれた任意形状の物体に働く圧力の総和は $\vec{0}$ であることを証明できる．静

止した流体の中に任意の形の物体を静かに静止させれば,そのまま静止したままであろうことは,物理的直観で想像できる.そのためには,静止流体に働く力の性質として,上記の 3 つの性質を要請すればよいのである.

静止流体のこの性質を使うと,流体中の位置 $\vec{r}$ にある微小体積 dV に働く力は $-\vec{\nabla}pdV$ であることが証明される.

流体の運動方程式

問題の回転する水は運動する流体である.水の入った容器を回転させると,容器の内側面が外側の水を引きずり,外側の水は内側の水を引きずり,しだいに水全体が回転するようになる.容器の回転を止めると,同様にして,水の回転も止まる.これは,流体に粘性があるからである.しかし,容器とともに流体が一定角速度で回っている状態になれば,流体は形を変えず,剛体(形を変えない物体)とみなすことができる.そうなれば,粘性を考える必要がない.

完全流体の場合は,流体中の微小面に働く圧力はやはり面に向かう垂直な力である.もし,面に平行な成分の力が存在するなら,それが粘性だからである.したがって,流体中の位置 $\vec{r}$ にある微小体積 dV に働く力はやはり $-\vec{\nabla}pdV$ で与えられる.

完全流体の運動方程式は,流体の微小な部分 dV に Newton の運動方程式

$$m\frac{d\vec{u}}{dt} = \vec{F} \tag{3.67}$$

を適用して得られる. $m = \rho dV, \vec{F} = \rho\vec{f} - \vec{\nabla}p$ として,$\rho dV(D\vec{u}/Dt) = \rho dV\vec{f} - \vec{\nabla}pdV$. $\vec{u}, \rho, p$ は,それぞれ流速,質量密度,圧力で,すべて流体中の位置 $\vec{r}$ の時刻 t における値である. dV は任意の微小体積だから,

$$\rho\left\{\frac{\partial\vec{u}}{\partial t} + (\vec{u}\cdot\vec{\nabla})\vec{u}\right\} = \rho\vec{f} - \vec{\nabla}p \tag{3.68}$$

これが完全流体の運動方程式で,Euler の方程式と呼ばれる.

完全流体の運動を記述するには，この Euler の方程式を使って，広がりのある空間における流速の場 $\vec{u}(\vec{r},t)$（3成分）と密度 ρ，圧力 p の5つの量を決定しなければならない．Euler の方程式はベクトル方程式なので方程式は3つあるが，あと2つ方程式が足りない．そのうちの一つは，流体の質量保存法則を表す

$$\frac{\partial \rho}{\partial t} + \mathrm{div}(\rho\vec{u}) = 0 \tag{3.69}$$

で，連続の式と呼ばれることもある．もう一つの方程式は，完全流体を熱力学的平衡にあると考えて，圧力と密度の関係を表す状態方程式を要求する．これは，それぞれの問題によって異なる．

3.2.4　回転流体の水面

回転流体の水面問題を解くことにしよう．中心軸のまわりに周りに一定角速度で剛体のように回転する流体は，完全流体と考えてよく，Euler の方程式が成り立っている．また，密度の変化も無視し，密度一定と考える．回転軸からの距離を $R = \sqrt{x^2+y^2}$ とすると，圧力 p は，z 軸回転対称性をもつから，R,z の関数である．また，流速は，$\vec{R} = (x,y,0)$ として，$\vec{u} = \vec{e}_z \times \vec{R}\omega = (0,0,1)\times(\omega x,\omega y,0) = (-\omega y, \omega x, 0)$ である．これは，時間 t に陽に依存しない（もちろん，流速に沿って考えれば $x(t), y(t)$ を通して陰に依存する）から，Euler の方程式の左辺のうち，時間微分の項は $\partial \vec{u}/\partial t = \vec{0}$ で，第2項の $\vec{u}$ にかかる演算子は，

$$\vec{u}\cdot\vec{\nabla} = u_x\frac{\partial}{\partial x} + u_y\frac{\partial}{\partial y} + u_z\frac{\partial}{\partial z} = -\omega y\frac{\partial}{\partial x} + \omega x\frac{\partial}{\partial y} \tag{3.70}$$

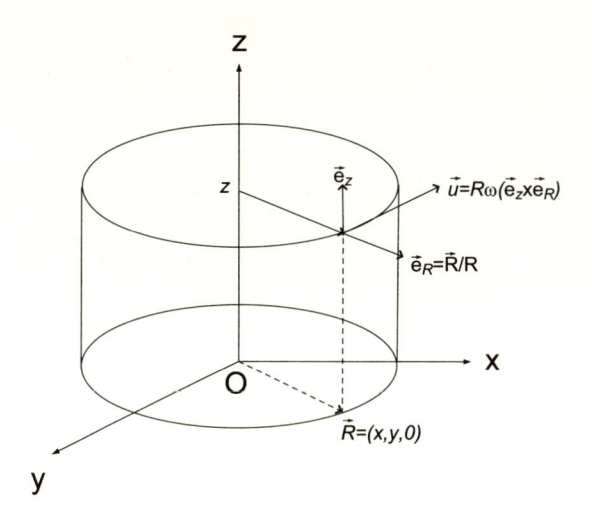

図 3.3　回転流体

となるから,

$$\begin{cases} \vec{u}\cdot\vec{\nabla}u_x = -\omega y\dfrac{\partial(-\omega y)}{\partial x} + \omega x\dfrac{\partial(-\omega y)}{\partial y} = -\omega^2 x \\ \vec{u}\cdot\vec{\nabla}u_y = -\omega y\dfrac{\partial(\omega x)}{\partial x} + \omega x\dfrac{\partial(\omega x)}{\partial y} = -\omega^2 y \\ \vec{u}\cdot\vec{\nabla}u_z = \vec{u}\cdot\vec{\nabla}0 = 0 \end{cases}$$

$$(\vec{u}\cdot\vec{\nabla})\vec{u} = -\omega^2\vec{R}$$

となる.また,$\vec{\nabla}p = \vec{e}_R(\partial p/\partial R) + \vec{e}_z(\partial p/\partial z)$ であるから,.Euler の方程式は

$$-\omega^2 R\vec{e}_R = -\frac{1}{\rho}\frac{\partial p}{\partial R}\vec{e}_R - \frac{1}{\rho}\left(\frac{\partial p}{\partial z} + \rho g\right)\vec{e}_z \tag{3.71}$$

となる.これを,R 方向の成分（$\vec{e}_R$ の係数）と z 方向の成分（$\vec{e}_z$ の係数）に分けると,2 つの微分方程式

$$\frac{\partial p}{\partial R} = \rho\omega^2 R, \quad \frac{\partial p}{\partial z} = -\rho g \tag{3.72}$$

が得られる.第 1 式を R で積分して $p(R,z) = \rho\omega^2 R^2/2 + p(0,z)$ となる.これを第 2 式に代入して,$\partial p(0,z)/\partial z = -\rho g$ となる.今度は,z で積分して,

$p(0, z) = -\rho g z + p(0, 0)$ となる．$p(0, 0)$ は原点における圧力で，大気圧 p_0 と $p(0, 0) = p_0 + \rho g z_0$ の関係がある．z_0 は $R = 0$ における水面の高さである．解は，

$$p(R, z) = \rho \left(\frac{\omega^2}{2} R^2 - gz \right) + p_0 + \rho g z_0 = \frac{\rho \omega^2 R^2}{2} + p_0 - \rho g(z - z_0) \quad (3.73)$$

という形になる．これから，圧力一定 $p(R, z) = P$ (P は R, z に依らない定数)の曲面（等圧面）は，

$$z = \frac{\omega^2}{2g}(x^2 + y^2) - \frac{P - p_0}{\rho g} + z_0 \quad (3.74)$$

となり，等圧面は回転放物面であることがわかる．問題の回転流体の水面は一つの等圧面 $P = p_0$ であるから，

$$z = \frac{\omega^2}{2g}(x^2 + y^2) + z_0 \quad (3.75)$$

が水面の方程式である．

第4章

Eulerの公式

Euler の公式

$$e^{i\theta} = \cos\theta + i\sin\theta. \iff \cos\theta = \frac{e^{i\theta}+e^{-i\theta}}{2},\ \sin\theta = \frac{e^{i\theta}-e^{-i\theta}}{2i} \quad (4.1)$$

は，理論的には指数関数と三角関数が解析的には同じ類の関数であることを意味し，実用的には，三角関数の加法定理に関わる計算を指数法則で代用できることなどの効用がある．

Section 4.1
Eulerの公式

まず，複素数の極形式との関連からはじめて，この公式の理論的な面を考察しよう．

4.1.1 複素数の表示形式

人類が最初に認識した数の集合は，正の整数の集合 $\mathbb{N}$ だろう．いわゆる自然数である：

$$\mathbb{N} = \{1, 2, 3, \cdots\} \quad (4.2)$$

このとき，

$$a, b \in \mathbb{N} \Rightarrow a + b \in \mathbb{N} \quad (4.3)$$

が成り立つ．この事実を「$\mathbb{N}$ は加法 (+) という演算に関して閉じている」という．自然数の集合の中では足し算（加法）が自由に行える．しかし，$a, b \in \mathbb{N}$ であっても減法 (−) の結果 $a - b$ は $a > b$ のときしか意味がないので，$\mathbb{N}$ の範囲では引き算は自由にできない．そこで $\mathbb{N}$ に 0 を追加し，さらに

$$x + 1 = 0 \tag{4.4}$$

となるような x を -1 と書いてこれも $\mathbb{N}$ に追加する．さらには，任意の $n \in \mathbb{N}$ に対し，$-n$ を負の自然数とし，その重みは -1 の n 倍であると考え，$\mathbb{N}$ に追加する．このようにして，自然数の集合 $\mathbb{N}$ は自然数，0，負の自然数を統合した新しい集合 $\mathbb{Z} = \{0, \pm 1, \pm 2, \cdots\}$ に拡張される．そこでは，足し算 (+) と引き算 (−) が自由に行えることになる．

$$a, b \in \mathbb{Z} \Rightarrow a \pm b \in \mathbb{Z} \tag{4.5}$$

このように自然数全体の集合 $\mathbb{N}$ を整数全体の集合 $\mathbb{Z}$ へ拡張する作業は，方程式 $x + 1 = 0$ に解を持たせることが基本的な考えになっていることが分かる．同様に，実数全体の集合 $\mathbb{R}$ を複素数全体の集合に拡張するときには，方程式 $x^2 + 1 = 0$ に解を持たせることが基本的になる．その解を $i = \sqrt{-1}$ と書いて，これを虚数単位と呼ぶ．$\mathbb{C}$ の任意の要素 z は，2 つの実数 $x, y \in \mathbb{R}$ を用いて，

$$z = x + iy \tag{4.6}$$

と書かれる．$\mathbb{C}$ の中では，四則演算 $(\pm, \times, \div)$ が自由に行える．$z \in \mathbb{C}$ には常に唯一つの実数の組 (x, y) $(x, y \in \mathbb{R})$ が対応するので，$\mathbb{C}$ は座標平面上の点全体の集合と同一視できる．そのような座標平面を複素平面といってそこでは複素数を幾何学的に捉えることができる．点 z の位置を実軸座標 x と虚軸座標 y の組で表示する方法の他に，原点からの距離 r（0 以上の実数）と実軸から半時計周りの向きの一般角 θ で表示する極座標表示がある．

それは，$z = x + iy$ のとき，

$$z = r(\cos\theta + i\sin\theta)$$
$$r = \sqrt{x^2 + y^2}, \quad \cos\theta = \frac{x}{r}, \sin\theta = \frac{y}{r} \tag{4.7}$$

となる．ただし，$r = 0$ のとき θ は未定義とする．

4.1.2 微分方程式からみた指数関数

複素数 z の極座標表示のときに現れる $\cos\theta + i\sin\theta$ は，幾何学的には原点の周りの θ 回転を表す．あるいは，動径ベクトル $\overrightarrow{0z}$ の単位方向ベクトルとみることもできる．同時に複素数の計算にも非常に便利なものである．これを $e(\theta)$ と書くと，回転の合成として，あるいは三角関数の加法定理により，

$$e(\theta_1 + \theta_2) = e(\theta_1)e(\theta_2) \tag{4.8}$$

が得られる．また，$e(0) = 1$ であるから，

$$\frac{de(\theta)}{d\theta} = \lim_{\epsilon \to 0}\frac{e(\theta + \epsilon) - e(\theta)}{\epsilon} = e(\theta)\lim_{\epsilon \to 0}\frac{e(\epsilon) - 1}{\epsilon} \tag{4.9}$$

ここで，

$$\lim_{\epsilon \to 0}\frac{e(\epsilon) - 1}{\epsilon} = \lim_{\epsilon \to 0}\frac{\cos\epsilon - 1 + i\sin\epsilon}{\epsilon} = \lim_{\epsilon \to 0}\frac{-2\sin^2(\epsilon/2) + 2i\sin(\epsilon/2)\cos(\epsilon/2)}{\epsilon}$$
$$= \lim_{\epsilon \to 0}\left\{-\sin(\epsilon/2)\frac{\sin(\epsilon/2)}{\epsilon/2} + i\cos(\epsilon/2)\frac{\sin(\epsilon/2)}{\epsilon/2}\right\} = -0 \cdot 1 + i1 \cdot 1 = i$$
$$\tag{4.10}$$

つまり，$e(\theta)$ は微分方程式の初期値問題

$$e(0) = 1, \quad \frac{de(\theta)}{d\theta} = ie(\theta) \tag{4.11}$$

の解である．一般に，λ を実数定数とするとき，微分方程式の初期値問題

$$y(0) = 1, \quad \frac{dy}{d\theta} = \lambda y \tag{4.12}$$

の解は $y = e^{\lambda\theta}$ である．今の場合，実定数 λ の代わりに純虚数 i になっているのである．そこで $e(\theta)$ を $e^{i\theta}$ と書くことにする：

$$e^{i\theta} = \cos\theta + i\sin\theta \tag{4.13}$$

これを Euler の公式という．

$e^{i\theta}$ は指数関数 $e^{\lambda\theta}$ と全く同様の微分方程式に従うので，解析的にも $e^{\lambda\theta}$ と同様の性質を持っていることが期待される．しかし，公式というには，別々の意味を持っている左辺と右辺が等式で結ばれる必要があり，$e^{i\theta}$ の Taylor 展開（べき級数展開）を知らなければ，$e^{i\theta}$ の定義式にすぎない．初めて Euler の公式に接する時期は，意欲のある高校生の頃だったり，大学課程における数学以外の講義（物理学や電気回路理論など）の初期の頃だったりするだろう．その頃はまだ，Taylor 展開について詳しく知らない．しかし，その指数法則の便利さのあまり，公式か定義よくわからないまま使っている（いた）人が多いのではないだろうか．

ここでは，Taylor 展開についての深い知識を仮定しないで，微分方程式の解の存在定理に用いられる逐次近似法を手がかりに，Euler の公式にたどり着いてみよう．

4.1.3　Picard の逐次近似法

いくつかの事項を準備する．

実変数複素数値関数

実数 $t \in \mathbb{R}$ に対し，複素数 $F(t) \in \mathbb{C}$ を考える．複素数 $F(t)$ の実部 $\Re F(t)$ と虚部 $\Im F(t)$ をそれぞれ $f(t), g(t)$ と書けば，

$$F(t) = f(t) + ig(t) \tag{4.14}$$

となる．

関数の連続性は，数直線上の距離 $|x_2 - x_1|$ を複素平面上の距離 $|z_2 - z_1| = \sqrt{(x_2 - x_1)^2 + (y_2 - y_1)^2}$ に拡張して全く同様に考える．

関数の微分可能性なども実数値関数の場合とほとんど同様である．複素数値関数 $F(t)$ に対する実変数 t による微分演算と積分演算は，

$$\frac{dF(t)}{dt} \equiv \frac{df(t)}{dt} + i\frac{dg(t)}{dt} \tag{4.15}$$

$$\int_a^b dt F(t) \equiv \int_a^b dt f(t) + i \int_a^b dt g(t) \tag{4.16}$$

で定義される．微分・積分の演算は線形性を有するからそれらの計算法則は実数値関数の場合と全く同様に行われる．

実変数 x の指数関数 e^x のべき級数展開

実変数 x の指数関数 e^x は，次のようにべき級数展開できることが知られている：

$$e^x = \sum_{n=0}^{\infty} \frac{x^n}{n!} = 1 + x + \frac{x^2}{2!} + \cdots + \frac{x^n}{n!} + \cdots \tag{4.17}$$

これは絶対収束し，x をある区間 I で考えるとその収束は一様である．

微分方程式の解に収束する逐次関数列

次のことが成り立つ．

> α を任意の複素定数とする．$f(t,z)$ は，z の多項式で，その係数たちは，$t = 0$ を含むある区間における実数 t の連続な複素数値関数であるとする．このとき，実変数 t の複素数値関数 $z(t)$ に対する初期値問題
>
> $$z(0) = \alpha, \quad \frac{dz}{dt} = f(t, z(t)) \tag{4.18}$$
>
> の解 $z(t)$ が，$t = 0$ を含むある区間において唯一つ存在する．

この初期値問題は次の積分方程式と等価である．

$$z(t) = \alpha + \int_0^t d\tau f(\tau, z(\tau)) \tag{4.19}$$

実際，微分方程式の解が存在すればそれを積分してこの積分方程式が得られ，逆にこの積分方程式の解が存在すれば，右辺において $t = 0$ とすると

右辺の第2項は消えて α となり，$z(t)$ の t についての連続性と $f(t,z)$ の t,z についての連続性より $f(t,z(t))$ も t について連続であるから，微分積分の基本公式により $d(\text{右辺})/dt = f(t,z(t))$ となり，右辺は初期条件と微分方程式を満たす．

$f(t,z)$ の具体的な形は，$f_0(t), f_1(t), \cdots, f_N(t)$ ($N \geq 1$) を係数とする z の多項式であるとする：

$$f(t,z) = \sum_{j=0}^{N} f_j(t) z^j \tag{4.20}$$

このとき，$f(t,z)$ は実変数 t と複素変数 z の2変数関数で，次の性質をもつ：δ, ρ をある正の実数とし，t が区間 $|t| \leq \delta$，z_1, z_2 が区域 $|z - \alpha| \leq \rho$ にそれぞれ属するとき，L を0以上の定数として，

$$|f(t,z_2) - f(t,z_1)| \leq L|z_2 - z_1| \tag{4.21}$$

が成り立つ．これは次のようにして示される．

$$\begin{aligned}
&|f(t,z_2) - f(t,z_1)| \\
&= \left|\sum_{j=0}^{N} f_j(t)(z_2^j - z_1^j)\right| = \left|\sum_{j=1}^{N} f_j(t)(z_2^j - z_1^j)\right| \quad (\because j=0 \text{ の項は } 0) \\
&\leq \sum_{j=1}^{N} |f_j(t)||z_2^j - z_1^j| = \sum_{j=1}^{N} |f_j(t)||z_2 - z_1||z_2^{j-1} + z_2^{j-2}z_1 + \cdots + z_1^{j-1}| \\
&= \left(\sum_{j=1}^{N} |f_j(t)||z_2^{j-1} + z_2^{j-2}z_1 + \cdots + z_1^{j-1}|\right)|z_2 - z_1|
\end{aligned} \tag{4.22}$$

最後の式において，$f_j(t)$ ($|t| \leq \delta$) は連続関数，$z_2^{j-1} + z_2^{j-2}z_1 + \cdots + z_1^{j-1}$ ($|z_1 - \alpha| \leq \rho, |z_2 - \alpha| \leq \rho$) は z_1, z_2 の $j-1$ 次多項式でやはり連続関数であるから，それぞれの絶対値には最大値 M_j, N_j が存在し，$|t| \leq \delta, |z_1 - \alpha| \leq \rho, |z_2 - \alpha| \leq \rho$ において，$|f_j(t)| \leq M_j, |z_2^{j-1} + z_2^{j-2}z_1 + \cdots + z_1^{j-1}| \leq N_j$ が成り立つから，

$$|f(t,z_2) - f(t,z_1)| \leq \left(\sum_{j=1}^{N} |f_j(t)||z_2^{j-1} + z_2^{j-2}z_1 + \cdots + z_1^{j-1}|\right)|z_2 - z_1| \leq \left(\sum_{j=1}^{N} M_j N_j\right)|z_2 - z_1| \tag{4.23}$$

$L = \sum_{j=1}^{N} M_j N_j$ とおけばこれは 0 以上の定数である.

$f(t, z)$ の z 依存性を多項式的に限定せず,もう少し一般的な z 依存性,例えば $\partial f(t,z)/\partial z$ が z の連続関数としてもよい.また,z は有限次元実ベクトルであってもよい.要求するのは,$f(t, z)$ の t 依存性が連続であり,$t=0, z=\alpha$ の近くで,0 以上の定数 L が存在して,不等式 $|f(t,z_2) - f(t,z_1)| \leq L|z_2 - z_1|$ が成り立つことである.したがって,以下の証明は,$f(t, z)$ がこのような条件を満たすならば,その z 依存性が多項式的でなくとも成り立つ議論である.ただ,L は δ, ρ に依存し,これらはまた $f(t, z)$ の具体的な形に依存する.しかし,$f(t, z)$ の t に関する連続性や z に関する上記のような依存性により,δ を十分小さくとればそのような L をとることができる.そういう意味で,不等式 $|f(t,z_2) - f(t,z_1)| \leq L|z_2 - z_1|$ は,$t=0, z=\alpha$ の近傍でしか成立しない局所的な条件である.

次のようにして,関数列 $\{z_n(t)\}_{n=0}^{\infty}$ を定義する:

$$\begin{cases} z_0(t) = \alpha \\ z_{n+1}(t) = \alpha + \int_0^t d\tau f(\tau, z_n(\tau)) \quad (n = 0, 1, \cdots) \end{cases} \tag{4.24}$$

微分方程式の解の第 0 近似として初期値 $z(0) = \alpha$ とし,第 $n+1$ 近似を,積分方程式の右辺における真の解 $z(t)$ の代わりに第 n 近似 $z_n(\tau)$ を代入したものにしようという訳である.このように積分方程式の右辺の形に逐次近似関数列を代入していけば,逐次関数列 $z_n(t)$ は真の解に近づいていくことを期待する.これを Picard の逐次近似法と呼ぶ.このような $z_n(t)$ が解に収束する必要条件として,$z_0(t), z_1(t), \cdots$ が,次々と $f(t, z)$ の定義域に入っていき,不等式 $|f(t,z_2) - f(t,z_1)| \leq L|z_2 - z_1|$ も満たさねばならないが,ここでは $t=0$ の適当に十分小さな近傍で考える限りそれが可能であることが証明される.

$k \geqq 1$ のとき,

$$|z_{k+1}(t) - z_k(t)| = \left| \int_0^t d\tau \{f(\tau, z_k(\tau)) - f(\tau, z_{k-1}(\tau))\} \right|$$
$$\leqq \int_0^{|t|} d\tau |f(\tau, z_k(\tau)) - f(\tau, z_{k-1}(\tau))| \leqq \int_0^{|t|} d\tau L |z_k(\tau) - z_{k-1}(\tau)|$$
$$= L \int_0^{|t|} d\tau |z_k(\tau) - z_{k-1}(\tau)|$$
(4.25)

ここで, $|z_{k+1}(t) - z_k(t)| = d_k(t) (\geqq 0)$ とおくと,

$$d_k(t) \leqq L \int_0^{|t|} d\tau d_{k-1}(\tau) \ (k = 1, 2, \cdots) \tag{4.26}$$

ここで,

$$d_0(t) = |z_1(t) - z_0(t)| = \left| \alpha + \int_0^t d\tau f(\tau, \alpha) - \alpha \right| = \left| \int_0^t d\tau f(\tau, \alpha) \right| \tag{4.27}$$

である. これは $|t| \leqq \delta$ において連続であるからその最大値 $C \geqq 0$ が存在して,

$$d_0(t) \leqq C \tag{4.28}$$

がなりたつ. これらの不等式を逐次使って,

$$\begin{aligned}
d_k(t) &\leqq L \int_0^{|t|} dt_1 d_{k-1}(t_1) \\
&\leqq L^2 \int_0^{|t|} dt_1 \int_0^{|t_1|} dt_2 d_{k-2}(t_2) \\
&\leqq L^3 \int_0^{|t|} dt_1 \int_0^{|t_1|} dt_2 \int_0^{|t_2|} dt_3 d_{k-3}(t_3) \\
&\cdots \\
&\leqq L^k \int_0^{|t|} dt_1 \int_0^{|t_1|} dt_2 \cdots \int_0^{|t_{k-1}|} dt_k d_0(t_k) \\
d_k(t) &\leqq CL^k \int_0^{|t|} dt_1 \int_0^{|t_1|} dt_2 \cdots \int_0^{|t_{k-1}|} dt_k
\end{aligned} \tag{4.29}$$

右辺の積分を逐次行うと

$$
\begin{aligned}
&\int_0^{|t|} dt_1 \cdots \int_0^{|t_{k-2}|} dt_{k-1} \int_0^{|t_{k-1}|} dt_k \\
&= \int_0^{|t|} dt_1 \cdots \int_0^{|t_{k-2}|} dt_{k-1} |t_{k-1}| \\
&= \int_0^{|t|} dt_1 \cdots \int_0^{|t_{k-3}|} dt_{k-2} \frac{|t_{k-2}|^2}{2} \\
&= \int_0^{|t|} dt_1 \cdots \int_0^{|t_{k-4}|} dt_{k-3} \frac{|t_{k-3}|^3}{2 \cdot 3} \\
&= \int_0^{|t|} dt_1 \frac{|t_1|^{k-1}}{2 \cdot 3 \cdots (k-1)} = \frac{|t|^k}{k!}
\end{aligned}
\tag{4.30}
$$

したがって,

$$
d_k(t) \leqq C L^k \frac{|t|^k}{k!} = C \frac{(L|t|)^k}{k!} \leqq C \frac{(L\delta)^k}{k!} \tag{4.31}
$$

が得られる. C の定義より, これは $k=0$ でも成り立つ. まとめると, 区間 $|t| \leqq \delta$ において,

$$
|z_{k+1}(t) - z_k(t)| \leqq C \frac{(L\delta)^k}{k!} \quad (k = 0, 1, \cdots) \tag{4.32}
$$

が成り立つ. この右辺を $k=0,1,\cdots$ について加えた無限級数は, $Ce^{L\delta}$ に収束する. したがって, 一様収束に関する Weierstrass の定理により, 関数列 $\sum_{k=0}^{n-1}(z_{k+1}(t) - z_k(t))$ は区間 $|t| \leqq \delta$ においてなんらかの関数に一様かつ絶対収束する. 同時に, 関数列

$$
z_n(t) = z_0(t) + \sum_{k=0}^{n-1}(z_{k+1}(t) - z_k(t)) \tag{4.33}
$$

も区間 $|t| \leqq \delta$ において, 何らかの関数（それを $F(t)$ とする）に一様かつ絶対に収束する:

$$
\lim_{k \to \infty} z_k(t) = F(t) \quad (|t| \leqq \delta) \tag{4.34}
$$

よって, 積分方程式で $k \to \infty$ とすると,

$$
F(t) = \alpha + \lim_{k \to \infty} \int_0^t d\tau f(\tau, z_k(\tau)) \tag{4.35}
$$

となる．右辺の積分において，$k \to \infty$ のとき，$|t| \leqq \delta$ において，一様に $z_k(t) \to F(t)$, $f(t,z)$ の連続性により，やはり一様に $f(\tau, z_k(\tau)) \to f(\tau, F(\tau))$. したがって，右辺の積分も $|t| \leqq \delta$ において一様に $\int_0^t d\tau f(\tau, z_k(\tau)) \to \int_0^t d\tau f(\tau, F(\tau))$ となる．つまり，積分操作と $k \to \infty$ の極限操作の順序を入れ替えて，

$$F(t) = \alpha + \int_0^t d\tau f(\tau, F(\tau)) \quad (|t| \leqq \delta) \tag{4.36}$$

となる．つまり，初期値問題の解 $z(t) = F(t)$ が $|t| \leqq \delta$ において存在することが示された．

次に，解 $F(t)$ の一意性について．同じ初期条件を満たす別の解 $G(t)$ があったとする．F, G が定義される共通の $t = 0$ の近傍 $|t| \leqq \delta$ において，$D(t) = |G(t) - F(t)|$ とおくと，

$$\begin{aligned} D(t) &= \left| \left(\alpha + \int_0^t d\tau f(\tau, G(\tau)) \right) - \left(\alpha + \int_0^t d\tau f(\tau, F(\tau)) \right) \right| \\ &= \left| \int_0^t d\tau \{ f(\tau, G(\tau)) - f(\tau, F(\tau)) \} \right| \\ &\leqq \left| \int_0^t d\tau |f(\tau, G(\tau)) - f(\tau, F(\tau))| \right| \\ &\leqq \left| \int_0^t d\tau L |G(\tau) - F(\tau)| \right| = L \left| \int_0^t d\tau D(\tau) \right| \\ D(t) &\leqq L \int_0^{|t|} d\tau D(\tau) \end{aligned} \tag{4.37}$$

ここに，$D(t)$ は $|t| \leqq \delta$ において連続であるからその最大値 $M \geqq 0$ が存在する：$D(t) \leqq M$ $(|t| \leqq \delta)$. したがって，$d_k(t)$ に対する不等式 $d_k(t) \leqq C \frac{(L\delta)^k}{k!}$ を導いたときと同様にして，

$$D(t) \leqq M \frac{(L\delta)^k}{k!} \tag{4.38}$$

が得られる．$k \to \infty$ とすれば，右辺は 0 に近づき，$D(t) = 0$, すなわち，$G(t) = F(t)$ $(|t| \leqq \delta)$ である．(証明終)

さて，この定理は $t = 0$ の近傍 $|t| \leqq \delta$ における解の存在とその一意性を主張している．それを $t = 0$ における局所解 (local solution) と呼び，$z(t; 0)$

とかく．$f(t, z)$ が，連続かつ $|f(t, z_2) - f(t, z_1)| \leq L|z_2 - z_1|$ (L は定数) が成り立つような環境のもとでは，$|t_1| \leq \delta$, $t_1 \neq 0$ なる t_1 を初期値とする初期値問題の解 $z(t; t_1)$ ($|t - t_1| \leq \delta_1$) も存在し，$|t| \leq \delta$ と $|t - t_1| \leq \delta_1$ を同時に満たす t において $z(t; t_1) = z(t; 0)$ となる（解の一意性）．よって，$z(t; 0)$ と $z(t; t_1)$ を $t = t_1$ でつないだ t の複素数値関数 $z(t)$ の定義域は，$|t| \leq \delta$ を一般には含んだまま拡大される．この作業を解を延長するという．そして，可能な限り延長して得られる $t = 0$ に対する初期値問題の解 $z(t) \in I$ を延長不能な解という．

とくに $f(t, z)$ が z の一次式で，その係数たち $f_0(t), f_1(t)$ が $|t| \leq r$ において連続ならば，$L = \max\{f_1(t)||t| \leq r\}$ ととればよいから，($t = 0$ の近傍に限らず) $|t| \leq r$ 全体において延長不能な解が一意的に存在する．そのような解を大域解 (global solution) という．

さて，λ を任意の複素定数として，$f(t, z) = \lambda z$ とすれば，初期値問題

$$z(0) = 1, \quad \frac{dz(t)}{dt} = \lambda z(t) \tag{4.39}$$

には，$-\infty < t < \infty$ において大域解が一意的に存在する．（なぜなら $L = |\lambda|$ は t に依存しない定数だから．）その解の構成は，漸化式

$$z_0(t) = 1, \quad z_{k+1}(t) = 1 + \lambda \int_0^t d\tau z_k(\tau) \tag{4.40}$$

で逐次定義される関数列 $\{z_n(t)\}$ の $n \to \infty$ の極限として得られる．各 $z_n(t)$ は，$\mathbb{R}$ 全体で定義される n 次多項式で，

$$z_n(t) = \sum_{k=0}^n \frac{\lambda^k t^k}{k!} \tag{4.41}$$

である．したがって，

$$z(t) = e_\lambda(t) \equiv \sum_{k=0}^\infty \frac{\lambda^k t^k}{k!} \quad (-\infty < t < \infty) \tag{4.42}$$

となる．

$e_\lambda(t)$ は，$e_\lambda(0) = 1$, $de_\lambda(t)/dt = \lambda e_\lambda(t)$ を満たす．s を実数のパラメータとみなして，$e_\lambda(s + t)$ を実変数 t の複素数値関数 $z(t)$ と考えると，これは初期

値問題
$$z(0) = e_\lambda(s), \quad \frac{dz(t)}{dt} = \lambda z(t) \tag{4.43}$$

の解である．一方，やはり s を実数のパラメータとして，$e_\lambda(s)e_\lambda(t)$ を実変数 t の複素数値関数 $w(t)$ と考えると，

$$w(0) = e_\lambda(s)e_\lambda(0) = e_\lambda(s) \quad (\because e_\lambda(0) = 1)$$
$$\frac{dw(t)}{dt} = \frac{d\{e_\lambda(s)e_\lambda(t)\}}{dt} = e_\lambda(s)\frac{de_\lambda(t)}{dt} = e_\lambda(s)\lambda e_\lambda(t) \tag{4.44}$$
$$= \lambda w(t)$$

となり，$z(t)$ と $t = 0$ でその値が一致して，かつ $z(t)$ と全く同じ微分方程式を満たす．よって，解の一意性によって $w(t) = z(t)$ ($-\infty < t < \infty$) が成り立つ．s も任意の実数パラメータなので，任意の実数 s, t に対して，

$$e_\lambda(s + t) = e_\lambda(s)e_\lambda(t) \tag{4.45}$$

が成り立つ．$\lambda = 1$ のとき，

$$e_1(t) = \sum_{k=0}^{\infty} \frac{t^k}{k!} = e^t \tag{4.46}$$

であるから，これは指数法則

$$e^{s+t} = e^s e^t \tag{4.47}$$

に他ならない．

Euler の公式

さて，前項により，実変数 t の複素数値関数 $e_\lambda(t)$ は，初期値問題 $z(0) = 1, dz(t)/dt = \lambda z(t)$ の解であることがわかった．λ が実数のときは，これは指数関数 $e^{\lambda t}$ に他ならず，そのべき級数展開も完全に一致し，指数法則も成り立つ．よって，λ が複素数のときもやはり $e^{\lambda t}$ とかく．$\lambda = i$ とし，

$$e^{it} = \sum_{k=0}^{\infty} \frac{i^k t^k}{k!} = c(t) + is(t), \quad c(t) = \mathfrak{Re}(t; i), \ s(t) = \mathfrak{Im}(t; i) \tag{4.48}$$

とおく. $i^k = \begin{cases} (-1)^{k/2} & (k = 0, 2, 4, \cdots) \\ (-1)^{(k-1)/2}i & (k = 1, 3, 5, \cdots) \end{cases}$ であり, べき級数は絶対収束するので項の順序を自由に入れ替えてよいことに注意すると,

$$c(t) = \sum_{n=0}^{\infty} \frac{(-1)^n t^{2n}}{(2n)!}, \quad s(t) = \sum_{n=0}^{\infty} \frac{(-1)^n t^{2n+1}}{(2n+1)!} \tag{4.49}$$

となる. 複素共役 $(e^{it})^* = c(t) - is(t)$ は,

$$(e^{it})^* = \sum_{n=0}^{\infty} \frac{(-1)^n t^{2n}}{(2n)!} - \sum_{n=0}^{\infty} \frac{(-1)^n t^{2n+1}}{(2n+1)!} = \sum_{n=0}^{\infty} \frac{(-1)^n (-t)^{2n}}{(2n)!} + \sum_{n=0}^{\infty} \frac{(-1)^n (-t)^{2n+1}}{(2n+1)!} = e^{-it} \tag{4.50}$$

となる. $c(t) + is(t) = e^{it}, c(t) - is(t) = e^{-it}$ を $c(t), s(t)$ について解けば,

$$c(t) = \frac{e^{it} + e^{-it}}{2}, \quad s(t) = \frac{e^{it} - e^{-it}}{2i} \tag{4.51}$$

を得る.

$c(t), s(t)$ が何者であるを知るために, これらの満たす微分方程式を導いてみよう. まず, $e^{i0} = 1$ より $c(0) = 1, s(0) = 0$. $de^{\pm it} = \pm ie^{\pm it}$ (複号同順) より,

$$\begin{aligned} \frac{dc(t)}{dt} &= \frac{d}{dt}\left(\frac{e^{it} + e^{-it}}{2}\right) = -\frac{e^{it} - e^{-it}}{2i} = -s(t) \\ \frac{ds(t)}{dt} &= \frac{d}{dt}\left(\frac{e^{it} - e^{-it}}{2i}\right) = \frac{e^{it} + e^{-it}}{2} = c(t) \end{aligned} \tag{4.52}$$

となる (これらは $z(t) = c(t) + is(t)$ に対する初期値問題 $z(0) = 1, dz/dt = iz$ に他ならない). こうして, $c(t) = \cos t, s(t) = \sin t$ であること, すなわち, Euler の公式

$$e^{it} = \cos t + i \sin t \tag{4.53}$$

が成り立ち,

$$\cos t = \sum_{n=0}^{\infty} \frac{(-1)^n t^{2n}}{(2n)!}, \quad \sin t = \sum_{n=0}^{\infty} \frac{(-1)^n t^{2n+1}}{(2n+1)!} \tag{4.54}$$

であることもわかる．これらは三角関数のべき級数展開である．Eulerの公式は，異質であるかのような指数関数と三角関数を，複素数やべき級数を通して結びつけてくれる．

さて，ここまでくれば，e の複素数乗をどう定義すればよいかが見えてくる．λ を任意の複素定数，t を実変数とするとき，$z(0) = 1, dz/dt = \lambda z$ の大域解が

$$z(t) = \sum_{k=0}^{\infty} \frac{\lambda^k t^k}{k!} \quad (-\infty < t < \infty) \tag{4.55}$$

で与えられるのであった．これは t の任意の区間において一様かつ絶対収束する．そこで，$t = 1$ とすれば，e の複素数乗 e^λ が次のように定義される．

$$e^\lambda = \sum_{k=0}^{\infty} \frac{\lambda^k}{k!} \tag{4.56}$$

ここで，複素定数 λ を複素変数 z と考え直せば，e^z ($z \in \mathbb{C}$) がべき級数

$$e^z = \sum_{k=0}^{\infty} \frac{z^k}{k!} \tag{4.57}$$

で定義される．$z = re^{i\theta}$（極形式）とすると，$|z^k/k!| = r^k/k!$, $\sum_{k=0}^{\infty} r^k/k! = e^r$ であるから，この級数は絶対収束する．よって，級数の項の順序を自由に変更して計算することが許され，$z = x + iy$ ($x, y \in \mathbb{R}$) に対して，

$$\begin{aligned}
e^z &= \sum_{n=0}^{\infty} \frac{z^n}{n!} = \sum_{n=0}^{\infty} \frac{(x+iy)^n}{n!} \\
&= \sum_{n=0}^{\infty} \frac{\sum_{k=0}^{n} \binom{n}{k} x^k (iy)^{n-k}}{n!} = \sum_{n=0}^{\infty} \frac{\sum_{k=0}^{n} \frac{n!}{k!(n-k)!} x^k (iy)^{n-k}}{n!} \\
&= \sum_{n=0}^{\infty} \sum_{k=0}^{n} \frac{x^k (iy)^{n-k}}{k!(n-k)!} = \sum_{n=0}^{\infty} \sum_{k+l=n} \frac{x^k (iy)^l}{k!l!} = \sum_{k=0}^{\infty} \sum_{l=0}^{\infty} \frac{x^k}{k!} \frac{(iy)^l}{l!} = \sum_{k=0}^{\infty} \frac{x^k}{k!} \sum_{l=0}^{\infty} \frac{(iy)^l}{l!} \\
e^{x+iy} &= e^x e^{iy} = e^x (\cos y + i \sin y)
\end{aligned}$$
$$\tag{4.58}$$

となる．これは e の $x + iy$ 乗をべき級数 $\sum_{n=0}^{\infty} \frac{(x+iy)^n}{n!}$ で定義したとき，それは e^x と，$e^{iy} = \cos y + i \sin y$ の積に等しいことを示すものである．したがっ

4.1 Euler の公式

て, $z = x + iy$, $w = u + iv$ に対して,

$$e^{z+w} = e^{x+iy+u+iv} = e^{x+u+i(y+v)} = e^{x+u}e^{i(y+v)}$$
$$= e^{x+u}\{\cos(y+v) + i\sin(y+v)\}$$
$$= e^x e^u(\cos y \cos v - \sin y \sin v + i\sin y \cos v + i\cos y \cos v)$$
$$= e^x e^u(\cos y + i\sin y)(\cos v + i\sin v)$$
$$= e^x(\cos y + i\sin y)e^u(\cos v + i\sin v)$$
$$= e^{x+iy}e^{u+iv} = e^{z+w}$$

すなわち

$$e^{z+w} = e^z e^w \tag{4.59}$$

が成り立つ. これで, 複素変数 z のべき級数で定義された指数関数 e^z も指数法則を満たすことが分かった.

最初に述べたように, 大学の数学テキストでは, 複素変数 z の複素数値関数 $f(z)$ の $z = z_0$ のまわりの Taylor 展開

$$f(z) = \sum_{n=0}^{\infty} \frac{f^{(n)}(z_0)}{n!}(z - z_0)^n \tag{4.60}$$

に深入りするのを避ける場合に, e の複素数 $z = x + iy$ 乗を $e^x(\cos y + i\sin y)$ で定義し, e の実数 x 乗 e^x の満たす指数法則 $e^{x_1+x_2} = e^{x_1}e^{x_2}$ と三角関数 $\cos y, \sin y$ の満たす加法定理 $\cos(y_1+y_2) = \cos y_1 \cos y_2 - \sin y_1 \sin y_2$, $\sin(y_1+y_2) = \sin y_1 \cos y_2 + \cos y_1 \sin y_2$ から, 指数法則 $e^{z_1+z_2} = e^{z_1}e^{z_2}$ を導出していることがある. そこでは, Euler の公式 $e^{i\theta} = \cos\theta + i\sin\theta$ は定義に過ぎない. 定義なのに公式と呼んでいたのだ. また, e の無理数乗についてもよくよく考えると解析学の土台に関わる議論になって初学者には難しいのだ.

こうした事情をすべてすっきりさせるには, $e^z = \sum_{n=0}^{\infty} \frac{z^n}{n!}$ を右辺のべき級数による定義と考えて (それを強調する為に右辺のべき級数を $\exp(z)$ とかくことがある), べき級数の絶対収束性により指数法則を導いた方がすっきりする. やはり, Euler の公式の本質は, 複素変数のべき級数関数の知識

なしには納得のいかないことなのである．それは，複素関数論とか解析関数論と呼ばれる美しい数学理論を学べばすっきり理解されるであろう．

Section 4.2
Euler の公式の応用

Euler の公式を使って，いろいろな問題を解決してみよう．

4.2.1　周期的境界条件をもつ漸化式

> m を 3 以上の整数とする．円周上の m 個の点 $P_0, P_1, \cdots, P_{m-1}$ がこの順に配置され，各点 P_k に対し一つの実数 c_k が与えられている．$c_0, c_1, \cdots, c_{m-1}$ は，条件
> 　　　　各点の値は隣接する 2 点の和の値に等しい
> を満たすとする．$c_0 \neq 0$ となるような $c_0, c_1, \cdots, c_{m-1}$ が存在するための m の条件を求め，c_k $(k = 0, 1, \cdots, m-1)$ を c_0, c_1 と k の式で表せ．
> 　　　　　　　　　　　　　　　　　　　　　　早稲田大学理工学部 (2005) から

原題は 3 つの枝問に分かれているが，それらを統合した．また，問題の本質には関係しない記号の変更をしている．

m 個の方程式

$$
\begin{aligned}
c_0 &= c_{m-1} + c_1 \\
c_k &= c_{k-1} + c_{k+1} \ (1 \leqq k \leqq m-2) \\
c_{m-1} &= c_{m-2} + c_0
\end{aligned}
\tag{4.61}
$$

を解けばよい．この最初と最後の方程式だけ，それらの間の $m-2$ 個の方程式と形が異なる．そこで，この最初と最後の方程式を $c_{m+1} = c_1, c_m = c_0$ という $k = m, m+1$ においての c_k の定義式とみることにしよう．すると，

m 個の方程式がすべて同じ形になる：

$$c_k = c_{k-1} + c_{k+1}, \quad (k = 1, 2, \cdots, m) \tag{4.62}$$

さらには，$k \geq m+2$ においてもこの漸化式で次々に定義していくことにすれば，数列 $\{c_k\}_{k=0}^{\infty}$ が漸化式

$$c_k = c_{k-1} - c_{k-2} \quad (k \geq 2) \tag{4.63}$$

によって定義される．この数列の最初の m 項は，c_0, c_1 を与えれば，漸化式 $c_k = c_{k-1} - c_{k-2}$ によって決まってしまうので，

$$c_k = f(c_0, c_1, k) \quad (k = 0, 1, \cdots, m-1) \tag{4.64}$$

とかけるはずである．$c_m = c_0, c_{m+1} = c_1$ により，第 $m+1$ 項以上に対しても，やはり漸化式 $c_k = c_{k-1} - c_{k-2}$ によって決まってしまう：

$$c_{m+k} = f(c_m, c_{m+1}, k) = f(c_0, c_1, k) = c_k \quad (k = 0, 1, \cdots) \tag{4.65}$$

これは，無限数列 $\{c_k\}_{k=0}^{\infty}$ が，有限数列 $(c_0, c_1, \cdots, c_{m-1})$ の繰り返しであることを意味する．つまり，周期 m の数列である．

以上のことから，漸化式 $c_k = c_{k-1} + c_{k+1} \quad (k = 1, 2, \cdots,)$ に条件 $c_m = c_0, c_{m+1} = c_1$ を課すと，周期 m の周期数列ができることがわかる．

まず，$c_k = c_{k-1} + c_{k+1} \ (k = 1, 2, \cdots)$ の一般解を求めることからはじめよう．自明でない解を見つけるために，$c_k = \lambda^k \ (\lambda \neq 0)$ とおいてみる：

$$\lambda^k = \lambda^{k-1} + \lambda^{k+1}, \quad \lambda = 1 + \lambda^2, \quad \lambda = \frac{1 \pm \sqrt{3}i}{2} = e^{\pm \frac{i\pi k}{3}} \tag{4.66}$$

漸化式は線形方程式であるから，C_1, C_2 を複素数として，$c_k = C_1 e^{\frac{i\pi k}{3}} + C_2 e^{-\frac{i\pi k}{3}}$ も漸化式を満たす．C_1, C_2 は，

$$\begin{cases} C_1 + C_2 = c_0 \\ C_1 e^{\frac{i\pi}{3}} + C_2 e^{-\frac{i\pi}{3}} = c_1 \end{cases} \tag{4.67}$$

から決まる．行列で解くと，

$$\begin{pmatrix} 1 & 1 \\ e^{\frac{i\pi}{3}} & e^{-\frac{i\pi}{3}} \end{pmatrix} \begin{pmatrix} C_1 \\ C_2 \end{pmatrix} = \begin{pmatrix} c_0 \\ c_1 \end{pmatrix}$$

$$\begin{pmatrix} C_1 \\ C_2 \end{pmatrix} = \frac{1}{e^{-\frac{i\pi}{3}} - e^{\frac{i\pi}{3}}} \begin{pmatrix} e^{-\frac{i\pi}{3}} & -1 \\ -e^{\frac{i\pi}{3}} & 1 \end{pmatrix} \begin{pmatrix} c_0 \\ c_1 \end{pmatrix} = \frac{1}{-2i\sin\frac{\pi}{3}} \begin{pmatrix} c_0 e^{-\frac{i\pi}{3}} - c_1 \\ -c_0 e^{\frac{i\pi}{3}} + c_1 \end{pmatrix} \quad (4.68)$$

$$= \begin{pmatrix} \frac{i}{\sqrt{3}} \left(c_0 e^{-\frac{i\pi}{3}} - c_1 \right) \\ \frac{i}{\sqrt{3}} \left(-c_0 e^{\frac{i\pi}{3}} + c_1 \right) \end{pmatrix}$$

となる．よって，第 k 項は

$$\begin{aligned} c_k &= \frac{i}{\sqrt{3}} \left(c_0 e^{-\frac{i\pi}{3}} - c_1 \right) e^{\frac{i\pi k}{3}} + \frac{i}{\sqrt{3}} \left(-c_0 e^{\frac{i\pi}{3}} + c_1 \right) e^{-\frac{i\pi k}{3}} \\ &= c_0 \frac{i \left(e^{\frac{i\pi(k-1)}{3}} - e^{\frac{-i\pi(k-1)}{3}} \right)}{\sqrt{3}} - c_1 \frac{i \left(e^{\frac{i\pi k}{3}} - e^{-\frac{i\pi k}{3}} \right)}{\sqrt{3}} \\ &= -\frac{2}{\sqrt{3}} c_0 \sin\frac{\pi(k-1)}{3} + \frac{2}{\sqrt{3}} c_1 \sin\frac{\pi k}{3} \end{aligned} \quad (4.69)$$

$$c_k = c_0 \cos\frac{\pi k}{3} + \frac{-c_0 + 2c_1}{\sqrt{3}} \sin\frac{\pi k}{3}$$

これで $c_k = f(c_0, c_1, k)$ が求まった．さらに，

$$\begin{aligned} r &= \sqrt{c_0^2 + \left(\frac{-c_0 + 2c_1}{\sqrt{3}}\right)^2} = \sqrt{\frac{4}{3}\left(c_0^2 + c_0 c_1 + c_1^2\right)} \\ &= \sqrt{c_0^2 + \frac{4}{3}\left(c_1 - \frac{c_0}{2}\right)^2} \geqq |c_0| > 0 \ (\because c_0 \neq 0) \end{aligned} \quad (4.70)$$

とおくと，

$$c_k = r \cos\left(\frac{k\pi}{3} - \theta\right) \quad \left(\cos\theta = \frac{c_0}{r}, \sin\theta = \frac{-c_0 + 2c_1}{r}\right) \quad (4.71)$$

とかける．これは周期 $2\pi/(\pi/3) = 6$ の周期数列である．

漸化式の解を最初から $c_k = \lambda^k$ の形に限ってしまったことに特殊性が感じられるかもしれない．しかし，漸化式の解は一意的であるから，これ以外に解はない．このように，変数に関して指数型の解を仮定することは，定数係数線形漸化式（差分方程式）を解くときだけでなく，線形常微分方程式を解くときにも一般的に用いられる．

次に，条件 $c_m = c_0, c_{m+1} = c_1$ を満たすようにすることを考えよう．それはいたって簡単である．漸化式 $c_k = c_{k-1} + c_{k+1}$ そのものが周期 6 の性質をもっていたのであるから，$c_m = c_0, c_{m+1} = c_m$ が成り立つようにするには $m \geq 3$ が 6 の正の倍数でなければならない．

4.2.2 直線に下ろした垂線の足

> 原点を通り，x 軸と角 θ をなす直線を l とする．平面上の任意の点 $P(x,y)$ から l に下ろした垂線の足 $Q(u,v)$ をとると，$P \to Q$ の対応は一次変換であることを示し，それを表す行列 A を求めよ．すなわち，
> $$\begin{pmatrix} u \\ v \end{pmatrix} = A \begin{pmatrix} x \\ y \end{pmatrix} \tag{4.72}$$
> となる 2 次正方行列 A が存在することを示し，それを求めよ．
>
> 立命館大学 (2005) から

複素平面で考える．$z = x + iy, w = u + iv$ とおく．2 点 z, w と直線 l を原点の周りに $-\theta$ 回転したものをそれぞれ z', w', l' とすると，l' は x 軸（実軸）で，2 点 z', z'^* を結ぶ線分の中点が w' である．$z' = e^{-i\theta}z, w' = e^{-i\theta}w$ であるから，

$$w' = \frac{z' + z'^*}{2}, \quad e^{-i\theta}w = \frac{e^{-i\theta}z + (e^{-i\theta}z)^*}{2} \quad \therefore w = \frac{1}{2}\{z + e^{i\theta}(e^{-i\theta}z)^*\} \tag{4.73}$$

ここで，$e^{i\theta}(x+iy) = x\cos\theta - y\sin\theta + i(x\sin\theta + y\cos\theta)$ より，$e^{i\theta}$ は回転行列 $R(\theta) = \begin{pmatrix} \cos\theta & -\sin\theta \\ \sin\theta & \cos\theta \end{pmatrix}$ に対応し，$(x+iy)^* = x + 0y + i(0x - y)$ は実軸対称移動の行列 $T_x = \begin{pmatrix} 1 & 0 \\ 0 & -1 \end{pmatrix}$ に対応するから，上の最後の式を行列で表すと，回転操作と複素共役操作の順序に注意して，

$$\begin{pmatrix} u \\ v \end{pmatrix} = \frac{1}{2}\left\{\begin{pmatrix} x \\ y \end{pmatrix} + R(\theta)T_x R(-\theta)\begin{pmatrix} x \\ y \end{pmatrix}\right\} = \frac{1}{2}\{E + R(\theta)T_x R(-\theta)\}\begin{pmatrix} x \\ y \end{pmatrix} \tag{4.74}$$

ここに，$E = \begin{pmatrix} 1 & 0 \\ 0 & 1 \end{pmatrix}$ は 2 次の単位行列である．よって，行列 A は

$$A = \frac{1}{2}\{E + R(\theta)T_x R(-\theta)\} \tag{4.75}$$

とすればよく，その存在が示せた．

次に A の成分を計算するのだが，この式から直接計算するのではなく，まず複素数の式で計算して，行列に対応させよう．

$$w = \frac{1}{2}\{z + e^{i\theta}(e^{-i\theta}z)^*\} = \frac{1}{2}\{z + e^{i2\theta}z^*\} \tag{4.76}$$

これから直ちに

$$\begin{aligned}
A &= \frac{1}{2}\{E + R(2\theta)T_x\} = \frac{1}{2}\left\{\begin{pmatrix} 1 & 0 \\ 0 & 1 \end{pmatrix} + \begin{pmatrix} \cos 2\theta & -\sin 2\theta \\ \sin 2\theta & \cos 2\theta \end{pmatrix}\begin{pmatrix} 1 & 0 \\ 0 & -1 \end{pmatrix}\right\} \\
&= \begin{pmatrix} \frac{1}{2}(1+\cos 2\theta) & \frac{1}{2}\sin 2\theta \\ \frac{1}{2}\sin 2\theta & \frac{1}{2}(1-\cos 2\theta) \end{pmatrix} = \begin{pmatrix} \cos^2\theta & \sin\theta\cos\theta \\ \sin\theta\cos\theta & \sin^2\theta \end{pmatrix}
\end{aligned} \tag{4.77}$$

ここで，$e^{i2\theta}z^* = z^* e^{i2\theta}$ であるからといって，$R(2\theta)T_x$ を $T_x R(2\theta)$ としてはいけない．なぜなら，複素数の表現では初めに複素共役（T_x に対応）をとり，次に回転（$R(2\theta)$ 対応）するのであって，その逆は全く異なる結果 $(e^{i2\theta}z)^* = e^{-i2\theta}z^*$ を与えるからである．このことは行列の積の非可換性として現れている．

この問題の行列 A について，$A^2 = A$ が直ちにわかる．なぜなら，一度 l 上に下ろした垂線の足は，それ以降同じ操作をしても不動だからである．このことは，$A = \frac{1}{2}\{E+R(\theta)T_x R(-\theta)\}$ から直接計算しても導ける：$R(\theta)R(-\theta) = R(-\theta)R(\theta) = R(0) = E, T_x^2 = E$ や $\{R(\theta)T_x R(-\theta)\}^2 = R(\theta)T_x R(-\theta)R(\theta)T_x R(-\theta) = R(\theta)T_x^2 R(-\theta) = R(\theta)R(-\theta) = E$ に注意して，

$$\begin{aligned}
A^2 &= \left(\frac{1}{2}\right)^2 [E^2 + 2R(\theta)T_x R(-\theta) + \{R(\theta)T_x R(-\theta)\}^2] = \frac{1}{4}\{E^2 + 2R(\theta)T_x R(-\theta) + E\} \\
&= \frac{1}{4}\{2E + 2R(\theta)T_x R(-\theta)\} = \frac{1}{2}\{E + R(\theta)T_x R(-\theta)\} = A
\end{aligned} \tag{4.78}$$

一般に，$A^2 = A$ が成立する行列 A を冪等行列という．

4.2.3 球対称場の中の粒子

空間内に質量や電荷をもつ物体が存在すると，そのまわりに何かある種の歪みが生ずる．その歪みを「場」と呼ぶことにし，それを数量的に記述する空間座標 x, y, z の関数 U を考え，これを場のポテンシャルという．そこに質量 m の粒子が置かれると，その粒子はその場から力を受ける．これを記述するのは Newton の運動方程式

$$m\frac{d^2\vec{r}}{dt^2} = -\frac{\partial U(\vec{r})}{\partial \vec{r}} \tag{4.79}$$

であるとする．ここで，$U(\vec{r})$ は t に陽に依存せず，粒子の位置ベクトル $\vec{r}(t) = (x(t), y(t), z(t))$ を通してのみ t に依存するとする．このとき次の量

$$E = \frac{m}{2}\left|\frac{d\vec{r}(t)}{dt}\right|^2 + U(\vec{r}(t)) \tag{4.80}$$

は，時間的に変化しない定数であることが知られていて，これをこの粒子の力学的エネルギーと呼ぶ．

ここで m を質量の単位にとり（$m = 1$），ポテンシャル $U(\vec{r})$ の関数形が原点からの距離 $r = \sqrt{x^2 + y^2 + z^2}$ だけに依存するという条件をつける：$U(\vec{r}) = U(r)$．このようなポテンシャル $U(r)$ は中心対称性をもつという．$U(r)$ は r の関数，r は x の関数であるから，合成関数の微分法により，

$$\begin{aligned}\frac{\partial U(r)}{\partial x} &= \frac{dU(r)}{dr}\frac{\partial r}{\partial x} = \frac{dU(r)}{dr}\frac{\partial (x^2 + y^2 + z^2)^{\frac{1}{2}}}{\partial x} \\ &= \frac{dU(r)}{dr}\frac{1}{2}(x^2 + y^2 + z^2)^{-\frac{1}{2}}\frac{\partial (x^2 + y^2 + z^2)}{\partial x} = \frac{dU(r)}{dr}\frac{1}{2}r^{-1}2x = \frac{dU(r)}{dr}\frac{x}{r}\end{aligned} \tag{4.81}$$

となる．y, z 成分も同様にして，$\partial U(r)/\partial \vec{r} = (dU(r)/dr)(\vec{r}/r)$ となる．よって，運動方程式は，

$$\frac{d^2\vec{r}}{dt^2} = -\frac{dU(r)}{dr}\frac{\vec{r}}{r} \tag{4.82}$$

とかける．

　粒子の角運動量と呼ばれる $\vec{L} = \vec{r} \times d\vec{r}/dt$ の時間変化をみてみよう．ここに，$\vec{a} = (a_x, a_y, a_z)$ と $\vec{b} = (b_x, b_y, b_z)$ に対して，$\vec{a} \times \vec{b} = (a_y b_z - a_z b_y, a_z b_x - a_x b_z, a_x b_y - a_y b_x)$ はベクトル積である．$\vec{a}, \vec{b}$ が $\vec{0}$ でなく，平行でなければ，$\vec{a} \times \vec{b}$ は大きさが $\vec{a}$ と $\vec{b}$ のつくる平行四辺形の面積に等しく，$\vec{a}$ をその向きが $\vec{b}$ に一致するように回転させる（ただし，回転角 θ が $0 < \theta < \pi$ であるようにする）とき，右ねじの進む向きが $\vec{a} \times \vec{b}$ の向きである（したがって $\vec{a}$ と $\vec{b}$ の両方に垂直な向きになる）．ベクトル積については，計算法則 $\vec{a} \times \vec{b} = -\vec{b} \times \vec{a}$ ($\therefore \vec{a} \times \vec{a} = \vec{0}$), $(k\vec{a}) \times \vec{b} = \vec{a} \times (k\vec{b}) = k(\vec{a} \times \vec{b})$ (k は数) などが成り立つ．また，微分計算については，

$$\begin{aligned}\frac{d(\vec{a} \times \vec{b})_x}{dt} &= \frac{d(a_y b_z - a_z b_y)}{dt} = \frac{da_y}{dt}b_z + a_y \frac{db_z}{dt} - \frac{da_z}{dt}b_y - a_z \frac{db_y}{dt} \\ &= \frac{da_y}{dt}b_z - \frac{da_z}{dt}b_y + a_y \frac{db_z}{dt} - a_z \frac{db_y}{dt} = \left(\frac{d\vec{a}}{dt} \times \vec{b}\right)_x + \left(\vec{a} \times \frac{d\vec{b}}{dt}\right)_x \\ &= \left(\frac{d\vec{a}}{dt} \times \vec{b} + \vec{a} \times \frac{d\vec{b}}{dt}\right)_x\end{aligned}$$

となり，y, z 成分も同様にして，$d(\vec{a} \times \vec{b})/dt = d\vec{a}/dt \times \vec{b} + \vec{a} \times d\vec{b}/dt$ が成り立つ．$\vec{a} = \vec{r}, \vec{b} = d\vec{r}/dt$ として，上述の運動方程式より，

$$\frac{d\vec{L}}{dt} = \frac{d}{dt}\left(\vec{r} \times \frac{d\vec{r}}{dt}\right) = \frac{d\vec{r}}{dt} \times \frac{d\vec{r}}{dt} + \vec{r} \times \frac{d^2\vec{r}}{dt^2} = \vec{0} + \vec{r} \times \frac{dU(r)}{dr}\frac{\vec{r}}{r} = \frac{dU(r)}{dr}\frac{\vec{r} \times \vec{r}}{r} = \vec{0} \tag{4.83}$$

となり，$\vec{L} = \vec{r} \times d\vec{r}/dt$ は一定のベクトルになる．これから，動径ベクトル $\vec{r}$ とその微分ベクトル $d\vec{r}$ のベクトル積の向きが不変であることが導かれ，動径ベクトルの掃いていく曲面が一定の法線方向を有することを意味する．つまり，動径ベクトルの掃いていく曲面は曲がっておらず平面であるということである．したがって，軌道は，原点を通り $\vec{L}$ に垂直な一定平面の上に限られる（さらに動径ベクトルの掃く面積速度の大きさが $\vec{L}$ の大きさに

比例することも示される（後述）．この軌道面を複素平面とし，粒子の位置を複素数 $z = r(\cos\theta + i\sin\theta) = re^{i\theta}$ で表す．運動方程式は

$$\frac{d^2(re^{i\theta})}{dt^2} = -\frac{dU(r)}{dr}e^{i\theta} \tag{4.84}$$

となる．ここで，時間の関数 $f(t)$ の時間変化率 $df(t)/dt$ を $\dot{f}(t)$ と略記する記法を用いて，

$$\begin{aligned}\dot{z} &= \dot{r}e^{i\theta} + re^{i\theta}i\dot{\theta} = (\dot{r} + ir\dot{\theta})e^{i\theta} \\ \ddot{z} &= (\ddot{r} + i\dot{r}\dot{\theta} + ir\ddot{\theta})e^{i\theta} + (\dot{r} + ir\dot{\theta})e^{i\theta}i\dot{\theta} = \{(\ddot{r} - r\dot{\theta}^2) + i(2\dot{r}\dot{\theta} + r\ddot{\theta})\}e^{i\theta}\end{aligned} \tag{4.85}$$

であるから，

$$\{(\ddot{r} - r\dot{\theta}^2) + i(2\dot{r}\dot{\theta} + r\ddot{\theta})\}e^{i\theta} = -\frac{dU(r)}{dr}e^{i\theta} \tag{4.86}$$

両辺を $e^{i\theta} \neq 0$ で割り，また，$2\dot{r}\dot{\theta} + r\ddot{\theta} = (1/r)(2r\dot{r}\dot{\theta} + r^2\ddot{\theta}) = (1/r)d(r^2\dot{\theta})/dt$ とかけるから，

$$\ddot{r} - r\dot{\theta}^2 + i\left\{\frac{1}{r}\frac{d(r^2\dot{\theta})}{dt}\right\} = -\frac{dU(r)}{dr} \tag{4.87}$$

虚部の等式から $(1/r)d(r^2\dot{\theta})/dt = 0, r^2\dot{\theta} = \pm L$（定数）となる．$L$ は角運動量 $\vec{L}$ の大きさである．なぜなら，$\vec{r}$ と $d\vec{r}$ のなす角を φ $(0 \leqq \varphi \leqq \pi)$ とすると，$|\vec{r} \times d\vec{r}| = |\vec{r}||d\vec{r}|\sin\varphi, |d\vec{r}|\sin\varphi = |\vec{r}||d\theta|$ が成り立つので，$|\vec{L}| = |\vec{r} \times d\vec{r}/dt| = |\vec{r}||d\vec{r}|\sin\varphi/|dt| = |\vec{r}|^2|d\theta/dt| = |r^2\dot{\theta}|$ となるからである．以下では $\vec{L} \neq \vec{0}$ の場合のみを扱う．$\dot{\theta} = \pm L/r^2$ を実部の等式に代入すると，

$$\ddot{r} - \frac{L^2}{r^3} = -\frac{dU(r)}{dr} \tag{4.88}$$

$u = 1/r$ とおいて，$U(r) = U(1/u) \equiv f(u)$ とおくと，$\dot{\theta} = \pm Lu^2$ であるから，

$$\begin{aligned}\frac{dr}{dt} &= \frac{dr}{du}\frac{du}{d\theta}\frac{d\theta}{dt} = -\frac{1}{u^2}\frac{du}{d\theta}(\pm L)u^2 = \mp L\frac{du}{d\theta} \\ \frac{d^2r}{dt^2} &= \frac{d}{dt}\left(\mp L\frac{du}{d\theta}\right) = \frac{d}{d\theta}\left(\mp L\frac{du}{d\theta}\right)\frac{d\theta}{dt} = \mp L\frac{d^2u}{d\theta^2}(\pm L)u^2 = -L^2u^2\frac{d^2u}{d\theta^2}\end{aligned}$$

となる．また，$\dfrac{dU(r)}{dr} = -u^2\dfrac{df(u)}{du}$ であるから，

$$-L^2u^2\frac{d^2u}{d\theta^2} - L^2u^3 = u^2\frac{df(u)}{du}, \quad \frac{d^2u}{d\theta^2} + u = -\frac{1}{L^2}\frac{df(u)}{du} \tag{4.89}$$

ここまでは，$U(\vec{r})$ が $|\vec{r}| = r$ の関数でありさえすれば一般的に成り立つ結果である．

k を正の定数として，$U(r) = -k^2/r$ であるときを考えよう．粒子に働く力は $-\partial U(r)/\partial \vec{r} = -(k^2/r^2)(\vec{r}/r)$ で，逆 2 乗則に従う中心力になる．$f(u) = -k^2 u$ であるから，

$$\frac{d^2u}{d\theta^2} + u = \frac{k^2}{L^2} \tag{4.90}$$

となる．$w = u - k^2/L^2$ とおけば，

$$\frac{d^2w}{d\theta^2} + w = 0 \tag{4.91}$$

となる．この方程式の自明でない解，すなわち $w \equiv 0$ でない解を求めよう．$de^{\pm i\theta}/d\theta = \pm ie^{\pm i\theta}, d^2 e^{\pm i\theta}/d\theta^2 = (\pm i)^2 e^{\pm i\theta} = -e^{\pm i\theta}$ であるから，$w = C_1 e^{i\theta} + C_2 e^{-i\theta}$ (C_1, C_2 は複素定数) と書くことができる．w は実数なので，$w^* = w, C_1^* e^{-i\theta} + C_2^* e^{i\theta} = C_1 e^{i\theta} + C_2 e^{-i\theta}$ が θ について恒等的に成り立つ．特に，$\theta = 0, \pi/2$ とすると，$C_1^* + C_2^* = C_1 + C_2, -iC_1^* + iC_2^* = iC_1 - iC_2$．これから，$C_1^* = C_2$ が得られる．よって，a, b を実数として，$C_1 = (a - ib)/2, C_2 = (a + ib)/2$ とおくことができ，

$$w = \frac{a-ib}{2}e^{i\theta} + \frac{a+ib}{2}e^{-i\theta} = a\frac{e^{i\theta}+e^{-i\theta}}{2} + b\frac{e^{i\theta}-e^{-i\theta}}{2i} = a\cos\theta + b\sin\theta \tag{4.92}$$

$w \not\equiv 0$ であるから，$(a,b) \neq (0,0)$．$A = \sqrt{a^2+b^2} > 0, \cos\alpha = a/A, \sin\alpha = b/A$ とおくと，

$$\frac{1}{r} = A\cos(\theta - \alpha) + \frac{k^2}{L^2} \tag{4.93}$$

$\varepsilon = AL^2/k^2 > 0, l = L^2/k^2 > 0$ とおくと

$$r = \frac{l}{1 + \varepsilon\cos(\theta - \alpha)} \tag{4.94}$$

これは極形式での 2 次曲線の方程式である．

第5章

重要な無限積分

Section 5.1
Riemann 積分とその拡張

実数変数の関数に対して行う通常の積分は，Riemann と呼ばれる．その定義は以下の通り．

5.1.1　1 変数の場合

1 変数 x の関数 $f(x)$ が区間 $[a,b]$ で定義されているとき，$[a,b]$ の任意の分割 Δ

$$\Delta : a = x_0 < x_1 < \cdots < x_n = b \tag{5.1}$$

において，

$$\delta_i = x_i - x_{i-1}\ (i = 1, 2, \cdots, n), \quad \delta = \max_{1 \leqq i \leqq n} \delta_i \tag{5.2}$$

とおく．$x_{i-1} \leqq \xi_i \leqq x_i\ (1 \leqq i \leqq n)$ なる任意の ξ_i をとり，次の極限を考える．

$$\lim_{\delta \to 0} \sum_{i=1}^{n} \delta_i f(\xi_i)\ (\xi_i \in \delta_i) \tag{5.3}$$

これが，任意の $\Delta, \xi_i\ (1 \leqq i \leqq n)$ に対して一定値 I に収束するとき，I を区間 $[a,b]$ における $f(x)$ の定積分といって，$\int_a^b dx\,f(x)$ とかく．すなわち，

$$\int_a^b dx\,f(x) \equiv \lim_{\delta \to 0} \sum_{i=1}^{n} \delta_i f(\xi_i) \tag{5.4}$$

である．この極限が任意の分割 Δ に対して収束するとき，$f(x)$ は区間 $[a,b]$ において Riemann 可能（単に積分可能）という．

区間 $[a,b]$ において連続な関数 $f(x)$ については積分可能であることが知られている．しかも $f(x)$ の原始関数 $F(x)$ が存在して，

$$\int_a^b dx\, f(x) = F(b) - F(a) \tag{5.5}$$

が成り立つ．右辺は $F(x)|_a^b$ と書くことが多い．これを**微分積分学の基本公式**という．もし，$f(x)$ が $x = a, b$ において連続でなかったり，$a = -\infty, b = \infty$ であっても，この式の右辺において，極限値 $F(a+0), F(b-0), F(-\infty), F(\infty)$ が存在して右辺の値が確定するならば，それらの極限値をもって左辺の積分を定義する．例えば，

$$\int_0^1 \frac{dx}{\sqrt{x}} = 2\sqrt{x}\Big|_0^1 = 2, \quad \int_0^\infty dx\, x e^{-x^2} = -\frac{e^{-x^2}}{2}\Big|_0^\infty = \frac{1}{2} \tag{5.6}$$

のように．このような積分は広義積分と呼ばれものの類である．原始関数が存在しない場合にも広義積分は定義されるが，実用上は原始関数の極限で広義積分を計算することが多い．

5.1.2　2変数の場合

2変数 x, y の関数 $f(x, y)$ が区域 $D = \{(x, y) | a \leq x \leq b, c \leq y \leq d\}$ で定義されている場合も，積分の定義は同様である：D の任意の分割 Δ

$$\Delta : \begin{cases} a = x_0 < x_1 < \cdots < x_m = b \\ c = y_0 < y_1 < \cdots < y_n = d \end{cases} \tag{5.7}$$

において，

$$\begin{cases} \delta x_i = x_i - x_{i-1} \ (i = 1, 2, \cdots, m) \\ \delta y_j = y_j - y_{j-1} \ (j = 1, 2, \cdots, n) \end{cases} \tag{5.8}$$

$$\delta = \max_{1 \leq i \leq m, 1 \leq j \leq n} \{\delta x_i, \delta y_j\} \tag{5.9}$$

とおく．$x_{i-1} \leq \xi_i \leq x_i, y_{j-1} \leq \eta_j \leq y_j$ なる任意の ξ_i, η_j をとり，次の極限 $\lim_{\delta \to 0} \sum_{i=1}^{m} \sum_{j=1}^{n} \delta x_i \delta y_j f(\xi_i, \eta_j)$ $(\xi_i \in \delta x_i, \eta_j \in \delta y_j)$ が存在するとき，すなわち，

$$\int\int_D dxdy\, f(x,y) \equiv \lim_{\delta \to 0} \sum_{i=1}^{m} \sum_{j=1}^{n} \delta x_i \delta y_j f(\xi_i, \eta_j) \tag{5.10}$$

が，任意の Δ, ξ_i, η_j に対して一定値に収束するとき，これを区域 D における $f(x,y)$ の定積分といい，左辺のようにかく．

2変数の積分の計算はだいたい1変数の積分に帰着させて行う．例えば，矩形 $K = \{(x,y)|x \in [a,b], y \in [c,d]\}$ 上の積分 $\int_a^b \int_c^d dxdy\, f(x,y)$ の場合，まず，$\int_a^b dx\, f(x,y) = F(y)$ を計算し，$\int_c^d dy\, F(y)$ を計算するようなことが多い：

$$\int_a^b \int_c^d dxdy\, f(x,y) = \int_a^b dy \int_c^d dx f(x,y) \tag{5.11}$$

これは，$f(x,y)$ $((x,y) \in K)$ が連続関数であれば成り立つ．広義積分についても，かなり一般的な条件のもとにこのような計算が可能である．

また，1変数の場合の置換積分に相当するのは，変数変換 $(x,y) = \varphi(u,v)$ で，行列 $J = \dfrac{\partial(x,y)}{\partial(u,v)} = \begin{pmatrix} \partial x/\partial u & \partial x/\partial v \\ \partial y/\partial u & \partial y/\partial v \end{pmatrix}$ の行列式を用いて

$$\int\int_D dxdy f(x,y) = \int\int_{\varphi^{-1}(D)} |J| dudv\, f(\varphi(u,v)) \tag{5.12}$$

Section 5.2
無限積分 $\int_{-\infty}^{\infty} dx e^{-x^2} = \sqrt{\pi}$

次の広義積分は，積分区間が無限区間 $(-\infty, \infty)$ なので無限積分ともいう．これに関する計算をこなすことが，大学教養課程の微分積分の大きな目標の一つといってもいいくらい重要なものである．

$$\int_{-\infty}^{\infty} dx\, e^{-x^2} = \sqrt{\pi} \tag{5.13}$$

これを証明しよう．
$$I = \int_{-\infty}^{\infty} dx\, e^{-x^2} \tag{5.14}$$

とおくと，$e^{-x^2} > 0$ であるから，$I > 0$ である．まず，I^2 を計算する．

$$I^2 = \int_{-\infty}^{\infty} dx\, e^{-x^2} \int_{-\infty}^{\infty} dy\, e^{-y^2} = \int_{-\infty}^{\infty}\int_{-\infty}^{\infty} dx\, dy\, e^{-x^2} e^{-y^2} = \int_{-\infty}^{\infty}\int_{-\infty}^{\infty} dx\, dy\, e^{-(x^2+y^2)} \tag{5.15}$$

つまり，I^2 は，2変数関数 $e^{-(x^2+y^2)}$ を xy 平面全体の上で積分したものである．変数変換 $x = r\cos\theta, y = r\sin\theta$ を行うと，$e^{-(x^2+y^2)} = e^{-r^2}$，$\left|\dfrac{\partial(x,y)}{\partial(r,\theta)}\right| = \begin{vmatrix} \cos\theta & \sin\theta \\ -r\sin\theta & r\cos\theta \end{vmatrix} = r(\cos^2\theta + \sin^2\theta) = r$，$-\infty < x, y < \infty \iff 0 \leq r < \infty, 0 \leq \theta \leq 2\pi$ であるから，

$$I^2 = \int_0^\infty dr \int_0^{2\pi} d\theta\, r e^{-r^2} = \int_0^{2\pi} d\theta \int_0^\infty dr\, r e^{-r^2} = 2\pi \int_0^\infty dr\, r e^{-r^2} = 2\pi \left(-\frac{e^{-r^2}}{2}\right)\bigg|_0^\infty$$
$$= 2\pi \cdot \frac{1}{2} = \pi$$
$$\tag{5.16}$$

$I > 0$ であるから，$I = \sqrt{\pi}$．(証明終)

Section 5.3
いくつかの派生積分公式

$\int_{-\infty}^{\infty} dx\, e^{-x^2} = \sqrt{\pi}$ を使って，いくつかの公式を導いてみよう．

まず，次の公式を証明しよう．

$$\int_{-\infty}^{\infty} dx\, e^{-(x+ib)^2} = \sqrt{\pi} \quad (b \text{ は実数}) \tag{5.17}$$

これを示すには，複素関数論における Cauchy の積分定理を使う．

複素数全体を $\mathbb{C} = \{z|z = x + iy, (x, y) \in \mathbb{R}^2\}$ とかくと，複素変数 $z \in \mathbb{C}$ の関数 $f(z) \in \mathbb{C}$ は，変数も関数値も複素数であるような関数であり，複素関数とよぶ．実変数実数値関数の微分積分と同様，複素関数の微分積分も考えることができる．実数全体 $\mathbb{R}$ は複素数全体 $\mathbb{C}$ の真部分集合なので，複素数の世界では実数の世界と本質的に異なる世界が出現する．ここではまず最初に，複素関数の微分と積分の定義のみ述べよう．

複素関数 $f(z)$ の微分 (係数)$df(z)/dz$ は次のように定義される：

$$\frac{df(z)}{dz} = \lim_{\Delta z \to 0} \frac{f(z + \Delta z) - f(z)}{\Delta z} \tag{5.18}$$

ここで，$\Delta z \to 0$ は，Δz が複素平面上のあらゆる方向から点 0 に近づくことを意味する．つまり，$|\Delta z| \to 0$ で，$\arg \Delta z$ は任意である．これは，実変数関数の微分と形式的には全く同様で，自然な拡張になっているが，実変数関数の微分可能性よりも強い条件になっている．点 z で微分可能な複素関数 $f(z)$ は点 z において正則であるという．$f(z)$ が領域 D 上の各点で正則なら，単に $f(z)$ は領域 D で正則という．

複素関数の積分も形式的には実変数関数の場合と全く同様であるが，ここでは，実際に計算を実行することを考えて，次のように定義しておく：複素関数 $f(z) = u(x, y) + iv(x, y)$ (u, v は実変数 x, y の実数値関数) は連続とし，複素平面上の滑らかな曲線上の 2 点 $A(\alpha), B(\beta)$ があって，曲線上の点 A から点 B までの部分を C と表す．経路 C は，連続的微分可能な関数 $\phi(t), \psi(t)$ $(t_1 \leq t \leq t_2)$ によって，$z(t) = \phi(t) + i\psi(t)$ $(z(t_1) = \alpha, z(t_2) = \beta)$ と表せるものとする．このとき，複素関数 $f(z)$ の経路 C に沿う積分 $\int_C dz f(z)$ は，線積分

$$\begin{aligned}\int_{t_1}^{t_2} dt \frac{dz}{dt} f(z(t)) &= \int_{t_1}^{t_2} dt \left(\frac{d\phi}{dt} + i\frac{d\psi}{dt}\right)(u + iv) \\ &= \int_{t_1}^{t_2} dt \left(u\frac{d\phi}{dt} - v\frac{d\psi}{dt}\right) + i \int_{t_1}^{t_2} dt \left(u\frac{d\psi}{dt} + v\frac{d\phi}{dt}\right)\end{aligned} \tag{5.19}$$

で定義される．

さて，Cauchy の積分定理は次のようになる：

> 複素関数 $f(z)$ は領域 D で正則であるとする．このとき，D に含まれる単純閉曲線 C において，
> $$\oint_C dz\, f(z) = 0 \tag{5.20}$$
> が成り立つ．

積分記号に付けた○印は C が閉じた曲線であることを表すものとする．

さて，最初の公式の証明に移ろう．

（証明）$b = 0$ のときはすでに証明している．

$b > 0$ のとき，長方形の周

$$\begin{aligned} z = x\,(-R \leqq x \leqq R), \quad z = R + iy\,(0 \leqq y \leqq b), \\ z = x + ib\,(R \geqq x \geqq -R), \quad z = -R + iy\,(b \geqq y \geqq 0) \end{aligned} \tag{5.21}$$

を C_R とする．まず，e^{-z^2} は複素平面全体で正則であるから，Cauchy の積分定理より，

$$\oint_{C_R} dz\, e^{-z^2} = 0 \tag{5.22}$$

この左辺を計算すると，

$$\begin{aligned} & \int_{-R}^{R} dx\, e^{-x^2} + \int_{0}^{b} i\, dy\, e^{-(R+iy)^2} + \int_{R}^{-R} dx\, e^{-(x+ib)^2} + \int_{b}^{0} i\, dy\, e^{-(-R+iy)^2} \\ &= \int_{-R}^{R} dx\, e^{-x^2} + ie^{-R^2} \int_{0}^{b} dy\, e^{y^2 - i2Ry} - \int_{-R}^{R} dx\, e^{-(x+ib)^2} + ie^{-R^2} \int_{b}^{0} dy\, e^{y^2 + i2Ry} \\ &= \int_{-R}^{R} dx\, e^{-x^2} - \int_{-R}^{R} dx\, e^{-(x+ib)^2} - ie^{-R^2} \int_{0}^{b} dy\, e^{y^2} (e^{i2Ry} - e^{-i2Ry}) \\ &= \int_{-R}^{R} dx\, e^{-x^2} - \int_{-R}^{R} dx\, e^{-(x+ib)^2} + 2e^{-R^2} \int_{0}^{b} dy\, e^{y^2} \sin 2Ry \end{aligned} \tag{5.23}$$

よって，

$$\int_{-R}^{R} dx\, e^{-(x+ib)^2} = \int_{-R}^{R} dx\, e^{-x^2} + 2e^{-R^2} \int_{0}^{b} dy\, e^{y^2} \sin 2Ry \tag{5.24}$$

5.3 いくつかの派生積分公式

$R \to \infty$ のとき,右辺第 1 項は $\sqrt{\pi}$ に収束し,第 2 項については,

$$\left| 2e^{-R^2} \int_0^b dy e^{y^2} \sin 2Ry \right| \leq 2e^{-R^2} \int_0^b dy e^{y^2} |\sin 2Ry| \leq 2e^{-R^2} \int_0^b dy e^{y^2} \to 0 \tag{5.25}$$

となる.したがって,

$$\int_{-\infty}^{\infty} dx e^{-(x+ib)^2} = \sqrt{\pi} \tag{5.26}$$

となる.

$b < 0$ のとき,$e^{-(x+ib)^2} = e^{-(-x+i|b|)^2}, |b| > 0$ であるから,たった今証明したように,

$$\int_{-\infty}^{\infty} d(-x) e^{-(-x+i|b|)^2} = \sqrt{\pi} \tag{5.27}$$

この左辺は $\int_{\infty}^{-\infty} dx(-1)e^{-(x-i|b|)^2} = \int_{-\infty}^{\infty} dx e^{-(x+ib)^2}$ となるから,成り立つ.(証明終)

$a > 0$ を正の実数として,変数変換 $x \to \sqrt{a}x$ を行うと,

$$\sqrt{\pi} = \int_{-\infty}^{\infty} d(\sqrt{a}x) e^{-\{\sqrt{a}x+ib\}^2} = \sqrt{a} \int_{-\infty}^{\infty} dx e^{-a(x+ib/\sqrt{a})^2} \tag{5.28}$$

すなわち,

$$\int_{-\infty}^{\infty} dx e^{-a(x+ib/\sqrt{a})^2} = \sqrt{\frac{\pi}{a}} \quad (a > 0) \tag{5.29}$$

$b/\sqrt{a}$ をあらためて b とおくと,

$$\int_{-\infty}^{\infty} dx\, e^{-a(x+ib)^2} = \sqrt{\frac{\pi}{a}} \quad (a > 0) \tag{5.30}$$

この式は a を実部が正の実数であるような複素数としても,(解析接続の原理により)成り立つ.そのとき,右辺は a が実軸の正の部分にあるとき正の値をとるものとする.

$\int_{-\infty}^{\infty} dx e^{-ax^2} = \sqrt{\frac{\pi}{a}}$ において,左辺を,n を自然数として n 回微分すると,(積分が a に関して一様収束しているので,微分記号を積分の中にいれてよい)

$$\frac{d^n}{da^n} \int_{-\infty}^{\infty} e^{-ax^2} = \int_{-\infty}^{\infty} \frac{\partial^n (e^{-ax^2})}{\partial a^n} = \int_{-\infty}^{\infty} dx (-x^2)^n e^{-ax^2} = (-1)^n \int_{-\infty}^{\infty} dx x^{2n} e^{-ax^2} \tag{5.31}$$

右辺も同様に微分すると，

$$\frac{d^n}{da^n}\left(\sqrt{\frac{\pi}{a}}\right) = \sqrt{\pi}\frac{d^n a^{-\frac{1}{2}}}{da^n} = \sqrt{\pi}\left(-\frac{1}{2}\right)\left(-\frac{3}{2}\right)\cdots\left(-\frac{2n-1}{2}\right)a^{-\frac{2n+1}{2}}$$
$$= \sqrt{\pi}\frac{(-1)^n(2n-1)!!}{2^n}a^{-\frac{2n+1}{2}} = \sqrt{\frac{\pi}{a}}\frac{(-1)^n(2n-1)!!}{2^n a^n} \quad (5.32)$$

ここで，$(2n-1)!!$ は 1 から $2n-1$ までの奇数の積である．微分した結果を等値して，次の公式が得られる：

$$\int_{-\infty}^{\infty} dx\, x^{2n} e^{-ax^2} = \sqrt{\frac{\pi}{a}}\frac{(2n-1)!!}{2^n a^n} \quad (5.33)$$

$(2n-1)!! = \frac{2n(2n-1)(2n-2)\cdots 3\cdot 2\cdot 1}{(2n)(2n-2)\cdots 2} = \frac{(2n)!}{2^n n!}$ であり，これは $n=0$ のとき 1 を与えるから，

$$\int_{-\infty}^{\infty} dx\, x^{2n} e^{-ax^2} = \sqrt{\frac{\pi}{a}}\frac{(2n)!}{n!\, 2^{2n} a^n} \quad (n=0,1,\cdots) \quad (5.34)$$

となる．この公式を使って，$\int_{-\infty}^{\infty} dx\, e^{-ax^2}\cos kx\, (a>0)$ を直接計算してみよう．べき級数展開 $\cos\theta = \sum_{n=0}^{\infty}\frac{(-1)^n\theta^{2n}}{(2n)!}$ に注意して，

$$\int_{-\infty}^{\infty} dx\, e^{-ax^2}\cos kx = \int_{-\infty}^{\infty} dx\, e^{-ax^2}\sum_{n=0}^{\infty}\frac{(-1)^n k^{2n} x^{2n}}{(2n)!} = \sum_{n=0}^{\infty}\frac{(-1)^n k^{2n}}{(2n)!}\int_{-\infty}^{\infty} dx\, e^{-ax^2} x^{2n}$$
$$= \sum_{n=0}^{\infty}\frac{(-1)^n k^{2n}}{(2n)!}\sqrt{\frac{\pi}{a}}\frac{(2n)!}{n!\, 2^{2n} a^n} = \sqrt{\frac{\pi}{a}}\sum_{n=0}^{\infty}\frac{(-1)^n k^{2n}}{n!\, 2^{2n} a^n}$$
$$= \sqrt{\frac{\pi}{a}}\sum_{n=0}^{\infty}\frac{1}{n!}\left(\frac{-k^2}{4a}\right)^n = \sqrt{\frac{\pi}{a}}e^{-\frac{k^2}{4a}}$$
$$(5.35)$$

が得られる．すなわち，

$$\int_{-\infty}^{\infty} dx\, e^{-ax^2}\cos kx = \sqrt{\frac{\pi}{a}}e^{-\frac{k^2}{4a}} \quad (5.36)$$

この式は，公式 $\int_{-\infty}^{\infty} dx\, e^{-a(x+ib)^2} = \sqrt{\frac{\pi}{a}}\ (a>0)$ を用いても計算できる．2 通りの方法で計算してみよう．

（方法 1）$\cos kx = \dfrac{e^{ikx} + e^{-ikx}}{2}$ として,

$$\begin{aligned}
\int_{-\infty}^{\infty} dx\, e^{-ax^2} \cos kx &= \int_{-\infty}^{\infty} dx\, e^{-ax^2} \frac{e^{ikx} + e^{-ikx}}{2} = \frac{1}{2} \int_{-\infty}^{\infty} dx (e^{-ax^2 + ikx} + e^{-ax^2 - ikx}) \\
&= \frac{1}{2} \int_{-\infty}^{\infty} dx (e^{-a(x - \frac{ik}{2a})^2 - \frac{k^2}{4a}} + e^{-a(x + \frac{ik}{2a})^2 - \frac{k^2}{4a}}) \\
&= \frac{1}{2} e^{-\frac{k^2}{4a}} \left(\int_{-\infty}^{\infty} dx\, e^{-a(x - \frac{ik}{2a})^2} + \int_{-\infty}^{\infty} dx\, e^{-a(x - \frac{ik}{2a})^2} \right) \\
&= \frac{1}{2} e^{-\frac{k^2}{4a}} \left(\sqrt{\frac{\pi}{a}} + \sqrt{\frac{\pi}{a}} \right) = \sqrt{\frac{\pi}{a}} e^{-\frac{k^2}{4a}}
\end{aligned}$$
(5.37)

となる.

（方法 2）$\int_{-\infty}^{\infty} dx\, e^{-a(x+ib)^2} = \sqrt{\dfrac{\pi}{a}}$ $(a > 0)$ において, $e^{-a(x+ib)^2} = e^{-ax^2 + ab^2 - 2iabx} = e^{-ax^2} e^{ab^2} e^{-2iabx}$ とし, $2ab = k$ とおくと, $e^{-a(x+ib)^2} = e^{-ax^2} e^{\frac{k^2}{4a}} e^{-ikx} = e^{-ax^2} e^{\frac{k^2}{4a}} (\cos kx - i\sin kx)$ であるから,

$$\begin{aligned}
\int_{-\infty}^{\infty} dx\, e^{-ax^2} e^{\frac{k^2}{4a}} (\cos kx - i\sin kx) &= \sqrt{\frac{\pi}{a}} \\
\int_{-\infty}^{\infty} dx\, e^{-ax^2} \cos kx - i \int_{-\infty}^{\infty} dx\, e^{-ax^2} \sin kx &= \sqrt{\frac{\pi}{a}} e^{-\frac{k^2}{4a}} \\
\int_{-\infty}^{\infty} dx\, e^{-ax^2} \cos kx &= \sqrt{\frac{\pi}{a}} e^{-\frac{k^2}{4a}}
\end{aligned}$$
(5.38)

となる.

Section 5.4
拡散方程式の解

これまでに得られた公式を利用して，1 次元拡散方程式の境界値問題

> D を正の定数とする.
> $$\frac{\partial u(x,t)}{\partial t} = D\frac{\partial^2 u(x,t)}{\partial x^2} \quad (t>0, -\infty < x < \infty)$$
> $$u(x, +0) = f(x)$$
> (5.39)

を解いてみよう．ここに，$f(x)$ $(-\infty < x < \infty)$ は初期分布を表す与えられた関数，D は拡散定数と呼ばれる．

拡散方程式はまた熱伝導方程式ともいう．まず，その由来を説明しておこう．流体や熱は，空間に連続して分布している．その体密度を $u(\vec{r},t)$, 流れ密度を $\vec{j}(\vec{r},t)$ とすると，よく知られた連続の方程式

$$\frac{\partial u}{\partial t} + \mathrm{div}\vec{j} = 0 \tag{5.40}$$

が成り立つ．ここに，

$$\mathrm{div}\vec{j} = \frac{\partial j_x}{\partial x} + \frac{\partial j_y}{\partial y} + \frac{\partial j_z}{\partial z} \tag{5.41}$$

はベクトル場 $\vec{j}$ の発散といい，流体や熱が単位体積あたりに湧き出す量を表す．もし，流れが密度の高いところから低いところに向かって起こる（拡散）なら，流れは密度 u の勾配 (gradient) に比例するだろう．スカラ場 u の勾配は，

$$\mathrm{grad}u = \left(\frac{\partial u}{\partial x}, \frac{\partial u}{\partial y}, \frac{\partial u}{\partial z}\right) \tag{5.42}$$

である．これらを記述する数学モデルは，

$$\vec{j} = -D\,\mathrm{grad}u \ (D\text{ は正の定数}) \tag{5.43}$$

である．D を拡散定数という．このとき，$\mathrm{div}\vec{j} = -D\,\mathrm{div}\,\mathrm{grad}u = \Delta u$ となる．ここに，

$$\Delta = \frac{\partial^2}{\partial x^2} + \frac{\partial^2}{\partial y^2} + \frac{\partial^2}{\partial z^2} \tag{5.44}$$

は Laplacian と呼ばれる微分演算子である．よって，連続の方程式 (5.40) と拡散の法則 (5.43) を合わせて，拡散方程式または熱伝導方程式

$$\frac{\partial u}{\partial t} = D\Delta u \tag{5.45}$$

が得られる．この 1 次元版を解こうというのである．

まず，$u(x,t)$ は，波 $e^{ikx} = \cos kx + i\sin kx$ を重みを付けて重ね合わせて次のように積分表示できることが知られている：

$$u(x,t) = \int_{-\infty}^{\infty} \frac{dk}{2\pi} u_k(t) e^{ikx} \tag{5.46}$$

これを $u(x,t)$ の Fourier 展開という．展開係数 $u_k(t)$ は $u(x,t)$ の Fourier 変換ともよばれ，次のように計算される：

$$u_k(t) = \int_{-\infty}^{\infty} dk\, u(x,t) e^{-ikx} \tag{5.47}$$

この表示を熱伝導方程式に代入すると，

$$\begin{aligned}
\frac{\partial}{\partial t}\int_{-\infty}^{\infty}\frac{dk}{2\pi}u_k(t)e^{ikx} &= D\frac{\partial^2}{\partial x^2}\int_{-\infty}^{\infty}\frac{dk}{2\pi}u_k(t)e^{ikx} \int_{-\infty}^{\infty}\frac{dk}{2\pi}\frac{du_k(t)}{dt}e^{ikx} \\
&= D\int_{-\infty}^{\infty}\frac{dk}{2\pi}u_k(t)\frac{d^2 e^{ikx}}{dx^2} = D\int_{-\infty}^{\infty}\frac{dk}{2\pi}u_k(t)(ik)^2 e^{ikx}
\end{aligned} \tag{5.48}$$

よって，展開係数 $u_k(t)$ に対する簡単な微分方程式が得られ，それは直ちに解ける：

$$\frac{du_k(t)}{dt} = u_k(t)D(ik)^2 = -Dk^2 u_k(t),\quad \therefore u_k(t) = u_k(+0)e^{-Dk^2 t} \tag{5.49}$$

ここに，$u_k(+0)$ は $u(x,+0) = f(x) = \int_{-\infty}^{\infty}\frac{dk}{2\pi}f_k e^{ikx}$ の Fourier 展開係数であって，$u_k(+0) = f_k = \int_{-\infty}^{\infty}dy\, f(y) e^{-iky}$ である．よって，$u(x,t)\,(t>0)$ は次のように計算される：

$$\begin{aligned}
u(x,t) &= \int_{-\infty}^{\infty}\frac{dk}{2\pi}u_k(+0)e^{-Dk^2 t}e^{ikx} = \int_{-\infty}^{\infty}\frac{dk}{2\pi}\int_{-\infty}^{\infty}dy\, f(y)e^{-iky}e^{-Dk^2 t}e^{ikx} \\
&= \int_{-\infty}^{\infty}dy\, f(y)\int_{-\infty}^{\infty}\frac{dk}{2\pi}e^{-Dt(k+\frac{i(y-x)}{2Dt})^2 - \frac{(y-x)^2}{4Dt}} \\
&= \int_{-\infty}^{\infty}dy\, f(y)e^{-\frac{(y-x)^2}{4Dt}}\frac{1}{2\pi}\int_{-\infty}^{\infty}dk\, e^{-Dt(k+\frac{i(y-x)}{2Dt})^2} \\
&= \int_{-\infty}^{\infty}dy\, f(y)e^{-\frac{(y-x)^2}{4Dt}}\frac{1}{2\pi}\sqrt{\frac{\pi}{Dt}}
\end{aligned} \tag{5.50}$$

すなわち，初期分布 $f(x)$ の熱伝導方程式の解は，

$$u(x,t) = \int_{-\infty}^{\infty} dy f(y) \frac{e^{-\frac{(y-x)^2}{4Dt}}}{2\sqrt{\pi Dt}} \quad (t > 0, -\infty < x < \infty) \tag{5.51}$$

となる．ここで，積分の中の $f(y)$ 以外の部分を $\delta_t(y-x)$ とおくと，

$$\delta_t(x) = \frac{e^{-\frac{x^2}{2(\sqrt{2Dt})^2}}}{\sqrt{2\pi(\sqrt{2Dt})^2}} \quad (t > 0, -\infty < x < \infty) \tag{5.52}$$

であるが，これは平均 0，分散 $\sqrt{2Dt}$ の正規分布になっている．したがって，

$$\int_{-\infty}^{\infty} \delta_t(x) dx = 1 \tag{5.53}$$

が成り立つ．t が増加して時間が経過すると分散が大きくなり，熱分布は平均化される．また，$t \to +0$ は分散が 0 に近づくことを意味するから，$t \to +0$ のとき $\delta_t(x)$ の値は平均 $x = 0$ に集中する．したがって，

$$\lim_{t \to +0} \delta_t(x) = \delta(x) \tag{5.54}$$

と考えてよい．$\delta(x)$ は Dirac のデルタ関数と呼ばれる．$u(x, +0) = f(x)$ であるから，$u(x,t) = \int_{-\infty}^{\infty} f(y) \delta_t(x-y)$ において，$t \to +0$ とすれば，デルタ関数の性質

$$f(x) = \int_{-\infty}^{\infty} dy f(y) \delta(x-y) \tag{5.55}$$

が得られる．

第6章
線形波動方程式

　波動方程式は，音波，電磁波（電波，X 線，ガンマ線など波長によってその呼び名が分類されている光波の総称）などの波の満たす基本方程式である．それは，時空上に定義される波動を表す関数を解とする．時間と空間を変数にもつので，いわゆる偏微分方程式になる．

　1 変数関数を解とする微分方程式は常微分方程式とよばれる．常微分方程式に比べて，偏微分方程式の解法は，変数の数が増えるので，一般に難しい．そのため，実にいろいろな手法が考えられている．ここで問題にする波動方程式は，未知関数に対して線形であるものを考察する．線形方程式は重ね合わせの原理が成り立つので，Fourier の方法がよく用いられる．この方法は，偏微分方程式を常微分方程式に変換して解くので，(線形) 偏微分方程式を取り扱うための一般的手法を与えている．

Section 6.1
Fourier 展開

　"性質のよい"任意の関数 $f(x)$ は，波長 $\lambda = 2\pi/k$ の波 $e^{ikx} = \cos kx + i \sin kx$ を重ね合わせて表現できる：

$$f(x) = \int_{-\infty}^{\infty} \frac{dk}{2\pi} e^{ikx} F(k) \tag{6.1}$$

これを関数 $f(x)$ の Fourier 展開という．k の関数 $F(k)$ は，$f(x)$ の Fourier 変

換といい，次式で定義される：

$$F(k) = \int_{-\infty}^{\infty} dx e^{-ikx} f(x) \tag{6.2}$$

これを $f(x)$ の Fourier 展開に代入すると，

$$\begin{aligned}
f(x) &= \int_{-\infty}^{\infty} \frac{dk}{2\pi} e^{ikx} \int_{-\infty}^{\infty} d\xi f(\xi) e^{-ik\xi} = \frac{1}{2\pi} \int_{-\infty}^{\infty} dk \int_{-\infty}^{\infty} d\xi e^{ik(x-\xi)} f(\xi) \\
&= \frac{1}{2\pi} \int_{-\infty}^{\infty} dk \int_{-\infty}^{\infty} d\xi \{\cos k(x-\xi) + i \sin k(x-\xi)\} f(\xi) \\
&= \frac{1}{2\pi} \int_{-\infty}^{\infty} dk \int_{-\infty}^{\infty} d\xi \cos k(x-\xi) f(\xi) + i \frac{1}{2\pi} \int_{-\infty}^{\infty} dk \int_{-\infty}^{\infty} d\xi \sin k(x-\xi) f(\xi)
\end{aligned}$$

k についての $(-\infty, \infty)$ における積分は，第 1 項の場合，$\cos k(x-\xi) f(\xi)$ が偶関数であることから $[0, \infty)$ における積分の 2 倍になり，第 2 項の場合，$\sin k(x-\xi) f(\xi)$ が奇関数であることから積分が 0 になる．したがって，

$$f(x) = \frac{1}{\pi} \int_0^{\infty} dk \int_{-\infty}^{\infty} d\xi f(\xi) \cos k(x-\xi) \tag{6.3}$$

が得られる．これを $f(x)$ の Fourier 積分表示という．もともとこの公式が，

- 任意の有限区間において，$f(x)$ が区分的に滑らか，すなわち $f(x), f'(x)$ が区分的に連続

- $f(x)$ は $(-\infty, \infty)$ で絶対可積分，すなわち無限積分 $\int_{-\infty}^{\infty} dx |f(x)|$ が収束

という条件の下に，数学的に厳密に成り立つ事実があって，それから Fourier 変換，Fourier 展開が定義されているである．なお，この公式の右辺の積分表示は x が $f(x)$ の不連続点ならば $\{f(x-0) + f(x+0)\}/2$ に収束する．

　冒頭の"性質のよい"という表現は，どんな有限区間でも区分的に滑らかで絶対可積分であることであるといってもよい．しかし，このような関数だけに限らず，例えば，Heaviside 関数とよばれる

$$\theta(x) = \begin{cases} 1 & (x \geqq 0) \\ 0 & (x < 0) \end{cases} \tag{6.4}$$

6.1 Fourier 展開

や，Dirac のデルタ関数とよばれる

$$\delta(x) = 0 \ (x \neq 0), \quad \int_{-\infty}^{\infty} dx\, \delta(x) = 1 \quad (\Rightarrow \delta(0) = \infty) \tag{6.5}$$

などに対しても Fourier 変換や Fourier 展開を考えることもある．Heviside 関数の Fourier 変換は，

$$\Theta(k) = \int_{-\infty}^{\infty} dx\, \theta(x) e^{ikx} = \int_{0}^{\infty} dx\, e^{ikx} = \pi \delta(k) + i\mathrm{P.V.} \frac{1}{k} \tag{6.6}$$

であり，Dirac のデルタ関数 $\delta(x)$ の Fourier 展開は，

$$\delta(x) = \int_{-\infty}^{\infty} \frac{dk}{2\pi} e^{ikx} \tag{6.7}$$

である．ここで記号についての詳しい説明は行わない．ただ，$\delta(x)$ の Fourier 展開は次のように直観的に理解することができる．まず，$x = 0$ のとき，

$$\delta(0) = \int_{-\infty}^{\infty} \frac{dk}{2\pi} = \lim_{L \to \infty} \int_{-L/2}^{L/2} \frac{dk}{2\pi} = \lim_{L \to \infty} L = \infty \tag{6.8}$$

$x \neq 0$ のとき，$e^{ikx} = \cos kx + i \sin kx$ は波長 $\lambda = 2\pi/k$ の波であるから，無限積分 $\int_{-\infty}^{\infty} \frac{dk}{2\pi} e^{ikx}$ は，いろいろな波長の波が同一振幅 1 で重なり合ったものと解釈でき，物理的には打ち消しあって 0 になる．

なお，$\delta(x)$ には次の性質がある．$x = a$ で連続な任意の関数 $f(x)$ に対して，

$$\int_{-\infty}^{\infty} dx\, f(x) \delta(x-a) = f(a) \tag{6.9}$$

が成り立つ．$g(x) = \{f(x) - f(a)\}\delta(x-a)$ とおけば，$x \neq a$ のとき $g(x) = \{f(x) - f(a)\}\delta(x-a) = \{f(x) - f(a)\}0 = 0$ であることと，$\int_{-\infty}^{\infty} dx\, g(x) = \int_{-\infty}^{\infty} dx\{f(x)-f(a)\}\delta(x-a) = f(a) - f(a) = 0$ であることを考えると，$g(x) \equiv 0$ である，すなわち

$$f(x)\delta(x-a) = f(a)\delta(x-a) \tag{6.10}$$

と考えてよい．とくに，$a = 0, f(x) = x$ とすると，

$$x\delta(x) = 0 \tag{6.11}$$

このことを使うと，C を定数，$F(x)$ を未知関数とする関数方程式

$$xF(x) = C \tag{6.12}$$

の解を $x = 0$ のときを含めて一般的に考えることができる．$x \neq 0$ のときは，もちろん $F(x) = C/x$ であるが，$x = 0$ のときも含めて一般的に

$$F(x) = \frac{C}{x} + c(x)\delta(x) \tag{6.13}$$

とすることができる．ここに，$c(x)$ は任意関数である．なぜなら，関数方程式に代入すると，$x\delta(x) = 0$ であるから，

$$xF(x) = x\left\{\frac{C}{x} + c(x)\delta(x)\right\} = C + c(x)x\delta(x) = C$$

となるからである．

Section 6.2
波動方程式の初期値問題

1 次元波動方程式の初期値問題

$$\frac{1}{c^2}\frac{\partial^2 u(x,t)}{\partial t^2} = \frac{\partial^2 u(x,t)}{\partial x^2} \quad (c\text{ は正の定数})$$

$$u(x,0) = f(x), \quad \frac{\partial u(x,0)}{\partial t} = g(x)$$

を解いてみよう．後に分かるように c は波動 $u(x,t)$ の速さを表す．
$u(x,t)$ の Fourier 展開

$$u(x,t) = \int_{-\infty}^{\infty} \frac{dk}{2\pi} u_k(t) e^{ikx} \tag{6.14}$$

を波動方程式に代入すると，

$$\frac{1}{c^2}\frac{\partial^2}{\partial t^2}\int_{-\infty}^{\infty}\frac{dk}{2\pi}u_k(t)e^{ikx} = \frac{\partial^2}{\partial x^2}\int_{-\infty}^{\infty}\frac{dk}{2\pi}u_k(t)e^{ikx}$$
$$\int_{-\infty}^{\infty}\frac{dk}{2\pi}\frac{1}{c^2}\frac{d^2u_k(t)}{dt^2}e^{ikx} = \int_{-\infty}^{\infty}\frac{dk}{2\pi}u_k(t)\frac{d^2e^{ikx}}{dx^2} = \int_{-\infty}^{\infty}\frac{dk}{2\pi}u_k(t)(ik)^2e^{ikx} \quad (6.15)$$

よって，展開係数 $u_k(t)$ に対する常微分方程式が得られる：

$$\frac{1}{c^2}\frac{d^2u_k(t)}{dt^2} = u_k(t)(ik)^2, \quad \frac{d^2u_k(t)}{dt^2} + (ck)^2 u_k(t) = 0 \quad (6.16)$$

この微分方程式の解を求めるために，$u_k(t) = e^{\lambda t}$ とおいてみると，

$$\frac{d^2 e^{\lambda t}}{dt^2} + (ck)^2 e^{\lambda t} = 0, \quad \{\lambda^2 + (ck)^2\}e^{\lambda t} = 0$$
$$\lambda^2 + (ck)^2 = 0, \quad \lambda = \mp ick \quad (6.17)$$

が得られる．波動方程式は線形だから，解 $e^{\mp ickt}$ の線形結合 $u_k(t) = C_k e^{-ickt} + D_k e^{ickt}$ も解である．係数 C_k, D_k は，t についての定数であって，方程式のパラメータ k には依存することに注意する．よって，$u(x, t)$ は，

$$u(x, t) = \int_{-\infty}^{\infty}\frac{dk}{2\pi}(C_k e^{-ickt} + D_k e^{ickt})e^{ikx} = \int_{-\infty}^{\infty}\frac{dk}{2\pi}\left(C_k e^{ik(x-ct)} + D_k e^{ik(x+ct)}\right)$$
$$\frac{\partial u(x, t)}{\partial t} = \int_{-\infty}^{\infty}\frac{dk}{2\pi}\left(C_k\frac{\partial e^{ik(x-ct)}}{\partial t} + D_k\frac{\partial e^{ik(x+ct)}}{\partial t}\right)$$
$$= \int_{-\infty}^{\infty}\frac{dk}{2\pi}\left\{C_k(-ick)e^{ik(x-ct)} + D_k(ick)e^{ik(x+ct)}\right\}$$
$$= \int_{-\infty}^{\infty}\frac{dk}{2\pi}ick\left(-C_k e^{ik(x-ct)} + D_k e^{ik(x+ct)}\right)$$

(6.18)

$u(x, 0) = f(x) = \int_{-\infty}^{\infty}\frac{dk}{2\pi}F(k)e^{ikx}$, $\partial u(x, 0)/\partial t = \int_{-\infty}^{\infty}\frac{dk}{2\pi}G(k)e^{ikx}$ であるから，

$$\int_{-\infty}^{\infty}\frac{dk}{2\pi}F(k)e^{ikx} = \int_{-\infty}^{\infty}\frac{dk}{2\pi}(C_k + D_k)e^{ikx}$$
$$\int_{-\infty}^{\infty}\frac{dk}{2\pi}G(k)e^{ikx} = \int_{-\infty}^{\infty}\frac{dk}{2\pi}ick(-C_k + D_k)e^{ikx} \quad (6.19)$$
$$\therefore F(k) = C_k + D_k, \quad G(k) = ick(-C_k + D_k)$$

となる．最後の式は，$c(k)$ を任意関数として，$-C_k + D_k = G/(ick) + c(k)\delta(k)$ とかける．よって，

$$C_k = \frac{1}{2}\left\{F(k) - \frac{G(k)}{ick} - c(k)\delta(k)\right\}, \quad D_k = \frac{1}{2}\left\{F(k) + \frac{G(k)}{ick} + c(k)\delta(k)\right\} \tag{6.20}$$

となり，

$$\begin{aligned}
u_k(t) &= \frac{1}{2}\left\{F(k) - \frac{G(k)}{ick} - c(k)\delta(k)\right\}e^{-ickt} + \frac{1}{2}\left\{F(k) + \frac{G(k)}{ick} + c(k)\delta(k)\right\}e^{ickt} \\
&= \frac{1}{2}\left\{F(k) - \frac{G(k)}{ick}\right\}e^{-ickt} - \frac{1}{2}c(k)\delta(k)e^{-ic0t} \\
&\quad + \frac{1}{2}\left\{F(k) + \frac{G(k)}{ick}\right\}e^{ickt} + \frac{1}{2}c(k)\delta(k)e^{ic0t} \\
&= \frac{1}{2}F(k)\left(e^{-ickt} + e^{ickt}\right) + \frac{1}{2ick}G(k)\left(e^{ickt} - e^{-ickt}\right) \\
&= \frac{1}{2}F(k)\left(e^{-ickt} + e^{ickt}\right) + \frac{1}{2c}G(k)\int_{-ct}^{ct} d\xi e^{ik\xi}
\end{aligned} \tag{6.21}$$

ゆえに，

$$\begin{aligned}
u(x,t) &= \int_{-\infty}^{\infty}\frac{dk}{2\pi}e^{ikx}u_k(t) \\
&= \int_{-\infty}^{\infty}\frac{dk}{2\pi}\frac{1}{2}F(k)\left(e^{ik(x-ct)} + e^{ik(x-ct)}\right) + \int_{-\infty}^{\infty}\frac{dk}{2\pi}\frac{1}{2c}G(k)\int_{-ct}^{ct}d\xi e^{ik(x+\xi)} \\
&= \frac{1}{2}\int_{-\infty}^{\infty}\frac{dk}{2\pi}F(k)e^{ik(x-ct)} + \frac{1}{2}\int_{-\infty}^{\infty}\frac{dk}{2\pi}F(k)e^{ik(x-ct)} \\
&\quad + \frac{1}{2c}\int_{-\infty}^{\infty}\frac{dk}{2\pi}G(k)\int_{x-ct}^{x+ct}d\xi e^{ik\xi} \\
&= \frac{1}{2}\{f(x-ct) + f(x+ct)\} + \frac{1}{2c}\int_{x-ct}^{x+ct}d\xi\int_{-\infty}^{\infty}\frac{dk}{2\pi}G(k)e^{ik\xi} \\
&= \frac{1}{2}\{f(x-ct) + f(x+ct)\} + \frac{1}{2c}\int_{x-ct}^{x+ct}d\xi g(\xi)
\end{aligned} \tag{6.22}$$

となる．$h_{\pm}(x) = \frac{1}{2}f(x) \mp \frac{1}{2c}\int^{x}d\xi\, g(\xi)$ とおくと，$u(x,t) = h_+(x-ct) + h_-(x+ct)$ とかける．第1項は速度 c の波，第2項は速度 $-c$ の波を表す．この結果は，Stokes の波動公式と呼ばれる．まとめておこう：

> 1 次元波動方程式の初期値問題
>
> $$\frac{1}{c^2}\frac{\partial^2 u(x,t)}{\partial t^2} = \frac{\partial^2 u(x,t)}{\partial x^2} \quad (c \text{ は正の定数})$$
>
> $$u(x,0) = f(x), \quad \frac{\partial u(x,0)}{\partial t} = g(x)$$
>
> の解は,
>
> $$u(x,t) = \frac{1}{2}\{f(x-ct) + f(x+ct)\} + \frac{1}{2c}\int_{x-ct}^{x+ct} d\xi g(\xi)$$
>
> となる.

第7章
Diracのδ

Section 7.1
デルタ関数

　関数 f というのは，数学的には，2 つの集合 X, Y があって任意の要素 $x \in X$ に対して要素 $y \in Y$ を唯一つ対応させる対応 $f : X \to Y$ をいう．歴史的には，Newton や Leibnitz が発見した微分積分とともに誕生した微分方程式において，時間 t とともに変化する位置 $x(t)$ や速度 $v(t) = dx(t)/dt$ が時間の関数として捉えられた．Euler は変数 x や定数で組み立てられた数式 $f(x)$ を関数とした．最初に述べた対応としての関数の定義は Dirichlet が与え，現在の関数の定義として採用されている．

　ここで紹介するデルタ関数は，Dirac が，量子力学の数学的基本原理において位置演算子の固有関数として導入したものである．しかし，上記のような通常の意味での数学的な関数の定義にはおさまらない．現代では，超関数とかもっと高度な概念を用いて数学的な枠組みに取り入れられている．

　ここでは，数学的な厳密さよりも，物事を数理的に捉えるためのツールとしての有用性に重きを置いて，デルタ関数をとらえてみよう．例えば，狭い場所に集中して存在する物質の密度や短い時間に働く衝撃力などの数学モデルはデルタ関数がぴったりなのである．

7.1.1 デルタ関数の定義と性質

実変数 x の複素数値関数 $\psi(x)$ に対して,

$$\int_{-\infty}^{\infty} dx \psi(x) e^{-ikx} \tag{7.1}$$

が存在するとき,これは k に依存するので ψ_k と書き,$\psi(x)$ の Fourier 変換という.そのとき,逆に $\psi(x)$ は ψ_k をもちいて,

$$\psi(x) = \int_{-\infty}^{\infty} \frac{dk}{2\pi} \psi_k e^{ikx} \tag{7.2}$$

と表すことができる.これを $\psi(x)$ の Fourier 積分表示という.$e^{ikx} = \cos kx + i \sin kx$ は波長 $\lambda = 2\pi/k$ の波を表し,k を波数という.よって,この表示は,波数 k の波に重み ψ_k をかけて重ね合わせたものとみることができる.つまり,この表示は関数 $\psi(x)$ を基本的な波 e^{ikx} の和として展開したもので,その展開係数が ψ_k であるということができる.そのとき,この表示を $\psi(x)$ の Fourier 展開ということもある.もし,ψ が t にも依存するとき,すなわち $\psi = \psi(x,t)$ のとき,ψ_k も t に依存するので $\psi_k = \psi_k(t)$ とかく.

形式的に次の式が導かれる:

$$\psi(x) = \int_{-\infty}^{\infty} \frac{dk}{2\pi} e^{ikx} \int_{-\infty}^{\infty} dx' \psi(x') e^{-ikx'} = \int_{-\infty}^{\infty} dx' \psi(x') \int_{-\infty}^{\infty} \frac{dk}{2\pi} e^{ik(x-x')} \tag{7.3}$$

ここで

$$\delta(x) \equiv \int_{-\infty}^{\infty} \frac{dk}{2\pi} e^{-ikx} \tag{7.4}$$

とおき,これを Dirac のデルタ関数という.これを使うと,

$$\psi(x,t) = \int_{-\infty}^{\infty} dx' \psi(x',t) \delta(x' - x) \tag{7.5}$$

となる.

$\delta(x)$ とはいったいどんな関数なのかを直観的に考えてみる.まず,積分 $\int_{-\infty}^{\infty} \frac{dk}{2\pi} e^{-ikx}$ は当然収束しない.とくに $x = 0$ とすると,

$$\delta(0) = \int_{-\infty}^{\infty} \frac{dk}{2\pi} = \lim_{\substack{a \to \infty \\ b \to \infty}} \int_{-a}^{b} \frac{dk}{2\pi} = \lim_{\substack{a \to \infty \\ b \to \infty}} \frac{b + a}{2\pi} = \infty \tag{7.6}$$

7.1 デルタ関数

そこで，この積分が収束するように，ϵ を正の定数として収束因子 $e^{-\epsilon|k|}$ をかけて積分しよう．計算の後 $\epsilon \to +0$ の極限をとる．以下の計算の途中では $\epsilon \to \infty$ の極限記号は省略する．

$$\begin{aligned}
\delta(x) &= \int_{-\infty}^{\infty} \frac{dk}{2\pi} e^{-\epsilon|k|-ikx} = \int_{-\infty}^{0} \frac{dk}{2\pi} e^{(\epsilon-ix)k} + \int_{0}^{\infty} \frac{dk}{2\pi} e^{-(\epsilon+ix)k} \\
&= \frac{e^{(\epsilon-ix)k}}{2\pi(\epsilon-ix)}\bigg|_{-\infty}^{0} + \frac{e^{-(\epsilon+ix)k}}{-2\pi(\epsilon+ix)}\bigg|_{0}^{\infty} = \frac{1}{2\pi(\epsilon-ix)} + \frac{1}{2\pi(\epsilon-ix)} \\
&= \frac{(\epsilon+ix)+(\epsilon-ix)}{2\pi(\epsilon+ix)(-\epsilon+ix)} = \frac{1}{\pi}\frac{\epsilon}{\epsilon^2+x^2} = \lim_{\epsilon\to+0}\frac{1}{\pi}\frac{\epsilon}{\epsilon^2+x^2} \\
&= \begin{cases} \lim_{\epsilon\to+0}\frac{1}{\pi\epsilon} = +\infty & (x=0) \\ \lim_{\epsilon\to+0}\frac{\epsilon}{\pi x^2} = +0 & (x \neq 0) \end{cases}
\end{aligned} \tag{7.7}$$

このように，$\delta(x)$ は，$x = 0$ において正の無限大の値をとり，それ以外 ($x \neq 0$) では 0 である関数である．$x = 0$ における無限大がどの程度のものかをみるために，$\delta(x)$ を普通に積分してみよう．ここでも $\epsilon \to \infty$ の極限記号は省略する．

$$\int_{-\infty}^{\infty} dx \delta(x) = \int_{-\infty}^{\infty} \frac{dx\epsilon}{\pi(\epsilon^2+x^2)} = \frac{1}{\pi}\int_{-\infty}^{\infty} \frac{d(x/\epsilon)}{1+(x/\epsilon)^2}$$

ここで，$x/\epsilon = \tan\theta$ $(-\pi/2 < \theta < \pi/2)$ とおくと，$d(x/\epsilon) = d\tan\theta = d\theta/\cos^2\theta = d\theta(1+\tan^2\theta)$ であるから，

$$\int_{-\infty}^{\infty} dx \delta(x) = \frac{1}{\pi}\int_{-\frac{\pi}{2}}^{\frac{\pi}{2}} \frac{d\theta(1+\tan^2\theta)}{1+\tan^2\theta} = \frac{1}{\pi}\int_{-\frac{\pi}{2}}^{\frac{\pi}{2}} d\theta = 1 \tag{7.8}$$

つまり，$\delta(x)$ は積分すると 1 となるように $x = 0$ で無限大になる．$\delta(x)$ のこの性質を Fourier 展開から形式的に導いたが，逆にこの性質によって $\delta(x)$ を定義することもできる．つまり

$$x \neq 0 \text{ のとき } \delta(x) = 0, \quad \int_{-\infty}^{\infty} dx\, \delta(x) = 1 \tag{7.9}$$

を $\delta(x)$ の定義とする．このとき，$f(x)$ を $x = a$ で連続な任意の関数として，

$$\int_{-\infty}^{\infty} dx f(x)\delta(x-a) = f(a) \tag{7.10}$$

を直観的に導いても良い．なぜなら，$x \neq a$ では $\delta(x-a) = 0$ のために実際の積分範囲は $x = a$ の近傍 $|x-a| \leq \epsilon$ に限られ（ϵ は無限小の正の数），さらに $f(x)$ の連続性より $|x-a| \leq \epsilon$ では $f(x)$ はほぼ一定値 $f(a)$ をとるから，$f(x)$ を積分の外に出すことができる：

$$\int_{-\infty}^{\infty} dx\, f(x)\delta(x-a) = \int_{a-\epsilon}^{a+\epsilon} dx\, f(x)\delta(x-a) = f(a) \int_{a-\epsilon}^{a+\epsilon} dx\, \delta(x-a) \\ = f(a) \int_{-\epsilon}^{\epsilon} dx\, \delta(x) = f(a) \tag{7.11}$$

このように $\delta(x)$ を定義した場合，$\delta(x) = \lim_{\epsilon \to +0} \delta_\epsilon(x)$ となるような関数 $\delta_\epsilon(x)$ は，$\epsilon/\{\pi(\epsilon^2 + x^2)\}$ の他にもいろいろな表現が考えられる．例えば，

$$\delta_\epsilon(x) = \begin{cases} 0 & \left(|x| \leq \dfrac{\epsilon}{2}\right) \\ \dfrac{2}{\epsilon} - \dfrac{4|x|}{\epsilon^2} & \left(|x| \geq \dfrac{\epsilon}{2}\right) \end{cases} \tag{7.12}$$

でもよい．一般に，$\delta_\epsilon(x)$ を，$|x| \geq \epsilon/2$ で 0，$|x| \leq \epsilon/2$ で 0 以上の値をとり，積分すると 1 になる連続関数であるとする．このとき，$x = a$ で連続な任意の関数 $f(x)$ に対して，

$$\lim_{\epsilon \to 0} \int_{-\infty}^{\infty} dx\, f(x)\delta_\epsilon(x-a) = f(a) \tag{7.13}$$

が厳密に成り立つ．これを証明しよう．左辺において，$\epsilon \to 0$ の極限をとる前を考えると，

$$\int_{-\infty}^{\infty} dx\, f(x)\delta_\epsilon(x-a) = \int_{a-\epsilon/2}^{a+\epsilon/2} dx\, f(x)\delta_\epsilon(x-a) = f(\xi) \int_{a-\epsilon/2}^{a+\epsilon/2} dx\, \delta_\epsilon(x-a) = f(\xi) \tag{7.14}$$

が成り立つ．最後から 2 番目の等号では平均値の第 1 定理を使い（$|\xi - a| < \epsilon/2$），最後の等号では $\int_{a-\epsilon/2}^{a+\epsilon/2} dx\, \delta_\epsilon(x-a) = \int_{-\epsilon/2}^{\epsilon/2} dx\, \delta_\epsilon(x) = 1$ を用いた．ここで，$\epsilon \to +0$ とすると，$f(x)$ の $x = a$ での連続性により，$\xi \to a$, $f(\xi) \to f(a)$ であるから，

$$\lim_{\epsilon \to 0} \int_{-\infty}^{\infty} dx\, f(x)\delta_\epsilon(x-a) = \lim_{\xi \to a} f(\xi) = f(a)$$

となる．（証明終）

7.1 デルタ関数

さて，デルタ関数 $\delta(x)$ の定義を，$x \neq 0$ のとき 0 で積分すれば 1 となるものとする立場をとろう．そのとき，$x = a$ の近くで連続な任意関数 $f(x)$ に対して，

$$\int_{-\infty}^{\infty} dx\, f(x)\delta(x-a) = f(a)$$

が成り立つのだった．積分区間は $x = a$ を含む任意の区間でよい．定義式でとくに $f(x) = x$ とすれば，

$$\int_{-\infty}^{\infty} dx\, x\delta(x-a) = a = \int_{-\infty}^{\infty} dx\, a\delta(x-a) \tag{7.15}$$

が成り立つから，

$$x\delta(x-a) = a\delta(x-a) \tag{7.16}$$

と考えてよい．

7.1.2 量子力学とデルタ関数

$\delta(x)$ は，理論物理学者 Dirac が量子力学の基本原理を論ずるときに初めて物理学に導入した．そこでは，無限大の値をとるといった通常の関数として定義できない $\delta(x)$ 関数を含む微分積分の演算を自由に行ったり，無限次元のベクトルを有限次元のベクトルと同様に扱ったりして，厳密な数学的議論ではなく，直観的な数学的議論であった．その後，$\delta(x)$ や無限次元ベクトルなどは，Cauchy の超関数論や Hilbert 空間論などを使って，厳密に現代数学の枠組みに収められた．

ここでは，通常の関数の微分積分や有限次元ベクトルの取り扱いを念頭に，デルタ関数や無限次元ベクトルを取り扱ってみよう．

有限次元ベクトル空間

多くの大学の理工系課程では，初期の頃，線形代数を学ぶ．学生にとって，線形代数の一つの現実的な目標は，確かに行列の n 乗を計算すること

だろう．筆者が大学生の頃の線形代数の試験は，4次正方行列の n 乗を計算できればなんとかなったものである．正方行列の n 乗は行列を対角化すれば簡単に計算される．

全ての行列が対角化できるわけではない．行列が対角化可能であるということは，その行列の固有ベクトルで，ベクトル空間の次元と同じ個数だけの線形独立なものがとれるということである．それをベクトル空間の基底にとると，その基底に関する行列の表現が対角成分以外の成分がすべて0になる対角型になるのである．それでは，行列が対角化できるための十分条件としてどのようなものがあるかが興味がある．

複素数を成分とする n 次元ベクトル空間を考える．ベクトル $\boldsymbol{v}$ は $n \times 1$ 行列とみてもよい：

$$\boldsymbol{v} = \begin{pmatrix} v_1 \\ v_2 \\ \vdots \\ v_n \end{pmatrix} = (v_1, v_2, \cdots, v_n)^T \tag{7.17}$$

上付添え字 T は行列の転置，すなわち行と列を入れ替える操作を表す．簡潔に $\boldsymbol{v} = (v_k)$ とかくこともある．

2つのベクトル $\boldsymbol{u} = (u_k), \boldsymbol{v} = (v_k)$ の内積 $\langle \boldsymbol{u}, \boldsymbol{v} \rangle$ を次のように定義する：

$$\langle \boldsymbol{u}, \boldsymbol{v} \rangle = \sum_{l=1}^{n} u_l^* v_l \tag{7.18}$$

上付添え字 $*$ は複素数の共役を表す．内積の値はベクトル（座標変換と同様に変換される量）ではなく，スカラ値（座標変換に対して不変な量）なので，スカラ積ともいう．内積の性質をいくつか挙げておこう．$\boldsymbol{u}, \boldsymbol{v}$ をベクトル，λ をスカラとして，

$$\langle \boldsymbol{v}, \boldsymbol{v} \rangle \geqq 0 \text{ とくに } \langle \boldsymbol{v}, \boldsymbol{v} \rangle = 0 \iff \boldsymbol{v} = 0 \tag{7.19}$$

$$\langle \boldsymbol{v}, \boldsymbol{u} \rangle = \langle \boldsymbol{u}, \boldsymbol{v} \rangle^* \tag{7.20}$$

$$\langle \boldsymbol{u}, \lambda \boldsymbol{v} \rangle = \langle \lambda^* \boldsymbol{u}, \boldsymbol{v} \rangle = \lambda \langle \boldsymbol{u}, \boldsymbol{v} \rangle \tag{7.21}$$

複素数を成分とする $n \times n$ 行列（n 次正方行列ともいう）A を次のように書く．

$$A = \begin{pmatrix} a_{11} & a_{12} & \ldots & a_{1n} \\ a_{21} & a_{22} & \ldots & a_{2n} \\ \vdots & \vdots & \ddots & \vdots \\ a_{n1} & a_{n2} & \ldots & a_{nn} \end{pmatrix} \tag{7.22}$$

簡潔に $A = (a_{ij})$ とかくこともある．これのすべての成分の複素共役をとり，かつ転置したものを $A^\dagger$ とかき，行列 A の Hermite 共役という．複素数における複素共役の行列版である．

行列 $A = (a_{ij})$ $(i, j = 1, 2, \cdots, n)$ が Hermite 的，または Hermite 行列であるとは，

$$A^\dagger = A \iff a_{ji}^* = a_{ij} \ (i, j = 1, 2, \cdots, n) \tag{7.23}$$

となることである．Hermite 行列は実数の行列版である．

行列 $U = (u_{ij})$ $(i, j = 1, 2, \cdots, n)$ が unitary 行列であるとは，

$$U^{-1} = U^\dagger \iff UU^\dagger = E \ (E \text{ は } n \text{ 次単位行列}) \tag{7.24}$$

となることである．

Hermite 行列は unitary 行列で対角化できることが知られている．具体的には，Hermite 行列 A の固有値問題を解いて得られる固有値 $a_1, a_2, \cdots, a_n$ は実数で，固有値 a_l に属する固有ベクトルを $\boldsymbol{\phi}_l = (\phi_{kl})$ とすると，固有ベクトルたちを完全規格化直交系をなすようにとれる，すなわち，n 個の線形独立な固有ベクトルがとれて，

$$\langle \boldsymbol{\phi}_k, \boldsymbol{\phi}_{k'} \rangle = \sum_{l=1}^{n} \phi_{kl}^* \phi_{k'l} = \delta_{kk'} = \begin{cases} 0 & (k \neq k') \\ 1 & (k = k') \end{cases} \tag{7.25}$$

となるようにできる．$\delta_{kk'}$ は **Kronecker** のデルタとよばれる．任意のベクトル $v = (v_k)$ は，この完全規格化直交系をなす n 個のベクトルの線形結合として一意的に表現することができる：

$$v = \sum_{l=1}^{n} v_l \phi_l \tag{7.26}$$

$v = \sum_{l=1}^{n} v_l \phi_l$ と ϕ_k の内積をとることによって，

$$\langle \phi_k, v \rangle = \langle \phi_k, \sum_{l=1}^{n} v_l \phi_l \rangle = \sum_{l=1}^{n} v_l \langle \phi_k, \phi_l \rangle = \sum_{l=1}^{n} v_l \delta_{kl} = v_k \tag{7.27}$$

すなわち，

$$v = \sum_{l=1}^{n} \langle \phi_l, v \rangle \phi_l \tag{7.28}$$

が成り立つ．

無限次元ベクトル空間

　有限次元ベクトル空間について成り立つことが，そのまま無限次元で成り立つとは一般にはいえない．そもそも無限次元ベクトルとはなんだろうか．例えば，量子力学の基本的な概念として，物理系の状態がある．その状態を表す数学的な関数は，時空座標 x, t を変数とする複素数値関数である．この状態関数を関数空間のベクトルと考えると，それは一般に無限次元ベクトルになる．

　量子力学の基本原理として，物理量 A を表す演算子 $\hat{A}$ は無限次元の Hermite 行列で，その固有値問題

$$\hat{A}\psi = a\psi \tag{7.29}$$

において，固有値 a は物理量 A のとりうる値，固有関数 ψ は物理量 A が固有値 a をとるときの物理系の状態を表す関数と考える．

離散固有値の場合

固有値とその固有状態が自然数 n で識別できる離散的な場合を考える．

固有値問題を解けば，固有値 a_n とその固有関数 ψ_n が求まる．状態が固有関数 $\psi_n(x)$ で表されるとき，物理量 A の測定値は確実に a_n が得られる．固有関数たち $\psi_1(x), \psi_2(x), \cdots$ は規格化直交系にとることができる．すなわち，$\psi_m(x), \psi_n(x)$ の内積 $\langle m|n \rangle$ が，

$$\langle m|n \rangle \equiv \int_{-\infty}^{\infty} dx \psi_m(x)^* \psi_n(x) \tag{7.30}$$

のように定義され，これが

$$\langle m|n \rangle = \delta_{mn} \tag{7.31}$$

となるとする．また，任意の状態関数 $\psi(x,t)$ を次のように展開できるとする：

$$\psi(x,t) = \sum_{n=1}^{\infty} c_n(t) \psi_n(x) \tag{7.32}$$

この性質を固有関数たちの完全性という．

一般に，任意の 2 つの状態関数 $\psi(x), \phi(x)$ を完全規格化直交系 $\{\psi_n\}_{n=1}^{\infty}$ で $\psi(x,t) = \sum_{n=1}^{\infty} c_n(t) \psi_n(x)$, $\phi(x,t) = \sum_{n=1}^{\infty} d_n(t) \psi_n(x)$ と展開し，それぞれの展開係数 $c_n(t), d_n(t)$ を成分とする無限次元ベクトルと考える．それらの内積 $\langle \psi | \phi \rangle$ を，固有関数同士の内積と同様に，

$$\langle \psi | \phi \rangle \equiv \int_{-\infty}^{\infty} dx \psi(x)^* \phi(x) \tag{7.33}$$

で定義すると，

$$\begin{aligned}
\langle \psi | \phi \rangle &= \int_{-\infty}^{\infty} dx \psi(x)^* \phi(x) = \int_{-\infty}^{\infty} dx \left(\sum_{n=1}^{\infty} c_m(t) \psi(x) \right)^* \sum_{n=1}^{\infty} d_n(t) \phi(x) \\
&= \sum_{m=1}^{\infty} \sum_{n=1}^{\infty} c_m(t)^* d_n(t) \int_{-\infty}^{\infty} dx \psi_m(x)^* \psi_n(x) = \sum_{m=1}^{\infty} \sum_{n=1}^{\infty} c_m(t)^* d_n(t) \langle \psi_m | \phi_n \rangle \\
&= \sum_{m=1}^{\infty} \sum_{n=1}^{\infty} c_m(t)^* d_n(t) \delta_{mn} = \sum_{n=1}^{\infty} c_m(t)^* d_n(t)
\end{aligned}$$

$$\tag{7.34}$$

となり，有限次元ベクトルの内積と同様になる．そこで，$\langle m|, |n\rangle$ をそれぞれ無限次元横ベクトル，無限次元縦ベクトルとし，それぞれ $(m,1)$ 成分，$(1,n)$ 成分のみ 1 でそれ以外は 0 であるようなベクトルとする．

$$\langle m| = (0, \cdots, 0, \check{1}, 0, \cdots), \quad |n\rangle = (0, \cdots, 0, \check{1}, 0, \cdots)^T \tag{7.35}$$

これを用いて，一般の状態 $\psi(x,t)$ を

$$|\psi\rangle = \sum_{n=1}^{\infty} c_n |n\rangle = (c_1, c_2, \cdots)^T \tag{7.36}$$

と表し，これを ket ベクトルという．その成分の複素共役をとり，行列として転置をとったものを $|\psi\rangle^\dagger = \langle\psi|$ とかく：

$$|\psi\rangle^\dagger = \langle\psi| = \sum_{n=1}^{\infty} c_n^* \langle n| = (c_1^*, c_2^*, \cdots) \tag{7.37}$$

これを bra ベクトルという．これらの表記法を使って，有限次元行列の算法と同じ算法によって，

$$\langle m|\psi\rangle = \left\langle m \left| \sum_{n=1}^{\infty} c_n \right| n \right\rangle = \sum_{n=1}^{\infty} c_n \langle m|n\rangle = \sum_{n=1}^{\infty} c_n \delta_{mn} = c_m \tag{7.38}$$

となる．つまり，$|\psi\rangle$ の $|n\rangle$ による展開係数の m 番目は，内積 $\langle m|\psi\rangle$ で与えられるということである：

$$|\psi\rangle = \sum_{n=1}^{\infty} \langle n|\psi\rangle |n\rangle \tag{7.39}$$

また，固有 ket ベクトルたち $|1>, |2>, \cdots$ の完全性は，

$$|\psi\rangle = \sum_{n=1}^{\infty} \langle n|\psi\rangle |n\rangle = \sum_{n=1}^{\infty} |n\rangle \langle n|\psi\rangle \tag{7.40}$$

より，

$$\sum_{n=1}^{\infty} |n\rangle \langle n| = 1 \tag{7.41}$$

と書くことができる．これは，有限次元 N ならば，$\sum_{n=1}^{N} |n\rangle\langle n|$ が N 次単位行列になることから類推できる．例えば $N=2$ のとき，

$$\sum_{n=1}^{2} |n\rangle\langle n| = |1\rangle\langle 1| + |2\rangle\langle 2| = \begin{pmatrix} 1 \\ 0 \end{pmatrix}\begin{pmatrix} 1 & 0 \end{pmatrix} + \begin{pmatrix} 0 \\ 1 \end{pmatrix}\begin{pmatrix} 0 & 1 \end{pmatrix} = \begin{pmatrix} 1 & 0 \\ 0 & 0 \end{pmatrix} + \begin{pmatrix} 0 & 0 \\ 0 & 1 \end{pmatrix} = \begin{pmatrix} 1 & 0 \\ 0 & 1 \end{pmatrix} \tag{7.42}$$

となる．

$\psi(x,t)$ の規格化条件 $1 = \int_{-\infty}^{\infty} dx |\psi(x,t)|^2 = \int_{-\infty}^{\infty} dx \psi(x,t)^* \psi(x,t) = \langle \psi | \psi \rangle$
より，

$$\begin{aligned}1 = \langle \psi | \psi \rangle &= \sum_{m=1}^{\infty} c_m^* \langle m | \sum_{n=1}^{\infty} c_n | n \rangle = \sum_{m=1}^{\infty} \sum_{n=1}^{\infty} c_m^* c_n \langle m | n \rangle \\ &= \sum_{m=1}^{\infty} \sum_{n=1}^{\infty} c_m^* c_n \delta_{mn} = \sum_{n=1}^{\infty} c_n^* c_n = \sum_{n=1}^{\infty} |c_n|^2 = \sum_{n=1}^{\infty} |\langle m | \psi \rangle|^2 \end{aligned} \tag{7.43}$$

これらのことから，

物理系の任意の状態 $\psi(x,t)$ は，物理量 A の固有関数 $\psi_n(x)$ の重ね合わせ

$$\psi(x,t) = \sum_{n=1}^{\infty} \langle n | \psi \rangle \psi_n(x) \tag{7.44}$$

で表される．
　状態 $\psi(x,t)$ において物理量 A を観測すると，固有値 $a_1, a_2, \cdots$ のいずれかが観測されるが，それが固有値 a_n である確率は $|\langle m | \psi \rangle|^2$ であるとする

このように，任意の状態 $|\psi\rangle$ が無限個の固有状態 $|m\rangle$ ($m = 1, 2, \cdots$) たちが重み $\langle m | \psi \rangle$ で重なったものと考える．これが量子力学の基本的な考え方である．

連続固有値の場合

固有値は連続的になることもある．例えば物理量として位置 q をとれば，デルタ関数の性質

$$q\delta(q-x) = x\delta(q-x) \tag{7.45}$$

において，位置を表す演算子を $\hat{q} = q \times$ と考えれば，その固有値 x に属する固有関数が $\delta(q-x)$ であると解釈することができる．任意の状態 ψ に対応する ket ベクトル $|\psi\rangle$ は，$|q\rangle$ によって次のように展開できる：

$$|\psi\rangle = \int_{-\infty}^{\infty} dq \langle q | \psi \rangle | q \rangle \tag{7.46}$$

位置 q が連続変数であることに対応して，離散固有値の場合の和が積分になっていることに注意しよう．内積 $\langle q|\psi\rangle$ は，次のように与えられる：

$$\langle q|\psi\rangle = \int_{-\infty}^{\infty} dq' \delta(q'-q)\psi(q',t) = \psi(q,t) \tag{7.47}$$

つまり，展開係数そのものが状態関数になっている．位置 q の関数 $\psi(q,t)$ を状態 ψ の位置表示ということにする．離散固有値の場合と同様に，規格化条件 $1 = \langle\psi|\psi\rangle = \int_{-\infty}^{\infty} dx \psi(x,t)^* \psi(x,t) = \int_{-\infty}^{\infty} dx |\psi(x,t)|^2$ から，$|\psi(x,t)|^2$ には，物理系の位置が x から $x+dx$ にある確率が $|\psi(x,t)|^2 dx$ である，という意味を持たせることができる．これは，位置表示の状態関数 $\langle x|\psi\rangle$ が，いわゆる波動関数 $\psi(x,t)$ であることを要請するもので，Shrödinger 方程式の解としての波動関数の確率振幅解釈そのものである．

とくに 2 つの固有 ket ベクトル $|x\rangle, |x'\rangle$ の内積は

$$\langle x'|x\rangle = \int_{-\infty}^{\infty} dx'' \delta(x''-x')\delta(x''-x) = \delta(x'-x) \tag{7.48}$$

これは固有 ket ベクトルが規格化直交系であることを示す．固有 ket ベクトルたち $|x\rangle$ $(-\infty < x < \infty)$ の完全性は，形式的に，

$$|\psi\rangle = \int_{-\infty}^{\infty} dx \langle x|\psi\rangle |x\rangle = \int_{-\infty}^{\infty} dx |x\rangle \langle x|\psi\rangle \tag{7.49}$$

と変形すれば，

$$\int_{-\infty}^{\infty} dx |x\rangle\langle x| = 1 \tag{7.50}$$

となる．

物理量として運動量 p をとれば，位置の場合と全く同様の議論で，任意の状態 $|\psi\rangle$ は，固有 ket ベクトルたち $|p\rangle$ も完全規格化直交系として，性質

$$\int_{-\infty}^{\infty} dp |p\rangle\langle p| = 1, \quad \langle p'|p\rangle = \delta(p-p') \tag{7.51}$$

をもち，

$$|\psi\rangle = \int_{-\infty}^{\infty} dp \langle p|\psi\rangle |p\rangle \tag{7.52}$$

7.1 デルタ関数

と表せる.位置表示の状態関数は, $\psi(x,t) = \langle x|\psi\rangle$ と与えられ,

$$\psi(x,t) = \langle x|\psi\rangle = \int_{-\infty}^{\infty} dp \langle p|\psi\rangle\langle x|p\rangle \tag{7.53}$$

ここで,$\langle p|\psi\rangle$ は状態関数を運動量 p で表示したもので,p の関数として $\psi_p(t)$ と表すと,

$$\psi(x,t) = \int_{-\infty}^{\infty} dp\, \psi_p(t)\langle x|p\rangle \tag{7.54}$$

$\langle x|p\rangle$ は x, p の関数であるが,上式が任意の $\psi(x,t)$ について成立するためには,

$$\langle x|p\rangle = \frac{1}{2\pi\hbar} e^{\frac{ipx}{\hbar}} \tag{7.55}$$

ととればよい.なぜなら,そのとき,$\psi(x,t)$ の表式が,

$$\psi(x,t) = \int_{-\infty}^{\infty} \frac{dp}{2\pi\hbar} \psi_p(t) e^{\frac{ipx}{\hbar}} \tag{7.56}$$

と Fourier 積分表示となり,数学的にも確立したものになるからである.このとき,$\psi_p(t) = \langle p|\psi\rangle$ は,$\psi(x,t)$ の Fourier 変換

$$\psi_p(t) = \langle p|\psi\rangle = \int_{-\infty}^{\infty} dx\, \psi(x,t) e^{-\frac{ipx}{\hbar}} \tag{7.57}$$

となる.また,任意の ket ベクトル $|\psi\rangle$ に運動量演算子 $\hat{p}$ を施した ket ベクトル $\hat{p}|\psi\rangle$ の位置表示 $\langle x|\hat{p}|\psi\rangle = \hat{p}\psi(x,t)$ を求めてみよう.

$$\begin{aligned}
\langle x|\hat{p}|\psi\rangle &= \langle x|\hat{p}\int_{-\infty}^{\infty} dp|p\rangle\langle p|\psi\rangle = \int_{-\infty}^{\infty} dp \langle x|\hat{p}|p\rangle\langle p|\psi\rangle \\
&= \int_{-\infty}^{\infty} dp \langle x|p\rangle\langle p|\psi\rangle \quad (\because \hat{p}|p\rangle = p|p\rangle) \\
&= \int_{-\infty}^{\infty} dp\, p\langle x|p\rangle \psi_p(t) \quad (\because \langle p|\psi\rangle = \psi_p(t)) \\
&= \int_{-\infty}^{\infty} \frac{dp}{2\pi\hbar} p e^{\frac{ipx}{\hbar}} \psi_p(t) \quad \left(\because \langle x|p\rangle = \frac{e^{\frac{ipx}{\hbar}}}{2\pi\hbar}\right) \\
&= \int_{-\infty}^{\infty} \frac{dp}{2\pi\hbar} \left(-i\hbar \frac{\partial}{\partial x} e^{\frac{ipx}{\hbar}}\right) \psi_p(t) = -i\hbar\frac{\partial}{\partial x} \int_{-\infty}^{\infty} \frac{dp}{2\pi\hbar} e^{\frac{ipx}{\hbar}} \psi_p(t) \\
&= -i\hbar\frac{\partial}{\partial x} \psi(x,t)
\end{aligned} \tag{7.58}$$

よって，運動量演算子 $\hat{p}$ は，位置表示の状態関数に対しては，微分演算子 $-i\hbar\partial/\partial x$ で表せることを示している．

Section 7.2
デルタ関数の応用

デルタ関数が，物理的直観を数学的に表現するのにいかになじみやすい概念であるかを，力学の例や信号理論の例によって示そう．

7.2.1 Dirac の δ 関数と Heaviside 関数

まず，δ 関数の定義と性質をまとめ，Heaviside 関数を定義しておく．Heaviside 関数はステップ関数とか階段関数ともよばれる．

1 次元デルタ関数 $\delta(x)$ は，次のように定義される．

$$x \neq 0 \text{ のとき } \delta(x) = 0, \quad \int_{-\infty}^{\infty} dx\, \delta(x) = 1 \tag{7.59}$$

$\delta(x)$ は次の性質をもつ：

$$\delta(-x) = \delta(x) = 0, \quad x'\delta(x'-x) = x\delta(x'-x) \tag{7.60}$$

また，$f(x)$ を $x = a$ で連続な任意の関数とすると，

$$\int_{-\infty}^{\infty} dx\, f(x)\delta(x-a) = f(a) \tag{7.61}$$

$\delta(x)$ は次のように積分表示できる：

$$\delta(x) = \int_{-\infty}^{\infty} \frac{dk}{2\pi} e^{ikx} \tag{7.62}$$

Heaviside 関数 $H(t)$ を δ 関数の積分関数として定義する：

$$H(t) = \int_{-\infty}^{t} \delta(s)\, ds = \begin{cases} 0 & (t < 0) \\ 1 & (t > 0) \end{cases} \tag{7.63}$$

本によっては，$H(0)$ の値を 1 や 1/2 で定義することがあるが，ここでは定義しない．この定義から直ちに，

$$\frac{dH(t)}{dt} = \delta(t) \tag{7.64}$$

が得られる．

　これらの定義や以後導出する様々な公式を数学的に厳密に正当化するには注意が必要となるが，とりあえずそれには目をつぶる．その代わり，デルタ関数や Heaviside 関数を含む関数の微分積分が，通常の微分積分と同じように計算できる．その計算結果が納得できるものであればよいという立場である．

7.2.2　撃力

　物体の運動量を瞬間的に変化させる力を撃力という．

　簡単のため，1 次元の運動で考える．$t < 0$ で運動量 $-mV$ をもつ物体が，$x = 0$ にある壁に $t = 0$ で弾性衝突し，$t > 0$ において運動量 mV を得たとする．物体の速度 $v(t) = \begin{cases} V & (t < 0) \\ -V & (0 < t) \end{cases}$ は，Heaviside 関数 $H(t)$ を用いて，簡潔に

$$v(t) = V\{1 - 2H(t)\} \tag{7.65}$$

と表せる．速度 $v(t)$ の時間変化率が加速度である．Heviside 関数 $H(t)$ の導関数は Dirac の δ 関数 $dH(t)/dt = \delta(t)$ になるので，加速度は，

$$\frac{dv(t)}{dt} = -2V\delta(t) \tag{7.66}$$

となる．力 $F(t)$ は運動量 $mv(t)$ の時間変化率であるから，

$$F(t) = m\frac{dv(t)}{dt} = -2mV\delta(t) \tag{7.67}$$

となる．$-2mV = (-mV) - mV$ は $t = 0$ 前後の運動量変化 ΔP であるから，$t = 0$ 付近の力は，一般に

$$F(t) = \Delta P \delta(t) \tag{7.68}$$

とかける．これが撃力の数学的モデルである．

δ 関数の性質 $t\delta(t) = 0$ と積の微分公式から次の公式が得られる．

$$\frac{d\{tH(t)\}}{dt} = H(t) + t\delta(t) = H(t) \tag{7.69}$$

が得られる．この公式と，任意の負の数 $t < 0$ に対して $tH(t) = 0$ という性質から，Heaviside 関数の積分関数は

$$\int_{-\infty}^{t} H(s)\, ds = tH(t) \tag{7.70}$$

となる．位置 $x(t)$ は速度 $v(t) = V\{1 - 2H(t)\}$ を積分すると，

$$x(t) = \int_0^t v(s)\, ds = V \int_0^t ds - 2V \int_0^t H(s)\, ds = Vt - 2VtH(t) = \begin{cases} Vt & (t < 0) \\ -Vt & (t > 0) \end{cases} \tag{7.71}$$

と求められる．

7.2.3 点粒子の電荷密度と電流密度

δ 関数を使うと，大きさのない点粒子の質量密度や電荷密度を表すことができる．3 次元空間におけるデルタ関数は，x, y, z の各 1 次元のデルタ関数の積

$$\delta(\vec{r}) = \delta(x)\delta(y)\delta(z) \tag{7.72}$$

とする．1 次元の場合と同様に，

$$\begin{aligned}
\delta(\vec{r}) &= \delta(x)\delta(y)\delta(z) = 0 \quad (\vec{r} \neq \vec{0}) \\
\int dV\, \delta(\vec{r}) &= \int_{-\infty}^{\infty} dx \int_{-\infty}^{\infty} dy \int_{-\infty}^{\infty} dz\, \delta(x, y, z) \\
&= \int_{-\infty}^{\infty} dx\, \delta(x) \int_{-\infty}^{\infty} dy\, \delta(y) \int_{-\infty}^{\infty} dz\, \delta(z) = 1
\end{aligned} \tag{7.73}$$

となる．3 次元のデルタ関数も通常のスカラー値関数と同様に取り扱う．

7.2 デルタ関数の応用

今，電荷 e の点粒子の位置が $\vec{r}_0(t)$，速度が $\vec{v}_0(t)$ であるとき，これのつくる電荷密度 $\rho(\vec{r},t)$ と電流密度 $\vec{j}(\vec{r},t) = \rho(\vec{r},t)\vec{v}_0(t)$ は，次のように書ける：

$$\rho(\vec{r},t) = e\delta(\vec{r}-\vec{r}_0(t)), \quad \vec{j}(\vec{r},t) = e\delta(\vec{r}-\vec{r}_0(t))\vec{v}_0(t) \tag{7.74}$$

点粒子は大きさを持たないが，有限な電荷 e を持っている．当然，電荷密度 $\rho(\vec{r},t)$ は，点粒子の位置 $\vec{r}_0(t)$ で無限大，その他のところで 0 になると考えられる．電流密度 $\vec{j}(\vec{r},t)$ についても同様の解釈ができる．$\delta(\vec{r})$ はまさにこれらの量を記述するのに適している．一般に，電荷やエネルギーなどが時空に連続的に分布しているとき，その密度と流れ密度 $\rho, \vec{j}$ について，連続の方程式

$$\frac{\partial \rho}{\partial t} + \vec{\nabla} \cdot \vec{j} = 0 \tag{7.75}$$

が成り立つ．ここで，$\vec{\nabla} = (\partial/\partial x, \partial/\partial y, \partial/\partial z)$ は微分演算子で，ナブラとよばれ，$\partial/\partial \vec{r}$ ともかく．連続的に分布しているとはいえない点電荷の電荷密度と電流密度も連続の方程式を満たすだろうか．この点については，デルタ関数を通常の微分可能な関数と同様に見なすことで証明される．

次の3次元ベクトル解析の公式を思い出そう．ベクトル変数 $(x,y,z,t) = (\vec{r},t)$ のスカラ値関数 $\psi(\vec{r},t)$ とベクトル値関数 $\vec{A}(\vec{r},t)$ について，

$$\vec{\nabla} \cdot (\psi\vec{A}) = \vec{\nabla}\psi \cdot \vec{A} + \psi\vec{\nabla} \cdot \vec{A} \tag{7.76}$$

これら $\psi(\vec{r},t), \vec{A}(\vec{r},t)$ はすべて微分可能な関数であることを仮定している．今，$\delta(\vec{r})$ も微分可能であるとして上記公式を用いると，$d\vec{r}_0/dt = \vec{v}_0$ に注意して

$$\begin{aligned}
\frac{\partial \rho}{\partial t} + \vec{\nabla} \cdot \vec{j} &= e\left\{ \frac{\partial \delta(\vec{r}-\vec{r}_0(t))}{\partial t} + \vec{\nabla} \cdot \delta(\vec{r}-\vec{r}_0(t))\vec{v}_0(t) \right\} \\
&= e\left\{ \frac{\partial \delta(\vec{r}-\vec{r}_0(t))}{\partial(\vec{r}-\vec{r}_0(t))} \cdot \frac{\partial(\vec{r}-\vec{r}_0(t))}{\partial t} + \vec{\nabla}\delta(\vec{r}-\vec{r}_0(t)) \cdot \vec{v}_0(t) \right\} \\
&= e\left\{ \vec{\nabla}\delta(\vec{r}-\vec{r}_0(t)) \cdot (-\vec{v}_0(t)) + \vec{\nabla}\delta(\vec{r}-\vec{r}_0(t)) \cdot \vec{v}_0(t) \right\} \\
&= e0 = 0
\end{aligned} \tag{7.77}$$

となる．(証明終)

7.2.4　標本化定理

音などの一般の波動は，時間的に変動する信号であり，いろいろな振動数 ν の波の集まりとして表現できる．すなわち，信号を時刻 t の関数 $f(t)$ で表すと，これは角振動数 $\omega = 2\pi\nu$ の波 $e^{-i\omega t}$ を重み $F(\omega)$ をかけた重ね合わせとして展開できる：

$$f(t) = \int_{-\infty}^{\infty} \frac{d\omega}{2\pi} F(\omega) e^{-i\omega t} \tag{7.78}$$

これを $f(t)$ の Fourier 展開という．あるいは，このすぐ後に述べることから，Fourier 逆変換ともいう．$F(\omega)$ は $f(t)$ の Fouier 変換と呼ばれる：

$$F(\omega) = \int_{-\infty}^{\infty} dt\, f(t) e^{i\omega t} \tag{7.79}$$

次の定理が成り立つ．

信号 $f(t)$ は帯域制限信号とする．すなわち，ある正の実数 T_s があって，Fourier 変換 $F(\omega)$ は，有限区間 $|\omega| \leq \pi/T_s$ においてのみその値をもつとする．

$$F(\omega) = \int_{-\infty}^{\infty} dt\, f(t) e^{i\omega t} = 0 \; (|\omega| > \frac{\pi}{T_s}) \tag{7.80}$$

このとき，信号 $f(t)$ は，信号のとびとびの標本値の集合

$$\{f(nT_s); n = 0, \pm 1, \pm 2, \cdots\} \tag{7.81}$$

により，次の公式によって正確に再現される：

$$f(t) = \sum_{n=-\infty}^{\infty} f(nT_s) \frac{\sin \frac{\pi(t-nT_s)}{T_s}}{\frac{\pi(t-nT_s)}{T_s}} \tag{7.82}$$

これは，通信理論（または情報理論）において有名な標本化定理である．実際の信号は帯域制限であると見なしてよい近似になる．アナログ信号をデジタル信号として録音できるデジタルオーディオ機器の仕様書にはサンプリング周波数という数値が載っている．それはこの定理における $1/T_s$ のことである．$1/T_s$ の値が大きなほどアナログ信号を密に標本化していて，再現性のよい音として記録されることは直観的に理解できる．実際のアナ

7.2 デルタ関数の応用

ログ信号は厳密に帯域制限信号ではないが，T_s を小さくしてより密な標本化を行うほど信号の帯域を打ち切る限界周波数 $1/T_s$ をより大きくするので，この定理が成り立ちやすくなる．

この定理の証明は Fourier 級数と Fourier 変換を用いて行われ，デルタ関数を表に出さずに議論してあることが多い．しかし，ここではデルタ関数を大いに利用して証明することにしよう．数学的厳密性は犠牲にするが，直観的理解度は向上するはずである．まず，Fourier 級数と Fourier 変換に関する公式を 2 つ示しておく．

周期 T の周期関数 $f(t)$ は，次のように Fourier 級数として表現できる：$\omega = 2\pi/T$ とおくと，

$$f(t) = \sum_{n=-\infty}^{\infty} f_n e^{-in\omega t} \quad \left(f_n = \frac{1}{T} \int_{-T/2}^{T/2} dt f(t) e^{in\omega t} \right) \quad (7.83)$$

次に，関数の畳み込み（convolution）の Fourier 変換に関する公式：

---

2 つの関数 $f(t), g(t)$ の Fourier 変換をそれぞれ $F(\omega), G(\omega)$ とする．$f(t), g(t)$ の「畳み込み（convolution）」を次式で定義する：

$$(f * g)(t) \equiv \int_{-\infty}^{\infty} d\tau f(\tau) g(t - \tau) \quad (7.84)$$

これの Fourier 変換は $F(\omega)G(\omega)$ で与えられる：

$$(f * g)(t) = \int_{-\infty}^{\infty} \frac{d\omega}{2\pi} F(\omega) G(\omega) e^{-i\omega t} \quad (7.85)$$

後半の公式は簡単に証明できるので以下に紹介しておく．

$$\begin{aligned}
(f*g)(t) &= \int_{-\infty}^{\infty} d\tau\, f(\tau)g(t-\tau) \\
&= \int_{-\infty}^{\infty} d\tau \int_{-\infty}^{\infty} \frac{d\omega}{2\pi} e^{-i\omega\tau} F(\omega) \int_{-\infty}^{\infty} \frac{d\omega'}{2\pi} e^{-i\omega'(t-\tau)} G(\omega') \\
&= \int_{-\infty}^{\infty} \frac{d\omega}{2\pi} F(\omega) \int_{-\infty}^{\infty} \frac{d\omega'}{2\pi} G(\omega') e^{-i\omega' t} \int_{-\infty}^{\infty} d\tau\, e^{i(\omega'-\omega)\tau} \\
&= \int_{-\infty}^{\infty} \frac{d\omega}{2\pi} F(\omega) \int_{-\infty}^{\infty} \frac{d\omega'}{2\pi} G(\omega') e^{-i\omega' t} 2\pi\delta(\omega'-\omega) \\
&= \int_{-\infty}^{\infty} \frac{d\omega}{2\pi} F(\omega) G(\omega) e^{-i\omega t}
\end{aligned} \tag{7.86}$$

ここで，$\int_{-\infty}^{\infty} d\tau\, e^{i(\omega'-\omega)\tau} = 2\pi\delta(\omega'-\omega)$ を用いた．（証明終）

標本化定理を証明しよう．

まず，$\omega_s = 2\pi/T_s$ とおく．このとき，関数 $W_s(\omega)$ と周期 ω_s の周期関数 $F_s(\omega)$ を次のように定義する：

$$W_s(\omega) = \begin{cases} 1 & (|\omega| \leqq \omega_s/2) \\ 0 & (|\omega| > \omega_s/2) \end{cases} \tag{7.87}$$

$$F_s(\omega) = \sum_{n=-\infty}^{\infty} F(\omega - n\omega_s) \tag{7.88}$$

この 2 つの関数を用いて帯域制限信号 $f(t)$ の Fourier 変換 $F(\omega)$ は，

$$F(\omega) = F_s(\omega) W_s(\omega) \tag{7.89}$$

と表すことができる．$F_s(\omega)$ の Fourier 逆変換 $f_s(t)$ は，

$$\begin{aligned}
f_s(t) &= \int_{-\infty}^{\infty} \frac{d\omega}{2\pi} F_s(\omega) e^{-i\omega t} = \int_{-\infty}^{\infty} \frac{d\omega}{2\pi} \sum_{n=-\infty}^{\infty} F(\omega - n\omega_s) e^{-i\omega t} \\
&= \sum_{n=-\infty}^{\infty} \int_{-\infty}^{\infty} \frac{d\omega}{2\pi} F(\omega - n\omega_s) e^{-i\omega t} \\
&= \sum_{n=-\infty}^{\infty} \int_{-\infty}^{\infty} \frac{d(\omega - n\omega_s)}{2\pi} F(\omega - n\omega_s) e^{-i(\omega - n\omega_s)t} e^{-in\omega_s t} \\
&= \sum_{n=-\infty}^{\infty} f(t) e^{-in\omega_s t} = f(t) \sum_{n=-\infty}^{\infty} e^{-in\omega_s t}
\end{aligned} \tag{7.90}$$

となる．ここに現れた無限級数 $\sum_{n=-\infty}^{\infty} e^{-in\omega_s t}$ は収束しないが，その係数 1 は，等間隔 $T_s = 2\pi/\omega_s$ で強さ T_s のピークをもつデルタ関数を並べた周期関数 $T_s \sum_{n=-\infty}^{\infty} \delta(t - nT_s)$ の Fourier 級数の展開係数になっている．なぜなら，

$$\frac{1}{T_s} \int_{-T_s/2}^{T_s/2} dt T_s \sum_{n=-\infty}^{\infty} \delta(t - nT_s) = \int_{-T_s/2}^{T_s/2} dt \delta(t) = 1 \quad (7.91)$$

となるからである．よって，

$$f_s(t) = f(t) T_s \sum_{n=-\infty}^{\infty} \delta(t-nT_s) = T_s \sum_{n=-\infty}^{\infty} f(t) \delta(t-nT_s) = T_s \sum_{n=-\infty}^{\infty} f(nT_s) \delta(t-nT_s) \quad (7.92)$$

ここでデルタ関数の性質 $f(t)\delta(t - nT_s) = f(nT_s)\delta(t - nT_s)$ を使った．つまり，$f_s(t)$ は，時間間隔 T_s 毎に強さ $T_s f(nT_s)$ をもつデルタ関数を並べたものである．直観的には信号 $f(t)$ を時間間隔 T_s 毎の標本で作られたインパルス波形であるといえる．

次に，$W_s(\omega)$ の Fourier 逆変換 $w_s(t)$ は，

$$\begin{aligned} w_s(t) &= \int_{-\infty}^{\infty} \frac{d\omega}{2\pi} W_s(\omega) e^{-i\omega t} = \int_{-\omega_s/2}^{\omega_s/2} \frac{d\omega}{2\pi} e^{-i\omega t} = \frac{1}{2\pi} \frac{e^{-i\omega t}}{-it} \Big|_{-\omega_s/2}^{\omega_s/2} \\ &= \frac{1}{2\pi} \frac{e^{-i\omega_s t/2} - e^{i\omega_s t/2}}{-it} = \frac{-2i \sin \omega_s t/2}{-2i\pi t} = \frac{\sin \pi t/T_s}{\pi t} \end{aligned} \quad (7.93)$$

したがって，畳み込みの公式より，

$$\begin{aligned} f(t) &= \int_{-\infty}^{\infty} d\tau f_s(\tau) w_s(t - \tau) = \int_{-\infty}^{\infty} d\tau \sum_{n=-\infty}^{\infty} T_s f(nT_s) \delta(\tau - nT_s) w_s(t - \tau) \\ &= \sum_{n=-\infty}^{\infty} T_s f(nT_s) \int_{-\infty}^{\infty} d\tau \delta(\tau - nT_s) w_s(t - \tau) = \sum_{n=-\infty}^{\infty} T_s f(nT_s) w_s(t - nT_s) \\ &= \sum_{n=-\infty}^{\infty} T_s f(nT_s) \frac{\sin \pi (t - nT_s)/T_s}{\pi (t - nT_s)} = \sum_{n=-\infty}^{\infty} f(nT_s) \frac{\sin \frac{\pi(t-nT_s)}{T_s}}{\frac{\pi(t-nT_s)}{T_s}} \end{aligned}$$
$$(7.94)$$

第8章

Markov 連鎖

Section 8.1
Markov 連鎖

いくつかの状態 $S_1, S_2, \cdots$ があって，任意の整数時刻 $n \geq 0$ でこれらのどれか一つの状態が実現するものとする．時刻 $n \geq 0$ に状態 S_i にあるという事象を $S_i^{(n)}$，全事象を Ω とかくと，

$$S_1^{(n)} \cup S_2^{(n)} \cup S_3^{(n)} \cup \cdots = \Omega \tag{8.1}$$

$$S_i^{(n)} \cap S_j^{(n)} = \emptyset \ (i \neq j) \tag{8.2}$$

時刻 $n \geq 1$ の直前に至るまでの状態遷移が $S_{i_0}, S_{i_1}, \cdots, S_{i_{n-1}}$ であるとき，時刻 n に状態 S_{i_n} が実現する条件付確率

$$P(S_{i_n}^{(n)} | S_{i_0}^{(0)} \cap S_{i_1}^{(1)} \cdots \cap S_{i_{n-1}}^{(n-1)}) \tag{8.3}$$

を考える．この条件付確率が任意の $i_0, i_1, \cdots, i_{n-1}, i_n$ に対して

$$P(S_{i_n}^{(n)} | S_{i_{n-1}}^{(n-1)}) \tag{8.4}$$

に等しいとき，つまり，ある状態の実現確率はその直前の状態だけに依存し，それ以前の状態には依存しないとき，この状態遷移過程を単純 Markov 連鎖という．なお，高校数学では事象 A が起こったとき事象 B の起こる条件付確率を $P_A(B)$ とかくことが多いが，ここでは $P(B|A)$ とかく．

さらに，$P(S_j^{(n)}|S_i^{(n-1)})$ が時刻 $n \geqq 1$ に依存しないとき，この状態遷移過程は定常であるという．

以後，Markov 連鎖というときは，定常な単純 Markov 連鎖のことを意味するものとする．Markov 連鎖を知るということは，任意の時刻 n に任意の状態 S_i が実現する確率 $P(S_i^{(n)}) = p_i(n)$ を知ることである．

Markov 連鎖における条件付確率 $P(S_j^{(n)}|S_i^{(n-1)}) = p_{ij}$ (n に依らない定数) は，状態 S_i から 1 単位時間後に状態 S_j へ移る確率，遷移確率と考えることができる．それを S_i から S_j への向きの連結線に対応させる．$S_1^{(n)}, S_2^{(n)}, \cdots$ は排反で，$S_1^{(n)} \cup S_2^{(n)} \cup \cdots = \Omega$ であるから，全確率の公式

$$\sum_j p_{ij} = 1 \ (0 \leqq p_{ij} \leqq 1) \tag{8.5}$$

が成り立つ．また，$S_j^{(n)} \cap S_1^{(n-1)}, S_j^{(n)} \cap S_2^{(n-1)}, \cdots$ は排反で，$S_j^{(n)} = (S_j^{(n)} \cap$

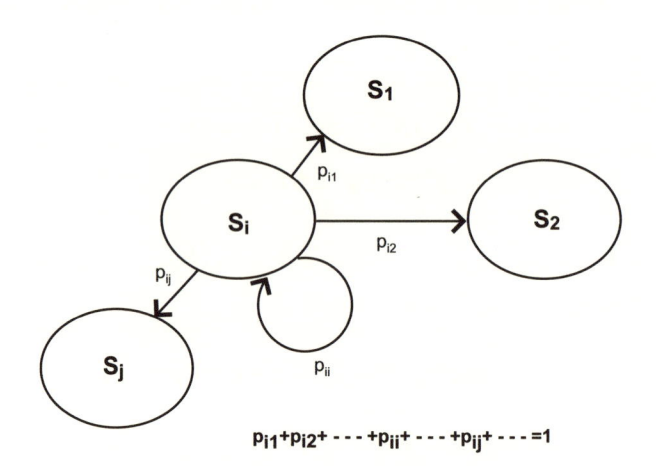

図 8.1 状態遷移図

$S_1^{(n-1)}) \cup (S_j^{(n)} \cap S_2^{(n-1)}) \cup \cdots = \bigcup_i (S_j^{(n)} \cap S_i^{(n-1)})$ であるから，排反事象の加法定理より

$$P(S_j^{(n)}) = P\left\{\bigcup_i (S_j^{(n)} \cap S_i^{(n-1)})\right\} = \sum_i P(S_j^{(n)} \cap S_i^{(n-1)}) \tag{8.6}$$

また，積事象の乗法定理より

$$P(S_j^{(n)} \cap S_i^{(n-1)}) = P(S_i^{(n-1)})P(S_j^{(n)}|S_i^{(n-1)}) \tag{8.7}$$

ゆえに

$$P(S_j^{(n)}) = \sum_i P(S_j^{(n)}|S_i^{(n-1)})P(S_i^{(n-1)}) \tag{8.8}$$

$p_j(n) = P(S_j^{(n)}), P(S_j^{(n)}|S_i^{(n-1)}) = p_{ij}$ であるから，

$$p_j(n) = \sum_i p_i(n-1)p_{ij} \ (n \geqq 1) \tag{8.9}$$

とかける．これは，$p_1(n), p_2(n), \cdots$ に対する連立の漸化式である．

Section 8.2
大学入試問題から

> 2つの空の袋があり，赤球，白球，黒球がそれぞれ十分たくさん用意されている．一方の袋に赤球1個と黒球2個を，他方の袋に赤球，白球，黒球をそれぞれ一つずつ入れる．この状態から始め，それぞれの袋に球が入っている限り次の操作を繰り返す．
> 　それぞれの袋から同時に球を一個ずつ取り出す．
> - 取り出された2個の球が同じ色である場合は，それらを袋に戻さない
> - 取り出された2個の球のうち1個だけが黒球である場合は，取り出された黒球でない球を袋の外に用意されている黒球と取り替えて，それぞれの袋に黒球を一個ずつ戻す．
> - 上記2つの場合以外は取り出された2個の球をそれぞれが入っていた袋に戻す．
>
> 　今，一方の袋に入っているのは赤球1個だけであり，かつ，他方の袋に入っているのは白球1個だけである状態を A とする．n 回目の操作の後，初めて状態 A がおこる確率 r_n を求めよ．
> 　　　　　　　　　　　　　　慶應義塾大学医学部（2004）から

このような大学入試の定番「確率と漸化式の融合問題」は，そのほとんどが Markov 連鎖である．

2つの袋にどの色の球が何個入っているかで，n 回目の操作後の状態 $S_i^{(n)}$ を定義することができる．$S_i^{(n)}$ は，直前の $S_i^{(n-1)}$ に依存し，それより以前にどの状態にあったかには依らない（単純）．よって，遷移確率 $P(S_j^{(n)}|S_i^{(n-1)})$ が定義でき，さらにこの値は n に依存しない定数 p_{ij} である（定常）．

$S_i^{(n)}$ のとりうる状態のうちの4つの状態を $S_1 : BBR/BRW$, $S_2 : BR/RW$, $S_3 : BBR/BBW$, $S_4 : BR/BW$ と表す．また状態 A を S_5 とかく．例えば，S_3 は一方の袋に黒球 2 個 (BB)，赤球 1 個 (R)，他方の袋に黒球 2 個 (BB)，白球 1 個 (W) ある状態を表す．初期状態から状態 A に到達するまでに通過する状態たちと，それらを連結する連結線たち，すなわち状態遷移図は次のようになる：ただし，通過しない状態やこれらに関する連結線たちは破線で

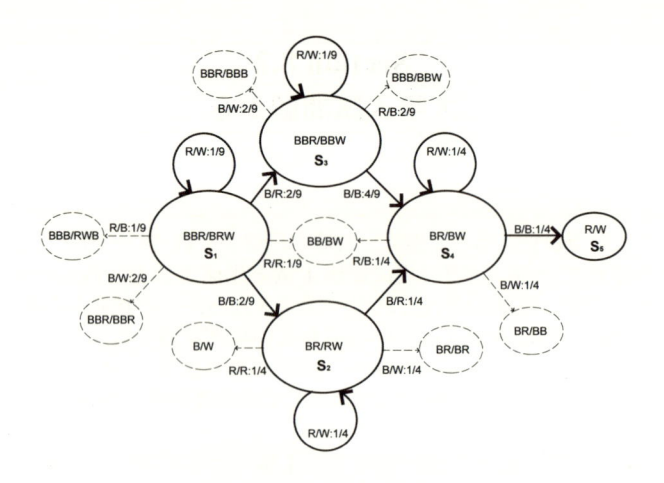

図 8.2 状態遷移図

描いている．また，これらの状態以外にも状態は存在するが，それは省略した．ここでは Markov 連鎖を完全に知る必要はないので，関連する状態確率のみ計算する．

8.2.1　解答 1

n 回目の操作後，状態 S_i にある確率を $p_i(n)$ とかく．まず，初期状態は S_1 であるから，

$$p_i(0) = \delta_{i1} = \begin{cases} 1 & (i = 1) \\ 0 & (i \neq 1) \end{cases} \tag{8.10}$$

ここで，δ_{mn} は Kronecker のデルタである．さらに，状態 S_1 から状態 A に行き着く直前までに実現しうる状態は S_1, S_2, S_3, S_4 で，これらの間の状態遷移確率で 0 でないものは，状態遷移図から，

$$p_{11} = p_{33} = \frac{1}{9},\ p_{22} = p_{24} = p_{44} = \frac{1}{4},\ p_{12} = p_{13} = \frac{2}{9},\ p_{34} = \frac{4}{9} \tag{8.11}$$

であるから．状態の時間発展は次のようになる：

$$\begin{cases} p_1(n+1) = \dfrac{1}{9} p_1(n) \\ p_2(n+1) = \dfrac{2}{9} p_1(n) + \dfrac{1}{4} p_2(n) \\ p_3(n+1) = \dfrac{2}{9} p_1(n) + \dfrac{1}{9} p_3(n) \\ p_4(n+1) = \dfrac{1}{4} p_2(n) + \dfrac{4}{9} p_3(n) + \dfrac{1}{4} p_4(n) \end{cases} \tag{8.12}$$

求める確率は

$$r_n = p_4(n-1) p_{45} = \frac{1}{4} p_4(n-1)\ (n = 1, 2, 3, \cdots) \tag{8.13}$$

である．

まず，$p_1(0) = 1, p_1(n+1) = \dfrac{1}{9} p_1(n)$ より，

$$p_1(n) = \frac{1}{9^n} \tag{8.14}$$

$p_2(0) = 0, p_2(n+1) = \dfrac{2}{9} p_1(n) + \dfrac{1}{4} p_2(n)$ から，

$$4^{n+1} p_2(n+1) - 4^n p_2(n) = 2 \left(\frac{4}{9}\right)^{n+1},\ \sum_{k=0}^{n-1} \{4^{k+1} p_2(k+1) - 4^k p_2(k)\} = \sum_{k=0}^{n-1} 2 \left(\frac{4}{9}\right)^{k+1}\ (n \geq 1)$$

$$4^n p_2(n) - 4^0 p_2(0) = 2 \left(\frac{4}{9}\right) \frac{1 - (4/9)^n}{1 - 4/9},\ p_2(n) = \frac{8}{5} \left(\frac{1}{4^n} - \frac{1}{9^n}\right)\ (n = 0\ でも成立)$$

$$\tag{8.15}$$

$p_3(0) = 0, p_3(n+1) = \dfrac{2}{9}p_1(n) + \dfrac{1}{9}p_3(n)$ から,

$$9^{n+1}p_3(n+1) - 9^n p_3(n) = 2, \sum_{k=0}^{n-1}\{9^{k+1}p_3(k+1) - 9^k p_3(k)\} = \sum_{k=0}^{n-1} 2 \ (n \geq 1)$$

$$9^n p_3(n) - 9^0 p_3(0) = 2n, \ p_3(n) = \dfrac{2n}{9^n} \ (n = 0 \ \text{でも成立})$$

(8.16)

$p_4(0) = 0, p_4(n+1) = \dfrac{1}{4}p_2(n) + \dfrac{4}{9}p_3(n) + \dfrac{1}{4}p_4(n)$ から,

$$p_4(n+1) - \dfrac{1}{4}p_4(n) = \dfrac{1}{4}\dfrac{8}{5}\left(\dfrac{1}{4^n} - \dfrac{1}{9^n}\right) + \dfrac{4}{9}\dfrac{2n}{9^n} = \dfrac{2}{5}\dfrac{1}{4^n} + \dfrac{2}{5}(20n - 9)\dfrac{1}{9^{n+1}}$$

$$4^{n+1}p_4(n+1) - 4^n p_4(n) = \dfrac{8}{5} + \dfrac{2}{5}(20n - 9)\left(\dfrac{4}{9}\right)^{n+1}$$

$$\sum_{k=0}^{n-1}\{4^{k+1}p_4(k+1) - 4^k p_4(k)\} = \sum_{k=0}^{n-1}\left\{\dfrac{8}{5} + \dfrac{2}{5}(20k - 9)\left(\dfrac{4}{9}\right)^{k+1}\right\} \ (n \geq 1)$$

$$4^n p_4(n) - 4^0 p_4(0) = \dfrac{8n}{5} + \sum_{k=0}^{n-1}\dfrac{2}{5}(20k - 9)\left(\dfrac{4}{9}\right)^{k+1}$$

$$p_4(n) = \dfrac{8n}{5}\dfrac{1}{4^n} + \dfrac{2}{5}\dfrac{1}{4^n}\sum_{k=0}^{n-1}(20k - 9)\left(\dfrac{4}{9}\right)^{k+1}$$

(8.17)

ここで,

$$S = \sum_{k=0}^{n-1}(20k - 9)\left(\dfrac{4}{9}\right)^{k+1} \tag{8.18}$$

とおく. これは, [等差数列] × [等比数列] の和だから, $S - rS$ (r : 公比) を

計算することにより求めることができる.

$$\frac{4}{9}S = \sum_{k=0}^{n-1}(20k-9)\left(\frac{4}{9}\right)^{k+2} = \sum_{k=1}^{n}\{20(k-1)-9\}\left(\frac{4}{9}\right)^{k+1}$$

$$= \sum_{k=0}^{n-1}(20k-29)\left(\frac{4}{9}\right)^{k+1} - (-29)\frac{4}{9} + (20n-29)\left(\frac{4}{9}\right)^{n+1}$$

$$S - \frac{4}{9}S = \sum_{k=0}^{n-1}(20k-9)\left(\frac{4}{9}\right)^{k+1} - \sum_{k=0}^{n-1}(20k-29)\left(\frac{4}{9}\right)^{k+1} + (-29)\frac{4}{9} - (20n-29)\left(\frac{4}{9}\right)^{n+1}$$

$$\frac{5}{9}S = \sum_{k=0}^{n-1}\{(20k-9)-(20k-29)\}\left(\frac{4}{9}\right)^{k+1} + (-29)\frac{4}{9} - (20n-29)\left(\frac{4}{9}\right)^{n+1}$$

$$= \sum_{k=0}^{n-1}20\left(\frac{4}{9}\right)^{k+1} + (-29)\frac{4}{9} - (20n-29)\left(\frac{4}{9}\right)^{n+1}$$

$$= 20\left(\frac{4}{9}\right)\frac{1-(4/9)^n}{1-4/9} + (-29)\frac{4}{9} - (20n-29)\left(\frac{4}{9}\right)^{n+1}$$

$$= 36\left(\frac{4}{9}\right)\left\{1 - \left(\frac{4}{9}\right)^n\right\} + (-29)\frac{4}{9} - (20n-29)\left(\frac{4}{9}\right)^{n+1}$$

$$= 7\left(\frac{4}{9}\right) - (20n+7)\left(\frac{4}{9}\right)^{n+1}$$

$$S = \frac{28}{5} - \frac{4(20n+7)}{5}\left(\frac{4}{9}\right)^n = \frac{4}{5}\left\{7 - (20n+7)\left(\frac{4}{9}\right)^n\right\}$$

(8.19)

ゆえに,

$$p_4(n) = \frac{8n}{5}\frac{1}{4^n} + \frac{2}{5}\frac{1}{4^n}\frac{4}{5}\left\{7 - (20n+7)\left(\frac{4}{9}\right)^n\right\}$$
$$= \frac{8}{25}\left(\frac{5n+7}{4^n} - \frac{20n+7}{9^n}\right) \quad (n=0 \text{ でも成立})$$

(8.20)

よって, $n = 1, 2, \cdots$ のとき,

$$r_n = \frac{1}{4}p_4(n-1) = \frac{2}{25}\left(\frac{5n+2}{4^{n-1}} - \frac{20n-13}{9^{n-1}}\right) \quad (8.21)$$

となる.

なかなかしんどい計算だった.

8.2.2 解答 2

解答 1 では，Markov 連鎖の連立漸化式のうち必要最小限度の数の連立漸化式を解くことにより r_n を求めた．ここでは遷移確率が記された状態遷移図を眺めながら直接 r_n を計算してみよう．

初期状態 S_1 から丁度 n 回の操作後状態 $S_5 = A$ に到達するとしよう．S_1 で k 回の操作を繰り返す間留まった後，S_2 または S_3 へ移り，そこで l 回操作を繰り返す間留まった後 S_4 に移り，そこで m 回操作を繰り返す間留まった後 $S_5 = A$ に移るとする．k, l, m は $k+1+l+1+m+1 = n$, $k+l+m = n-3$ を満たす負でない整数である．したがって，$n \geq 3$ のとき，確率の乗法定理

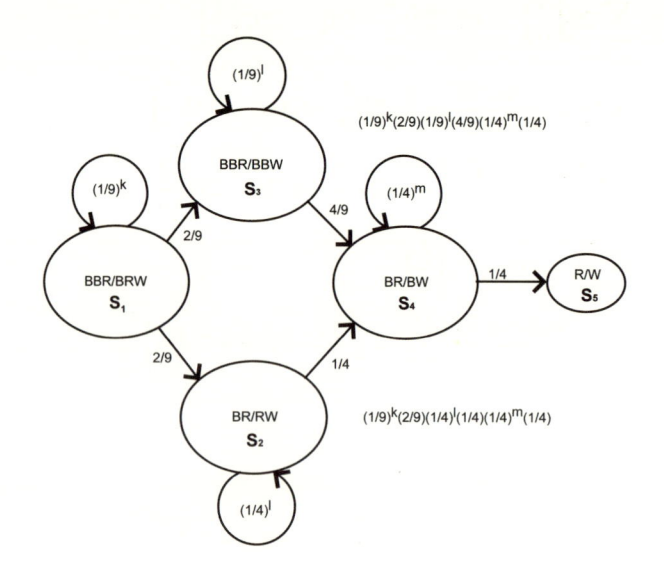

図 8.3 状態遷移図

と加法定理を用いて，

$$r_n = \sum_{k+l+m=n-3} \left(\frac{1}{9}\right)^k \frac{2}{9} \left(\frac{1}{4}\right)^l \frac{1}{4} \left(\frac{1}{4}\right)^m \frac{1}{4} + \sum_{k+l+m=n-3} \left(\frac{1}{9}\right)^k \frac{2}{9} \left(\frac{1}{9}\right)^l \frac{4}{9} \left(\frac{1}{4}\right)^m \frac{1}{4}$$
$$= \frac{1}{72} \sum_{k+l+m=n-3} \left(\frac{1}{9}\right)^k \left(\frac{1}{4}\right)^{l+m} + \frac{2}{81} \sum_{k+l+m=n-3} \left(\frac{1}{9}\right)^{k+l} \left(\frac{1}{4}\right)^m$$
(8.22)

となる.

　計算をする前に，添え字が複数ある数列の和の計算について説明しておこう．例えば，r_n の前半の部分は，0 以上の整数 N と，2 つの変数 x, y の式 $f(x, y)$ を用いて，

$$\sum_{k+l+m=N} f(k, l+m) \tag{8.23}$$

のような形の和になっている．これは，$k + l + m = N$ を満たす 0 以上の整数の組 (k, l, m) すべてについて和をとりなさいという意味である．各 $k = 0, 1, \cdots, N$ について $l + m = N - k$ を満たす (l, m) は $(0, N-k), (1, N-k-1), \cdots, (N-k, 0)$ の $N-k+1$ 個存在するから，

$$\begin{aligned}
&\sum_{k+l+m=N} f(k, l+m) \\
&= \sum_{k=0}^{N} \sum_{l+m=N-k} f(k, l+m) \\
&= \sum_{k=0}^{N} \{f(k, 0+(N-k)) + f(k, 1+(N-k-1)) + \cdots + f(k, (N-k)+0)\} \\
&= \sum_{k=0}^{N} \overbrace{\{f(k, N-k) + f(k, N-k) + \cdots + f(k, N-k)\}}^{N-k+1 \text{ 個}} \\
&= \sum_{k=0}^{N} (N-k+1) f(k, N-k)
\end{aligned}$$
(8.24)

となる．また，この和は k を $N-k$ と置き換えてもよい．

$$\sum_{k+l+m=N} f(k, l+m) = \sum_{k=0}^{N} (k+1) f(N-k, k) \tag{8.25}$$

同様に，

$$\sum_{k+l+m=N} f(k+l, m) = \sum_{m=0}^{N} (m+1) f(m, N-m) \tag{8.26}$$

計算に入ろう．必要なのはやはり忍耐力だけである．

$$\begin{aligned}
r_n &= \frac{1}{72}\sum_{k=0}^{n-3}(k+1)\left(\frac{1}{9}\right)^{n-3-k}\left(\frac{1}{4}\right)^k + \frac{2}{81}\sum_{m=0}^{n-3}(m+1)\left(\frac{1}{9}\right)^m\left(\frac{1}{4}\right)^{n-3-m} \\
&= \frac{1}{72}\left(\frac{1}{9}\right)^{n-3}\sum_{k=0}^{n-3}(k+1)\left(\frac{9}{4}\right)^k + \frac{2}{81}\left(\frac{1}{4}\right)^{n-3}\sum_{m=0}^{n-3}(m+1)\left(\frac{4}{9}\right)^m \\
&= \frac{1}{8\cdot 9^{n-2}}\sum_{k=0}^{n-3}(k+1)\left(\frac{9}{4}\right)^k + \frac{2}{81\cdot 4^{n-3}}\sum_{m=0}^{n-3}(m+1)\left(\frac{4}{9}\right)^m
\end{aligned} \tag{8.27}$$

ここで，

$$F_N(x) = \sum_{k=0}^{N}(k+1)x^k \tag{8.28}$$

とおくと，

$$\begin{aligned}
F_N(x) &= \sum_{k=0}^{N}\frac{dx^{k+1}}{dx} = \frac{d}{dx}\left(\sum_{k=0}^{N}x^{k+1}\right) = \frac{d}{dx}\left\{\frac{x(x^{N+1}-1)}{x-1}\right\} = \frac{d}{dx}\left(\frac{x^{N+2}-x}{x-1}\right) \\
&= \frac{(x^{N+2}-x)'(x-1) - (x^{N+2}-x)(x-1)'}{(x-1)^2} \\
&= \frac{\{(N+2)x^{N+1}-1\}(x-1) - (x^{N+2}-x)}{(x-1)^2} \\
&= \frac{(N+2)x^{N+2} - x - (N+2)x^{N+1} + 1 - x^{N+2} + x}{(x-1)^2} \\
&= \frac{(N+1)x^{N+2} - (N+2)x^{N+1} + 1}{(x-1)^2}
\end{aligned} \tag{8.29}$$

である．したがって，

$$\begin{aligned}
r_n &= \frac{1}{8\cdot 9^{n-2}}\sum_{k=0}^{n-3}(k+1)\left(\frac{9}{4}\right)^k + \frac{2}{81\cdot 4^{n-3}}\sum_{m=0}^{n-3}(m+1)\left(\frac{4}{9}\right)^m \\
&= \frac{1}{8\cdot 9^{n-2}}F_{n-3}\left(\frac{9}{4}\right) + \frac{2}{81\cdot 4^{n-3}}F_{n-3}\left(\frac{4}{9}\right)
\end{aligned} \tag{8.30}$$

ここで，

$$F_{n-3}\left(\frac{9}{4}\right) = \frac{(n-2)\left(\frac{9}{4}\right)^{n-1} - (n-1)\left(\frac{9}{4}\right)^{n-2} + 1}{\left(\frac{9}{4} - 1\right)^2} \quad (8.31)$$

$$= \frac{(n-2)9^{n-1} - 4(n-1)9^{n-2} + 4^{n-1}}{4^{n-1}(\frac{5}{4})^2} = \frac{(5n-14)9^{n-2} + 4^{n-1}}{25 \cdot 4^{n-3}}$$

$$F_{n-3}\left(\frac{4}{9}\right) = \frac{(n-2)\left(\frac{4}{9}\right)^{n-1} - (n-1)\left(\frac{4}{9}\right)^{n-2} + 1}{\left(\frac{4}{9} - 1\right)^2}$$

$$= \frac{(n-2)4^{n-1} - 9(n-1)4^{n-2} + 9^{n-1}}{9^{n-1}(\frac{-5}{9})^2} = \frac{(-5n+1)4^{n-2} + 9^{n-1}}{25 \cdot 9^{n-3}}$$

(8.32)

であるから，

$$\begin{aligned}
r_n &= \frac{1}{8 \cdot 9^{n-2}} \frac{(5n-14)9^{n-2} + 4^{n-1}}{25 \cdot 4^{n-3}} + \frac{2}{81 \cdot 4^{n-3}} \frac{(-5n+1)4^{n-2} + 9^{n-1}}{25 \cdot 9^{n-3}} \\
&= \frac{2}{25}\left\{\frac{(5n-14)9^{n-2} + 4^{n-1}}{9^{n-2} \cdot 4^{n-1}} + \frac{(-5n+1)4^{n-2} + 9^{n-1}}{4^{n-3} \cdot 9^{n-1}}\right\} \\
&= \frac{2}{25}\left\{\frac{(5n-14)9^{n-1} + 9 \cdot 4^{n-1}}{9^{n-1} \cdot 4^{n-1}} + \frac{4(-5n+1)4^{n-1} + 16 \cdot 9^{n-1}}{4^{n-1} \cdot 9^{n-1}}\right\} \\
&= \frac{2}{25}\left\{\frac{(5n-14)9^{n-1} + 9 \cdot 4^{n-1} + 4(-5n+1)4^{n-1} + 16 \cdot 9^{n-1}}{9^{n-1} \cdot 4^{n-1}}\right\} \\
&= \frac{2}{25}\left\{\frac{(5n+2)9^{n-1} + (-20n+13)4^{n-1}}{9^{n-1} \cdot 4^{n-1}}\right\} \\
&= \frac{2}{25}\left(\frac{5n+2}{4^{n-1}} - \frac{20n-13}{9^{n-1}}\right)
\end{aligned}$$

(8.33)

これは $n = 1, 2$ のときも成り立つ．

Section 8.3
確率過程

筆者は，慶大医の問題傾向を特に研究しているわけではないが，たまたま，1997 年の問題が手元にある．それを見ると，第 3 問がやはり Markov

連鎖の問題である．しかも状態遷移図まできちんと示してあり，ある状態からある状態へ平均してどのくらいの時間で到達するかという「平均到達時間」も設問にある．

Markov 連鎖は，確率過程と呼ばれるものの 1 例である．確率過程とは，時間パラメータ $t \in T$ をもつ確率変数の族 $\{X_t\}_{t \in T}$ のことを言う．解説では，事象 $S_i^{(n)}$ を導入したが，これは，時刻 n に実現した状態 S_i の自然数ラベル i をその値としてとる確率変数 X_n が，$X_n = i$ となる事象である．Markov 連鎖は確率数列の列 $X_0, X_1, X_2, \cdots$ のことであるということもできるわけである．しかし，この数列は普通の意味での数列ではない．なぜなら，時刻 n に X_n の値は確定していないからである．確定するのは X_n が値 i をとる確率 $P(X_n = i)$ である．この意味で，確率過程とは，Newton 力学のように，初期条件さえ決まれば決定論的な法則にしたがう完全予測可能な過程とは異なる．確率過程では，実際に実現する過程は，複数の可能な過程から確率的に選ばれるのである．例えば，アボガドロ数程度の多数粒子の集団運動や株価の変動などのように，たくさんの複雑な条件が絡み合うような場合の運動は，すべての情報を決定論的に確実に把握することが事実上不可能であるため，確率統計的な予測しかできない．したがって，このような運動は確率過程として記述することになる．

確率過程は，かの Einstein が先鞭をつけた「Brown 運動」の理論や，確率解析における「伊藤の公式」など日本人が寄与した理論もあり，大いにやりがいのある分野であると思う．物理学，経済学など広範な応用範囲をもつ確率過程の最も基本的で簡単なモデルが単純 Markov 連鎖なのである．

第9章

実数の p 進表記

人間が手計算で使う数の位取り法は 10 進法とよばれ，例えば 2006 は

$$2\times 10^3 + 0\times 10^2 + 0 + 0\times 10^1 + 6\times 10^0 \tag{9.1}$$

の表記である．計算機は 2 進法を使う．これによる 2006 の表記は，

$$1\times 2^{10}+1\times 2^9+1\times 2^8+1\times 2^7+1\times 2^6+0\times 2^5+1\times 2^4+0\times 2^3+1\times 2^2+1\times 2^1+0\times 2^0 \tag{9.2}$$

つまり 11111010110 がこの 2 進表記である．

一般に，p を 2 以上の整数として，実数の p 進法の表記法を考えてみよう．これには，実数 x の Gauss 記号 $[x]$ を用いると，きちんと定式化できる．

Section 9.1
Gauss 記号

次の大学入試問題を考えよう．

> 実数 $p>1$ に対して関数 $\psi(x)$ を
> $$\psi(x) = px - [px]$$
> で定義する．ここに，実数 y に対して $[y]$ は y 以下の最大の整数である．これの k 回合成関数 $\overbrace{\psi(\psi(\psi(\cdots \psi(x)\cdots)))}^{k\,\text{個}}$ を $\psi^k(x)$ とかく．た

> だし $k = 0$ に対しては $\psi^0(x) \equiv x$ とする.
> $$d_n(x) = [p\psi^{n-1}(x)] \quad (n = 1, 2, \cdots) \tag{9.3}$$
> とおくと,
> $$\psi^n(x) = p^n x - \sum_{k=1}^{n} p^{n-k} d_k(x) \quad (n = 1, 2, \cdots) \tag{9.4}$$
> が成り立つことを示せ. さらに
> $$x = \sum_{k=1}^{\infty} \frac{d_k(x)}{p^k} \tag{9.5}$$
> が成り立つことを示せ.
>
> 横浜市立大学医学部・理学部前期 (2001) から

原題では, $0 \leqq x \leqq 1$ という制限があり, 不等式 $0 \leqq d_n(x) \leqq [p]$ の証明も問われている. 任意の実数 x の p 進表記へ議論を展開する予定なので, x は最初から任意の実数に拡張しておき, この不等式は問題にしない.

まず,
$$\psi^n(x) = p^n x - \sum_{k=1}^{n} p^{n-k} d_k(x) \quad (n = 1, 2, \cdots) \tag{9.6}$$
が成り立つことを数学的帰納法で示す. $n = 1$ のとき,
$$\psi(x) = px - d_1(x)$$
は, $\psi(x) = px - [px]$, $d_1(x) = [px]$ であるから, 明らかに成り立つ. n のとき成り立つとして,

$$\begin{aligned}
\psi^{n+1}(x) &= \psi(\psi^n(x)) = p\psi^n(x) - [p\psi^n(x)] = p\psi^n(x) - d_{n+1}(x) \\
&= p\left(p^n x - \sum_{k=1}^{n} p^{n-k} d_k(x)\right) - d_{n+1}(x) \; (\because \text{帰納法の仮定}) \\
&= p^{n+1} x - \sum_{k=1}^{n} p^{n+1-k} d_k(x) - d_{n+1}(x) \\
&= p^{n+1} x - \sum_{k=1}^{n+1} p^{n+1-k} d_k(x)
\end{aligned}$$

となり, $n+1$ のときも成り立つ.

ゆえに，すべての自然数 n に対し，(9.4) が成り立つ．

次に，(9.4) $\psi^n(x) = p^n x - \sum_{k=1}^n p^{n-k} d_k(x)$ の両辺を p^n で割って

$$\frac{\psi^n(x)}{p^n} = x - \sum_{k=1}^n p^{-k} d_k(x) \quad (n = 1, 2, \cdots)$$

ここで，実数 y に対して，$y - [y]$ は y の小数部分を表すから $0 \leqq y - [y] < 1$ がなりたつ．したがって，$\psi(px) = px - [px]$ は px の小数部分を取り出す操作を表す．任意の実数 y に ψ を 1 回以上施せば結果は常に小数となり，$n \geqq 1$ のとき $0 \leqq \psi^n(x) < 1$ が成り立つ．さらに，$p > 1$ より $n \to \infty$ のとき $0 \leqq$ 左辺 $< 1/p^n \to 0$ であるから，

$$x = \sum_{k=1}^\infty \frac{d_k(x)}{p^k} \tag{9.7}$$

となる．

Section 9.2
p 進表記

　読者が指数関数を学んだとき，「指数法則の拡張」がどのようになされたかを思い出そう．正の数 a に対して，a の有理数乗は次のように定義された：有理数 p/q (p, q は整数で $q > 0$) に対して，

$$a^{\frac{p}{q}} \equiv \sqrt[q]{a^p}$$

こう定義することによって，整数の指数法則が有理数でもそのまま成り立つのだった．次に x が無理数であるとき，

$$x \text{ に収束する有理数の列 } \{x_n\} \text{ が存在する} \tag{9.8}$$

ということを利用して，$a^x \equiv \lim_{n \to \infty} a^{x_n}$ とするのだった．こうすると，x が無理数の場合も含めて，実数 x に対して指数法則が成り立つことを天下り的に教えられたと思う．

ここで問題にするのは (9.8) である．例えば，$x = \pi$ のときは，

$$x_0 = 3, \ x_1 = 3.1, \ x_2 = 3.14, \ x_3 = 3.141, \cdots$$

とする．この場合の x_n は，10 進表記された x を小数第 n 位で切り捨てたものである．このような数列が収束することはなんとなく想像できるけれども，厳密に証明したことがあるだろうか．高校や大学の数学教科書をみても，このような「周辺的雑事」に触れてあることはあまりない．この入試問題を注意深く検討すると，特別な場合としてこのことを厳密に証明していることが分かる．出題者は，教科書に省略されるようなことを，入試問題という場を借りて述べているのだろうか．

以下，p は 2 以上の整数とする．

まず，実数の p 進表記法から説明しよう．実数 x の p 進表記とは，級数展開

$$x = \pm \sum_{k=-\infty}^{n} a_k p^k \ (a_k = 0, 1, \cdots, p-1)$$

のことである．先頭につけた $\pm$ は x の符号，n は 0 以上の整数である．p^k の係数 a_k が p の剰余になっているのが特徴である．x と位の数列 $\{a_k\}$ を 1 対 1 に対応付ける方法が存在すれば，x の表記法として，

$$x = \pm a_n a_{n-1} \cdots a_1 a_0 . a_{-1} a_{-2} \cdots_{(p)}$$

とする．x と $a_n, a_{n-1}, \cdots, a_0, a_{-1}, a_{-2}, \cdots$ を 1 対 1 に対応づける方法はどのようなものであろうか．まず，x を整数部分 $[x]$ と小数部分 $x - [x]$ に一意的に分解する：

$$x = [x] + (x - [x]) \tag{9.9}$$

整数部分 $[x]$ と小数部分 $x - [x]$ に分けて考えていこう．

9.2.1 整数 $[x]$ の p 進表記

$[x] = \pm m \ (m \geq 0)$ とおく．0 以上の整数 m を p で割ったときの商と余りをそれぞれ m_1, r_1 とすると，$m = m_1 p + r_1, r_1 \in \{0, \cdots, p-1\}$．商について

$m_1 \geqq p$ ならばこれを p で割ったときの商と余りをそれぞれ m_2, r_2 とすると，$m = m_2 p + r_2, r_2 \in \{0, \cdots, p-1\}$．こうして商を次々に p で割っていき，N 回目に初めて商 m_N が p より小さくなったとする：

$$m = m_1 p + r_1$$
$$= (m_2 p + r_2)p + r_1 = m_2 p^2 + r_2 p + r_1$$
$$= (m_3 p + r_3)p^2 + r_2 p + r_1 = m_3 p^3 + r_3 p^2 + r_2 p + r_1$$
$$\cdots$$
$$= m_N p^N + r_N p^{N-1} + r_{N-1} p^{N-2} + \cdots + r_2 p + r_1$$

自然数 N と，最後の商 m_N と余りの数列 $\{r_k\}_{k=1}^N$ は $[x]$ から一意的に決まる．$m_N, r_1, \cdots, r_N$ はいずれも $0, 1, \cdots, p-1$ のいずれかである．こうして，整数 $[x]$ の p 進表記

$$[x] = \pm m_N r_N r_{N-1} \cdots r_{1(p)}$$

が得られる．

9.2.2 実数 x の p 進表記

x の小数部分も含めて p 進表記することを考える．

$$x = \sum_{n=1}^{\infty} \frac{d_n(x)}{p^n} = d_1(x) + \sum_{n=2}^{\infty} \frac{d_n(x)}{p^n}$$

において，$n \geqq 2$ のとき，$0 \leqq \psi^{n-1}(x) < 1$ より，$0 \leqq p\psi^{n-1}(x) < p$ である．一般に，実数 x, y に対して $x < y \Rightarrow [x] \leqq [y]$ であるから，$0 \leqq [p\psi^{n-1}(x)] \leqq [p] = p$．ここで，$[p\psi^{n-1}(x)] = p$ と仮定すると $p\psi^{n-1}(x) \geqq p$, $\psi^{n-1}(x) \geqq 1$ となってしまうから，$[p\psi^{n-1}(x)] \neq p$．ゆえに，$0 \leqq [p\psi^{n-1}(x)] < p$ である．よって，数列 $\{d_n(x)\}$ の値について，

$$d_1(x) = [px], \, d_n(x) \in \{0, 1, \cdots, p-1\} \, (n \geqq 2)$$

となり，初項以外は p の剰余 $0, 1, \cdots, p-1$ のいずれかに限られるが，初項は任意の整数値をとり得る．この不自然さを取り除くために，$[px] - p[x]$

を改めて $d_1(x)$ と定義しなおすと, $d_1(x) = [px] - p[x] = [p(x - [x])], 0 \leq p(x - [x]) < p$ であるから $d_1(x) \in \{0, 1, \cdots, p-1\}$ となって, すべての $d_n(x) (n \geq 1)$ が p の剰余 $0, 1, \cdots, p-1$ のいずれかに限られる。その代わり $[px]$ は $p[x] + d_1(x)$ で置き換えられ, 級数展開は次のように変更される：

$$x = \frac{[px]}{p} + \sum_{n=2}^{\infty} \frac{d_n(x)}{p^n} = \frac{p[x] + d_1(x)}{p} + \sum_{n=2}^{\infty} \frac{d_n(x)}{p^n} = [x] + \sum_{n=1}^{\infty} \frac{d_n(x)}{p^n} \quad (9.10)$$

右辺の無限級数の部分を x の小数部分の p 進表記 $0.d_1d_2\cdots$ とするのである。第 1 項の整数 $[x]$ の p 進表記とあわせて実数 x の p 進表記が得られる。$x \geq 0$ のとき, $[x] = m$ であるから, 実数 x の p 進表記は

$$m_N r_N r_{N-1} \cdots r_1 . d_1 d_2 \cdots_{(p)}$$

となる。すべての位 $m_N, r_N, r_{N-1}, \cdots, r_1$ と $d_1, d_2, \cdots$ は p の剰余 $0, 1, \cdots, p-1$ のいずれかに限られ, x から一意的に決まる。ただし, $x < 0$ のときは整数部分のみに符号が付く不自然な表記になってしまうので, このときは $|x|$ をこの方法で表記して全体に負号 $-$ を付けるのが普通である。

9.2.3 Gauss 記号の美しさ

(9.10) は無限級数の形に表されているが, この第 N 部分和 x_N を計算することを考えよう。

まず, $d_n(x) = [p\psi^{n-1}(x)] (n \geq 2)$ を関数記号 ψ を用いない形で表すことを考える。$\psi(x) = px - [px]$ について, $\psi^2(x) = \psi(\psi(x)) = \psi(px - [px])$. $\psi(x)$ は周期 $1/p$ の周期関数であるから 1 も周期, したがって任意の整数も周期で $\psi(px - [px]) = \psi(px)$. ゆえに,

$$\psi^2(x) = \psi(px) \quad \therefore \psi^k(x) = \psi(p^{k-1}x) \, (k = 2, 3, \cdots) \quad (9.11)$$

が成り立つ。よって, $n \geq 2$ のとき,

$$d_n(x) = [p\psi^{n-1}(x)] = [p(p^{n-1}x - [p^{n-1}x])] = [p^n x - p[p^{n-1}x]] = [p^n x] - p[p^{n-1}x] \quad (9.12)$$

9.2 p 進表記

とかける．これは再定義された $d_1(x) = [px] - p[x]$ を採用すれば $n = 1$ のときも成り立つから，(9.10) により，任意の実数 x について，

$$x = [x] + \sum_{n=1}^{\infty} \left(\frac{[p^n x]}{p^n} - \frac{[p^{n-1} x]}{p^{n-1}} \right)$$

が成り立つ．級数部分は階差の形をしているので，第 N 部分和 x_N は次のように計算される：

$$\begin{aligned} x_N &= [x] + \sum_{n=1}^{N} \left(\frac{[p^n x]}{p^n} - \frac{[p^{n-1} x]}{p^{n-1}} \right) \\ &= [x] + \left(\frac{[px]}{p} - [x] \right) + \left(\frac{[p^2 x]}{p^2} - \frac{[px]}{p} \right) + \cdots + \left(\frac{[p^N x]}{p^N} - \frac{[p^{N-1} x]}{p^{N-1}} \right) \\ x_N &= \frac{[p^N x]}{p^N} \end{aligned}$$

となる．Gauss 記号だけでかかれた，非常に簡潔な式である．

結局，(9.10) は

$$x = \lim_{N \to \infty} \frac{[p^N x]}{p^N} \tag{9.13}$$

となる．右辺は有理数列の極限値であり，これは任意の実数に収束する有理数列の存在を示す美しい等式である．そして，有理数 $[p^N x]/p^N$ は，$x \geq 0$ のとき，x の p 進表記の小数第 N 位までをとった有理数になっている．

Gauss 記号は大変便利な記号であると同時に，数式を美しい形に表現する記号である．

最後に実数 x の p 進表記は一意的ではないことについて触れておこう．この入試問題の方法で得られる p 進表記では，例えば $x = 1/2$ の 2 進表記が $0.011\cdots$ になることはなく，必ず 0.1 となる．一般に，p 進表記で小数第 N 位以降がすべて $p - 1$ であるようなものは，それらをすべて 0 にして小数第 $N - 1$ 位を 1 増やしてもよい．なぜなら，無限等比級数の公式

$$\frac{p-1}{p^N} + \frac{p-1}{p^{N+1}} + \frac{p-1}{p^{N+2}} + \cdots = \frac{1}{p^{N-1}}$$

が成り立つからである．このような実数は有理数であり，実数全体からすると圧倒的に少数派である．したがって，実数とその p 進表記は「ほとんど」1 対 1 であると言える．

第10章

離散力学系

Section 10.1
離散力学系

$f(x)$ を実数 x の実数値関数として，次の形の漸化式を考える．

$$x_{k+1} = f(x_k) \, (k = 0, 1, \cdots) \tag{10.1}$$

一般項は，$f(x)$ の k 回合成関数 $f^k(x)$ をもちいて $x_k = f^k(x_0)$ とかける．ただし，$f^0(x) = x$ とする．漸化式 $x_{k+1} = f(x_k)$ における k を離散的な時間とみなして，これを力学系と考えることができる．微分方程式のような連続的な時間の発展方程式の表す力学系と区別するときは，離散力学系ともいう．また，数列 $\{x_k\}$ を力学系の軌道という．

興味があるのは，力学系の軌道の長時間後の振る舞い（$k \to \infty$ のときの x_k の極限）である．$f(x)$ が与えらたとき，初期値 x_0 さえ決まればその後の軌道 $\{x_k\}$ は一意的に決まってしまう．したがって，どのような初期値からどのような軌道が得られるかが問題になる．

数列の収束・発散については，通常

$$\begin{cases} \text{収束する} \\ \text{発散する} \begin{cases} \text{正の無限大 } (+\infty) \text{ に発散する} \\ \text{負の無限大 } (-\infty) \text{ に発散する} \\ \text{振動する} \end{cases} \end{cases}$$

という分類がなされる．そして，「振動する」を「極限はない」という．力学系の軌道としての数列で，いくつかの異なる点が同じパターンで繰り返し現れる場合は「振動する」ことになり，上記の分類では「極限はない」．しかし，このような周期的振る舞いをする軌道やそれに漸近的に近づくような軌道は，その振る舞いが有限個の点を規則正しく移り変わるという意味において完全に予知できる最も単純な振る舞いをする軌道であるということもできる．さらに，「収束する」とは同じ点が続くだけというこれも周期的振る舞いをする軌道といえる．また，周期的振る舞いに限りなく近づく軌道も，極限においては完全に予知できる軌道といえる．したがって，力学系の軌道としての数列については，「周期的振る舞いをする数列に漸近的に近づく」か「そうでない」という分類をすることにしよう：

$$\{x_k\} \text{ の極限は} \begin{cases} \text{漸近的に周期軌道に近づく} \\ \text{その他の軌道} \end{cases} \tag{10.2}$$

一般に，力学系 $x_{k+1} = f(x_k)$ について，ある自然数 N が存在して $f^N(p) = p$ が成り立つとき，軌道は繰り返しパターンの長さが N または N の約数であるような軌道になるので，点 p を周期点という．$N = 1$ のとき，

$$f(p) = p$$

を満たす p を不動点または 1 周期点といい，N を 2 以上の自然数とするとき，

$$f^k(p) \neq p \ (k = 1, \cdots, N-1), \ f^N(p) = p$$

が成り立つとき，p を N 周期点という．周期点 p に対し，ある非負整数 M が存在して，$x_M = p$ となるような軌道を N 周期軌道といい，N をその軌道の周期という．1 周期軌道，2 周期軌道，$\cdots$ をまとめて周期軌道という．

Section 10.2
連続関数の場合

> 次の連続関数 $\varphi(x)$ ($x \in [0, 1]$) のつくる力学系 $x_{k+1} = \varphi(x_k)$ ($k = 0, 1, \cdots$) がある．
>
> $$\varphi(x) = 1 - |2x - 1| \; (x \in [0, 1]) \tag{10.3}$$
>
> N を自然数とするとき，N 周期点を求めよ．また，N 周期軌道に漸近的に近づくような軌道を与える初期値はどのような実数か．
>
> 東京大学後期 (2002) から

$\varphi(x)$ ($x \in [0, 1]$) のグラフはテントの形をしているので，φ をテント写像と呼ぶ．原題では，不動点（1周期点）と，軌道が収束するような初期値がどのような実数かを求めさせている．「収束する」とは不動点のみからなる軌道（1周期軌道）に漸近的に近づくことである．「1周期」というところを「N 周期」と一般化したのである．

まず，関数 $\varphi(x)$ の定義域を実数全体に拡大して，$\varphi(x) = 1 - |2(x - [x]) - 1|$ とする．この関数の性質をまとめておく．

周期性 $x - [x]$ は x の小数部分を表すので，周期 1 の周期関数である．よって $\varphi(x) = 1 - |2(x - [x]) - 1|$ も周期 1 の周期関数であって，任意の整数 k に対して，$\varphi(x + k) = \varphi(x)$ が成り立つ．1 周期分の表式，たとえば $[0, 1]$ における表式は

$$\varphi(x) = \begin{cases} 2x & (0 \leqq x \leqq \frac{1}{2}) \\ 2(1 - x) & (\frac{1}{2} \leqq x \leqq 1) \end{cases} \tag{10.4}$$

となる．グラフは底辺と高さがともに 1 の 2 等辺三角形が無限に繰り返される．

対称性 グラフは直線 $x = 0$ に関して対称であるので $\varphi(x)$ は偶関数である：$\varphi(-x) = \varphi(x) = \varphi(|x|)$. 周期性と偶関数であることを使うと，$\varphi(1-x) = \varphi(x)$ も成り立つ．これは，グラフが直線 $x = \frac{1}{2}$ に関しても対称であることを示す．

値域

$$\varphi(x) = 1 - |2(x-[x])-1| = \begin{cases} 2(x-[x]) & (0 \leq x - [x] \leq \frac{1}{2}) \\ 2\{1-(x-[x])\} & (\frac{1}{2} \leq x - [x] < 1) \end{cases} \quad (10.5)$$

であるから，

$$\varphi((-\infty, \infty)) = [0, 1], \varphi([0, 1)) = [0, 1] \quad (10.6)$$

である．これは，力学系の軌道で無限遠に飛び去るものはないことを示している．このように，軌道がこのような区間から出ることがないような力学系を区間力学系という．

合成関数 $\varphi^2(x) = \varphi(\varphi(x)) = \varphi(1 - |2x - 2[x] - 1|) = \varphi(|2x - 2[x] - 1|) = \varphi(2x - 2[x] - 1) = \varphi(2x)$. これを繰り返しもちいて，$k$ を自然数とするとき，

$$\varphi^k(x) = \varphi(2^{k-1}x) \quad (10.7)$$

この式は，$x \in [0, 1)$ ならば $k = 0$ のときも成り立つ．$\varphi(2^{k-1}x)$ のグラフは周期 $\frac{1}{2^{k-1}}$ の周期関数でやはり偶関数である．グラフは底辺 $\frac{1}{2^{k-1}}$, 高さ 1 の 2 等辺三角形が無限に繰り返される．

10.2.1　N 周期点を求める

N 周期点は，方程式

$$\varphi^N(x) = x \quad (10.8)$$

の解に含まれるから，まずこの方程式の解すべてを求める．$y = \varphi^N(x) = \varphi(2^{N-1}x)$ のグラフは，底辺が区間 $[\frac{j}{2^{N-1}}, \frac{j+1}{2^{N-1}}]$, 高さ 1 の 2 等辺三角形をす

べての整数 j について合わせたものである．これと直線 $y = x$ の 2^N 個の共有点の x 座標が，方程式 $\varphi^N(x) = x$ の解である．それらは次のようにして求めることができる．

すべての解は区間 $[0, 1)$ に存在し，$[0, 1) = \bigcup_{j=0}^{2^{N-1}-1}[\frac{j}{2^{N-1}}, \frac{j+1}{2^{N-1}})$ と分割すると，区間 $[\frac{j}{2^{N-1}}, \frac{j+1}{2^{N-1}})$ において解は2つ存在し，それぞれ区間 $[\frac{j}{2^{N-1}}, \frac{2j+1}{2^N})$, $[\frac{2j+1}{2^N}, \frac{j+1}{2^{N-1}})$ に存在する．この区間における関数 $\varphi^N(x) = \varphi(2^{N-1}x) = 1 - |2(2^{N-1}x - [2^{N-1}x]) - 1|$ の表式は，$x \in [\frac{j}{2^{N-1}}, \frac{j+1}{2^{N-1}})$ より，$j \leqq 2^{N-1}x < j+1, [2^{N-1}x] = j$ であるから，

$$\varphi^N(x) = 1 - |2^N x - 2j - 1| = \begin{cases} 2^N x - 2j & (x \in [\frac{j}{2^{N-1}}, \frac{2j+1}{2^N})) \\ -2^N x + 2j + 2 & (x \in [\frac{2j+1}{2^N}, \frac{j+1}{2^{N-1}})) \end{cases} \quad (10.9)$$

となる．方程式 $\varphi^N(x) = x$ は，$x \in [\frac{j}{2^{N-1}}, \frac{2j+1}{2^N})$ のとき，

$$2^N x - 2j = x \quad \therefore x = \frac{2j}{2^N - 1} (= p_j \text{とかく}) \quad (10.10)$$

$x \in [\frac{j}{2^{N-1}}, \frac{2j+1}{2^N})$ のとき，

$$-2^N x + 2j + 2 = x \quad \therefore x = \frac{2(j+1)}{2^N + 1} (= q_j \text{とかく}) \quad (10.11)$$

方程式の解は $p_0, q_0; \cdots; p_{2^{N-1}-1}, q_{2^{N-1}-1}$ の 2^N 個である．これらの中には，N 周期点だけでなく N の約数の周期点も含まれる．これらの中から N 周期であるのものすべてをきちんと選び出すにはどうすればよいかを考えてみる．

まず次の命題を証明しよう．

（区間列と初期値に関する命題） $\varphi(x) = 1 - |2(x - [x]) - 1|, I_0 = [0, \frac{1}{2}], I_1 = [\frac{1}{2}, 1]$ とする．0 または 1 が並ぶ任意の数列 $\{a_k\}_{k \geqq 0}$ に対して，
$$\varphi^k(x_0) \in I_{a_k} \ (k \geqq 0)$$
となる実数 $x_0 \in [0, 1]$ が唯一つ存在し，それは，
$$n_0 = 0, \ n_{k+1} = |n_k - a_k| \ (k = 0, 1, \cdots)$$

で定まる数列 $\{n_k\}_{k\geq 1}$ を用いて

$$x_0 = 0.n_1 n_2 \cdots_{(2)} = \sum_{k=1}^{\infty} \frac{n_k}{2^k}$$

と表される.

軌道の各点が I_0, I_1 のいずれに収まるかを観察するだけでも，軌道の振る舞いをある程度理解することができる．この命題は，任意に与えられた振る舞いを行う軌道の初期値を，軌道の振る舞いから決定する方法を与えているのである．

証明に入る前に少し準備しておこう．$a, b, c, \cdots$ を 0 または 1 の値しかとらない数とし，次の記法を導入しておく：$\bar{a} = 1-a, \bar{b} = 1-b$. このとき, $a = b$ または $a = \bar{b}$ のいずれか一方のみが成り立ち, $a \neq b \iff a = \bar{b} \iff \bar{a} = b$ が成り立つ．また，小数表示はすべて 2 進表示であるとする．

$x \in [0, 1]$ の 2 進表示 $0.abc\cdots$ に対し，$0.0bc\cdots \leq \frac{1}{2^2} + \frac{1}{2^3} + \cdots = \frac{1}{2}, 0.1bc\cdots \geq \frac{1}{2}$ であるから,

$$0.abc\cdots \in I_a \tag{10.12}$$

が成り立つ．また，$x = 0.0bc\cdots \in I_0$ に対して, $\varphi(x) = 2x = 2(\frac{b}{2^2} + \frac{c}{2^3} + \cdots) = 0.bc\cdots$, $x = 0.1bc\cdots \in I_1$ に対して, $\varphi(x) = 2(1-x) = 2(1-\frac{1}{2}-\frac{b}{2^2}-\frac{c}{2^3}-\cdots) = 2(\frac{1-b}{2^2} + \frac{1-c}{2^3} + \cdots) = \frac{1-b}{2} + \frac{1-c}{2^2} + \cdots) = 0.\bar{b}\bar{c}\cdots$ となる．したがって,

$$\varphi(0.abc\cdots) = \begin{cases} 0.bc\cdots \in I_b & (a = 0) \\ 0.\bar{b}\bar{c}\cdots \in I_{\bar{b}} & (a = 1) \end{cases} \tag{10.13}$$

$a = 0$ のとき $b = |a - b|$, $a = 1$ のとき $\bar{b} = |a - b|$ であるから，この式は簡潔に

$$\varphi(0.abc\cdots) \in I_{|a-b|} \tag{10.14}$$

と書ける．また，$0.n_1 n_2 \cdots$ に対して, $k = 1, 2, \cdots$ とするとき,

$$\varphi^k(0.n_1 n_2 \cdots) = \varphi\left(2^{k-1}\sum_{l=1}^{\infty}\frac{n_l}{2^l}\right) = \varphi\left(\sum_{l=1}^{k-1} n_l 2^{k-1-l} + \sum_{l=k}^{\infty}\frac{n_l}{2^{l-(k-1)}}\right) \tag{10.15}$$

$k \geqq 1$ のとき $\sum_{l=1}^{k-1} n_l 2^{k-1-l}$ は整数であるから（$k = 1$ のときは 0 とする），φ の周期性より

$$\varphi^k(0.n_1n_2\cdots) = \varphi\left(\sum_{l=k}^{\infty} \frac{n_l}{2^{l-(k-1)}}\right) = \varphi\left(\sum_{l=1}^{\infty} \frac{n_{k+l-1}}{2^l}\right) \tag{10.16}$$
$$= \varphi(0.n_k n_{k+1}\cdots) \in I_{|n_k - n_{k+1}|} \ (k = 1, 2, \cdots)$$

が成り立つ．$n_0 = 0$ と定義すれば，

$$\varphi^k(0.n_1n_2\cdots) \in I_{|n_k - n_{k+1}|} \ (k = 0, 1, 2, \cdots) \tag{10.17}$$

が成り立つ．

（命題の証明）さて，0 または 1 からなる任意の数列 $\{a_k\}_{k \geqq 0}$ に対し，

$$|n_k - n_{k+1}| = a_k \ (n_0 = 0; k = 0, 1, \cdots)$$

で定まる 0 または 1 からなる数列 $\{n_k\}_{k \geqq 1}$ を定めることを考えよう．$|n_k - n_{k+1}| = a_k$ は，$n_k = 0$ のとき $|-n_{k+1}| = a_k, n_{k+1} = a_k = |n_k - a_k|$ となり，$n_k = 1$ のとき $|1 - n_{k+1}| = a_k, 1 - n_{k+1} = a_k, n_{k+1} = 1 - a_k = |n_k - a_k|$ となり，いずれの場合も $n_{k+1} = |n_k - a_k|$ が成り立つ．すなわち，

$$n_{k+1} = |n_k - a_k| \ (n_0 = 0; k = 0, 1, \cdots) \tag{10.18}$$

が成り立つ．よって，$|n_k - n_{k+1}| = a_k$ となる $\{n_k\}_{k \geqq 1}$ は唯一つ存在し，初期値 $0.n_1n_2\cdots$ も唯一つ定まる．まとめると，

$$n_1 = a_0, \ n_k = |\cdots|a_0 - a_1| - a_2|\cdots - a_{k-1}| \ (k \geqq 2) \tag{10.19}$$

に対して，

$$\varphi^k(0.n_1n_2\cdots) \in I_{a_k} \ (k = 0, 1, \cdots) \tag{10.20}$$

が成り立つ．よって初期値 $x_0 = 0.n_1n_2\cdots$ の存在は示された．

また，このような初期値がもう一つ存在すると仮定する．すなわち，$x_0' \neq x_0, \varphi^k(x_0') \in I_{a_k} (k \geqq 0)$ なる x_0' が存在すると仮定する．これを 2 進展開して $x_0' = 0.n_1'n_2'\cdots$ であるとすると，$\varphi^k(0.n_1'n_2'\cdots) \in I_{|n_k' - n_{k+1}'|}$ である．

すべての $k(\geqq 0)$ に対して $\varphi^k(x'_0) \neq \frac{1}{2}$ が成り立つとき，すべての軌道の点 $\varphi^k(x'_0)$ は I_0, I_1 のいずれに属するかが決まり，$|n'_k - n'_{k+1}| = a_k (k \geq 0)$ が成り立つ．よって，$\{n'_k\}_{k \geqq 1} = \{n_k\}_{k \geqq 1}$，従って $x'_0 = x_0$ となる．これは $x'_0 \neq x_0$ であることに反する．

ある $k(\geqq 0)$ に対して $\varphi^k(x'_0) = \frac{1}{2}$ が成り立つとき，$\varphi^{k+1}(x'_0) = \varphi(\varphi^k(x'_0)) = \varphi(\frac{1}{2}) = 1, \varphi^{k+2}(x'_0) = \varphi(\varphi^{k+1}(x'_0)) = \varphi(1) = 0$，したがって，

$$\varphi^k(x'_0) = \frac{1}{2}, \varphi^{k+1}(x'_0) = 1, \varphi^j(x'_0) = 0 \ (j \geqq k+2) \tag{10.21}$$

このような k は唯一つしかなく，x'_0 は方程式

$$\varphi^k(x'_0) = \frac{1}{2} \tag{10.22}$$

のみ満たせば十分である．これを満たす x'_0 は，

$$x'_0 = 0.n'_1 \cdots n'_{k-1} 1 \tag{10.23}$$

なる有理数である．この初期値は，仮定より $\varphi^j(x'_0) \in I_{a_j} \ (0 \leqq j \leqq k)$ を満たし，一方 $\varphi^j(x'_0) \in I_{|n'_j - n'_{j+1}|}$ である．したがって，

$$|n'_j - n'_{j+1}| = a_j \ (0 \leqq j \leqq k) \tag{10.24}$$

が成り立つ．よってこの場合も $n'_1 = n_1, \cdots, n'_k = n_k$ となり，$x'_0 = x_0$ となり，矛盾がおこる．

よって初期値 $x_0 = 0.n_1 n_2 \cdots$ の一意性も示された．（証明終）

この命題において，$\{a_k\}$ が N 周期の数列であるとして，初期値を計算してみよう．まず $N = 1$ のときを考えてみる：$a_k = 0 \ (k \geqq 0)$ のとき，$n_{k+1} = |n_k - a_k| = n_k \ (k \geqq 0)$，$\therefore n_k = 0 \ (k \geqq 1), x_0 = 0$．$a_k = 1 \ (k \geqq 0)$ のとき，$n_{k+1} = |n_k - a_k| = 1 - n_k \ (k \geqq 0)$，$\therefore n_k = \frac{1+(-1)^{k-1}}{2} \ (k \geqq 1), x_0 = \frac{2}{3}$ となる．$x_0 = 0, \frac{2}{3}$ は方程式 $\varphi(x) = x$ のすべての解で，不動点（1周期点）である．$N \geqq 2$ のときにも同様の結果が得られるだろうか．答えは Yes である．以下，このことを示そう．

10.2 連続関数の場合

区間列 $\{I_{a_k}\}$ が N の約数を周期とする区間列であるとする．すなわち N を 2 以上の自然数とし，数列 $\{a_k\}$ が $(a_0, a_1, \cdots, a_{N-1})$ の繰り返しであるとする．この項数 N の有限数列について，最小の繰り返し単位の長さがこの数列の周期になる．このとき，$x_0 = 0.n_1 n_2 \cdots$ を $n_{k+1} = |n_k - a_k|$ によって計算すると，最初の N 個は，

$$\begin{aligned}
n_1 &= |n_0 - a_0| = a_0 \\
n_2 &= |a_0 - a_1| \\
n_3 &= ||a_0 - a_1| - a_2| \\
&\cdots \\
n_{N-1} &= |\cdots |a_0 - a_1| - \cdots - a_{N-2}| \\
n_N &= |\cdots |a_0 - a_1| - \cdots - a_{N-1}|
\end{aligned} \tag{10.25}$$

となる．

$\{a_k\}$ は N の約数を周期とするから，$a_{N+k-1} = a_{k-1}\ (k = 1, 2, \cdots)$ が成り立つ．よって，

$$n_{N+k} = |n_{N+k-1} - a_{N+k-1}| = |n_{N+k-1} - a_{k-1}| \tag{10.26}$$

$n_{N+k-1} = n_{k-1}$, $n_{N+k-1} = \overline{n_{k-1}}$ のいずれか一方のみが必ず成り立つ．$n_{N+k-1} = n_{k-1}$ ならば，$|n_{N+k-1} - a_{k-1}| = |n_{k-1} - a_{k-1}| = n_k$ であるから，$n_{N+k} = n_k$ が成り立つ．すなわち，$n_{N+k-1} = n_{k-1} \Rightarrow n_{N+k} = n_k\ (k = 1, 2, \cdots)$ である．$n_{N+k-1} = \overline{n_{k-1}}$ ならば，

$$n_{N+k} = |n_{N+k-1} - a_{k-1}| = |\overline{n_{k-1}} - a_{k-1}| = \begin{cases} \overline{a_{k-1}} & (n_{k-1} = 0) \\ a_{k-1} & (n_{k-1} = 1) \end{cases} \tag{10.27}$$

である．一方，

$$n_k = |n_{k-1} - a_{k-1}| = \begin{cases} a_{k-1} & (n_{k-1} = 0) \\ \overline{a_{k-1}} & (n_{k-1} = 1) \end{cases}, \quad \overline{n_k} = \begin{cases} \overline{a_{k-1}} & (n_{k-1} = 0) \\ a_{k-1} & (n_{k-1} = 1) \end{cases} \tag{10.28}$$

であるから，$n_{N+k} = \overline{n_k}$ が成り立つ．すなわち，$n_{N+k-1} = \overline{n_{k-1}} \Rightarrow n_{N+k} = \overline{n_k}\ (k = 1, 2, \cdots)$ である．

$n_1, n_2, \cdots, n_{N-1}$ から次のような整数をつくっておく：

$$j = 2^{N-1}0.n_1n_2\cdots n_{N-1} \tag{10.29}$$

j は $a_0, a_1, \cdots, a_{N-2}$ から決まる整数で $0, \cdots, 2^{N-1}-1$ のいずれかである．n_N は $a_0, a_1, \cdots, a_{N-1}$ から決まる整数で $0, 1$ のいずれかである．$n_N = 0$ のとき，$n_N = n_0$ であるから，$n_{N+k-1} = n_{k-1} \Rightarrow n_{N+k} = n_k$ $(k = 1, 2, \cdots)$ より帰納的に $n_{N+k} = n_k$ $(k = 0, 1, \cdots)$ となり，

$$
\begin{aligned}
0.n_1n_2\cdots &= 0.\dot{n}_1\cdots n_{N-1}\dot{n}_N = \sum_{m=0}^{\infty}\left(\frac{n_1}{2^{mN+1}} + \cdots + \frac{n_{N-1}}{2^{mN+N-1}} + \frac{n_N}{2^{mN+N}}\right) \\
&= \left(\sum_{m=0}^{\infty}\frac{1}{2^{mN}}\right)\left(\frac{n_1}{2} + \cdots + \frac{n_{N-1}}{2^{N-1}} + \frac{n_N}{2^N}\right) = \frac{1}{1-\frac{1}{2^N}}\left(0.n_1\cdots n_{N-1} + \frac{n_N}{2^N}\right) \\
&= \frac{2^N}{2^N-1}\left(0.n_1\cdots n_{N-1} + \frac{n_N}{2^N}\right) = \frac{2^N}{2^N-1}\left(\frac{j}{2^{N-1}} + \frac{n_N}{2^N}\right) \\
&= \frac{2j+n_N}{2^N-1} = \frac{2j}{2^N-1}
\end{aligned}
$$

$0.n_1n_2\cdots = p_j$

$$\tag{10.30}$$

$n_N = 1$ のとき，$n_N = \overline{n_0}$ であるから，$n_{N+k-1} = \overline{n_{k-1}} \Rightarrow n_{N+k} = \overline{n_k}$ $(k = 1, 2, \cdots)$ より帰納的に $n_{N+k} = \overline{n_k}$ $(k = 0, 1, \cdots)$ となり，

$$
\begin{aligned}
0.n_1n_2\cdots &= 0.\dot{n}_1\cdots n_{N-1}n_N\overline{n_1}\cdots \overline{n_{N-1}}\dot{\overline{n_N}} \\
&= \left(\sum_{m=0}^{\infty}\frac{1}{2^{2mN}}\right)\times\left(\frac{n_1}{2} + \cdots + \frac{n_{N-1}}{2^{N-1}} + \frac{n_N}{2^N} + \frac{1-n_1}{2^{N+1}} + \cdots + \frac{1-n_N}{2^{2N}}\right) \\
&= \frac{1}{1-\frac{1}{2^{2N}}}\left\{0.n_1\cdots n_{N-1}\left(1-\frac{1}{2^N}\right) + \frac{\frac{1}{2^{N+1}}(1-\frac{1}{2^N})}{1-\frac{1}{2}} + \frac{n_N}{2^N}\left(1-\frac{1}{2^N}\right)\right\} \\
&= \frac{1}{1+\frac{1}{2^N}}\left\{0.n_1\cdots n_{N-1} + \frac{1}{2^N} + \frac{n_N}{2^N}\right\} = \frac{2j+1+n_N}{2^N+1} = \frac{2(j+1)}{2^N+1}
\end{aligned}
$$

$0.n_1n_2\cdots = q_j$

$$\tag{10.31}$$

となる．よって，$j = 0, 1, \cdots, 2^{N-1} - 1$ のとき

$$x_0 = 0.n_1 n_2 \cdots = \begin{cases} p_j & (n_N = 0) \\ q_j & (n_N = 1) \end{cases} \quad (10.32)$$

これは N の約数の周期点である．x_0 は $a_0, a_1, \cdots, a_{N-1}$ によって定まるから，これを $p(a_0, a_1, \cdots, a_{N-1})$ とかこう．項数 N の有限数列 $(a_0, a_1, \cdots, a_{N-1})$ のすべてを考えると $j = 0, 1, \cdots, 2^{N-1} - 1$ であるから N の約数の周期点すべて（$2^{N-1} \times 2 = 2^N$ 個）が得られる．項数 N の有限数列 $(a_0, a_1, \cdots, a_{N-1})$ に繰り返し部分がないものを考えるのなら，軌道の周期は数列の周期と同じ N である．なぜなら，もし軌道が N より小さい N の約数を周期とするなら，数列 $\{a_k\}$ の周期も N より小さくなるが，それは $\{a_k\}$ の周期が N であることに反する．したがって，$(a_0, a_1, \cdots, a_{N-1})$ で繰り返し部分がないものすべてを考えれば N 周期点すべてが得られるはずである．

具体的に $N = 3$ の場合を考えてみよう．

$$p(a_0, a_1, a_2) = \begin{cases} \frac{2j}{7} & (n_3 = 0) \\ \frac{2(j+1)}{9} & (n_3 = 1) \end{cases} \quad (10.33)$$

であり，$\boldsymbol{a} = (a_0, a_1, a_2), \boldsymbol{n} = (n_1, n_2, n_3)$ とおくと，$\boldsymbol{n} = (a_0, |a_0 - a_1|, ||a_0 - a_1| - a_2|)$ であるから，$j = 2a_0 + |a_0 - a_1|$，$n_3 = ||a_0 - a_1| - a_2|$ である．$\boldsymbol{a}$ として繰り返しのないものは

$$\boldsymbol{a} = (1, 0, 0), (0, 1, 0), (0, 0, 1), (0, 1, 1), (1, 0, 1), (1, 1, 0) \quad (10.34)$$

だけ存在し，これに対して

$$\boldsymbol{n} = (1, 1, 1), (0, 1, 1), (0, 0, 1), (0, 1, 0), (1, 1, 0), (1, 0, 1) \quad (10.35)$$

であり，

$$(j, n_3) = (3, 1), (1, 1), (0, 1), (1, 0), (3, 0), (2, 0) \quad (10.36)$$

よって，3周期点は

$$\begin{cases} p(1,0,0) = \frac{8}{9},\ p(0,1,0) = \frac{4}{9},\ p(0,0,1) = \frac{2}{9}, \\ p(0,1,1) = \frac{2}{7},\ p(1,0,1) = \frac{6}{7},\ p(1,1,0) = \frac{4}{7} \end{cases} \tag{10.37}$$

の6個である．

10.2.2　N周期軌道に漸近する軌道

　周期軌道に落ち着く軌道を与える初期値は，M を 0 以上の整数，p を周期点として方程式 $\varphi^M(x_0) = p$ の解である．そのような初期値の集合を $\mathbb{Q}$ とする．定義より，集合 $\mathbb{Q}$ に属さない初期値の軌道はいかなる周期軌道にも落ち着かない．

　「周期軌道に落ち着くならば，周期軌道に漸近的に近づく」は明らかに正しいが，この逆「周期軌道に漸近的に近づくならば，周期軌道に落ち着く」は一般には成り立たない．ところが，今の場合はそれが成り立つ．すなわち，「周期軌道に漸近的に近づくならば，周期軌道に落ち着く」．これは背理法で証明することができる．今，周期軌道に漸近的に近づくが，周期軌道に落ち着かないことがあるとすると，集合 $\mathbb{Q}$ に属さない初期値の軌道で，周期軌道に漸近的に近づくものが存在する．その軌道の点は，ある時刻以降いずれ周期軌道の収まる区間列に収まるようになるはずである．ところが，周期軌道の収まる区間列は周期区間列であり，区間列と初期値に関する命題より，周期区間列に収まる軌道の初期値は周期点であり $\mathbb{Q}$ に属する．これは矛盾である．

　よって，N 周期軌道に漸近的に近づく軌道というのは，N 周期軌道に落ち着く軌道であり，このような軌道を与える初期値の集合 $\mathbb{Q}_N$ は，p を任意の N 周期点，M を任意の 0 以上の整数として，方程式

$$\varphi^M(x_0) = p$$

の解である．また，

$$\mathbb{Q} = \mathbb{Q}_1 \cup \mathbb{Q}_2 \cup \cdots \tag{10.38}$$

である．

10.2.3 カオス

$\mathbb{Q}_1$ を具体的に求めてみよう．$\varphi^M(x_0) = 0, \frac{2}{3}$ のとき，$M = 0$ ならば $x_0 = 0, \frac{2}{3}$．$M \geqq 1$ のとき，$\varphi^M(x_0) = \varphi(2^{M-1}x_0) = 0, \frac{2}{3} \iff 2^{M-1}x_0 = l, \frac{1}{3} + l, \frac{2}{3} + l$ (l は整数)．$M - 1 = m$ とおくと，$x_0 = \frac{3l}{3 \cdot 2^m}, \frac{3l+1}{3 \cdot 2^m}, \frac{3l+2}{3 \cdot 2^m}$ (l は整数) すなわち $x_0 = \frac{n}{3 \cdot 2^m}, m \geqq 0, n = 0, 1, \cdots, 3 \cdot 2^m$ であり，これには $x_0 = 0, \frac{2}{3}$ も含まれている．よって，

$$\mathbb{Q}_1 = \left\{ \frac{n}{3 \cdot 2^m} \middle| m \text{ は 0 以上の整数}, n = 0, 1, \cdots, 3 \cdot 2^m \right\} \tag{10.39}$$

$\mathbb{Q}_1$ は 1 周期軌道に落ち着く軌道の初期値であった．今の場合，軌道の数列が収束するような初期値でもある．これが原題で証明させていることである．出題者は，「N 周期軌道に漸近的に近づくときの初期値がどのような実数であるのか」という問題の最も簡単な場合として $N = 1$ のときを考えさせているのである．前述したように，一般的には「軌道に漸近的に近づく」ことと「軌道に落ち着く」ことは異なる事柄である．この力学系の場合にはこれらが同じことであることを初等的に示す訳であるが，それは数列の「収束と発散」に関するややこしい議論を必要とする．原題の難しさはそこにある．

最後に周期軌道に関する考察をもっと推し進めて，この力学系の特徴をさらに鮮明にしてみよう．

周期軌道に漸近的に近づく軌道を与える初期値の集合 $\mathbb{Q}_1 \cup \mathbb{Q}_2 \cup \cdots$ は，明らかに $[0, 1]$ 上の有理数の部分集合である．それでは初期値が $[0, 1]$ 上の任意の有理数のとき，その軌道はどうなるかを考えてみよう．x_0 は 2 進表示で $0.n_1 \cdots n_M \dot{n}_{M+1} \cdots n_{\dot{M}+N}$ のような循環小数で表される．ここで M は 0

以上の整数，N は自然数である．このとき

$$x_M = \varphi^M(x_0) = \varphi(0.n_M n_{\dot{M}+1} \cdots n_{\dot{M}+N}) = \begin{cases} 0.n_{\dot{M}+1} \cdots n_{\dot{M}+N} & (n_M = 0) \\ 0.\overline{n_{\dot{M}+1}} \cdots \overline{n_{\dot{M}+N}} & (n_M = 1) \end{cases} \quad (10.40)$$

となるから，x_M は $0.\dot{m}_1 \cdots \dot{m}_N$ のような小数第1位から循環が始まる循環小数である．$j = \sum_{M=1}^{N-1} m_M 2^M$ とおくと $0 \leqq j \leqq 2^{N-1} - 1$ であり，

$$x_M = \frac{2j + m_N}{2^N - 1} = \frac{2j}{2^N - 1} \ (m_N = 0), \ \frac{2j + 1}{2^N - 1} \ (m_N = 1) \quad (10.41)$$

となる．$m_N = 0$ のときは $x_M = p_j$ であるから $x_0 \in \mathbb{Q}$．$m_N = 1$ のときは，

$$\varphi^N(x_M) = \varphi(2^{N-1} x_M) = \varphi\left(\frac{2^{N-1}(2j+1)}{2^N - 1}\right) = \varphi\left(\frac{(2^N - 1)j + j + \frac{1}{2}(2^N - 1) + \frac{1}{2}}{2^N - 1}\right)$$
$$= \varphi\left(j + \frac{1}{2} + \frac{j + \frac{1}{2}}{2^N - 1}\right) = \varphi\left(\frac{1}{2} + \frac{j + \frac{1}{2}}{2^N - 1}\right) \quad (10.42)$$

において，$0 \leqq j \leqq 2^{N-1} - 1$ より

$$\frac{1}{2} < \frac{1}{2} + \frac{j + \frac{1}{2}}{2^N - 1} \leqq \frac{1}{2} + \frac{2^{N-1} - 1 + \frac{1}{2}}{2^N - 1} = 1 \quad (10.43)$$

である．よって，$\varphi(x) = 1 - |2x - 1| = 2(1 - x) \ (\frac{1}{2} \leqq x \leqq 1)$ より

$$\varphi^N(x_M) = 2\left\{1 - \left(\frac{1}{2} + \frac{j + \frac{1}{2}}{2^N - 1}\right)\right\} = \frac{2(2^{N-1} - 1 - j)}{2^N - 1} \quad (10.44)$$

$2^{N-1} - 1 - j = j'$ とおくと $0 \leqq j \leqq 2^{N-1} - 1$ より $0 \leqq j' \leqq 2^{N-1} - 1$ であり，

$$\varphi^N(x_M) = \frac{2j'}{2^N - 1} \quad (10.45)$$

となる．すなわち $x_{M+N} = p_{j'}$．よって，$x_0 \in \mathbb{Q}$．言い換えると，

$$\{x_k\} \text{ が周期軌道} \iff x_0 \text{ は有理数} \quad (10.46)$$

ということである．有理数の集合は自然数の集合と1対1の対応がつくことが知られいる．自然数の集合と1対1の対応がつく集合を可算集合とい

う．これはまた次のことを主張している：

$$\{x_k\} \text{ が非周期軌道} \iff x_0 \text{ は無理数} \tag{10.47}$$

非周期軌道を与える初期値は，[0, 1] 上の無理数である．無理数の集合は，自然数の集合と 1 対 1 の対応がつかないほどたくさんの要素をもつことが知られている．そのような集合を非可算集合という．この場合の非周期軌道は，有限領域 [0, 1] の中で漸近的に周期軌道に近づくこともないような複雑な軌道であり，それが非可算個存在するのである．N 周期点をきちんと求める方法として紹介した区間列と初期値に関する命題を思い出そう．まったく規則性のない区間列に収まる軌道を与える初期値が計算できることは，考えてみると不思議なことである．そしてその初期値は循環しない無限小数，すなわち無理数である．このような複雑な軌道はカオスと呼ばれる．

初期値さえきちんと決まれば，どんなに長時間後の軌道の点もきちんと決まる．しかし，初期値をきちんと決めても，実際には誤差が伴う．その初期値の誤差が長時間後には有限な差となってしまうことは，軌道の式 $x_k = \varphi(2^{k-1} x_0)$ から分かる．なぜなら，x_0 に微小な変化 dx_0 を与えてみると，x_k の変化の 1 次近似は $dx_k = \varphi'(2^{k-1} x_0) 2^{k-1} dx_0 = \pm 2^k dx_0$ となるから，$|dx_0|$ がどんなに小さくてもそれが有限なら，2^k は指数関数的に大きくなるから $|dx_k| = 2^k |dx_0|$ は長時間後には無視できない大きさになる．これを力学系の初期値敏感性という．これもカオス的力学系のもつ特徴である．

理論的には初期値さえ決まれば軌道の振る舞いが決定してしまうのが力学系の特徴であるはずなのに，現実的に予測不可能な軌道がこんなにたくさん存在する．ある系の挙動を予測しようとするとき，どんなに真実に近い自然法則を発見しても，またどんなに高性能なスーパーコンピュータを用いて計算しても，このような理論的な限界が存在する限り，完全な予測は不可能であることを暗示している．それは，Newton 力学の成功以来続いてきた科学は万能に成り得るという価値観を揺るがすものである．天気予報や地震予知は，技術が進めばいくらでも正確できるようになると信じていた人も，その考えを改めなければならないのである．出題者は，できる

ことならここまで受験生に伝えたかったに違いない．

Section 10.3
不連続関数の場合

[0, 1) 上の不連続関数
$$f(x) = \begin{cases} \dfrac{x}{1-x} & \left(0 \leqq x < \dfrac{1}{2}\right) \\ \dfrac{2x-1}{x} & \left(\dfrac{1}{2} \leqq x < 1\right) \end{cases} \quad (10.48)$$
のつくる力学系 $x_{k+1} = f(x_k)$ ($x_0 \in [0, 1); k = 0, 1, \cdots$) を考える．
1. 軌道が不動点に落ち込むための初期値に関する必要十分条件は初期値が有理数であることを示せ．
2. K を 2 より大きな整数とする．$K^2 - 4$ は平方数でないことを示せ．
3. N 周期点（$N \geqq 2$）をひとつ求め，それが無理数であることを示せ．

慶應義塾大学医学部 (2000) から

　原題では，不動点と 2 周期点を求めさせる設問 1 と，軌道が不動点 0 に落ち着く初期値が有理数であること証明させる設問 2，区間 (0, 1) 上の有理数を初期値とする軌道は不動点 0 に落ち着くことを証明させる設問 3 からなっている．また，原題では f の定義域は実数全体の集合 $R = (-\infty, \infty)$ としてある．

　解答する前に，少し準備しておく．

　$J_0 = [0, \frac{1}{2}), J_1 = [\frac{1}{2}, 1), J = J_0 \cup J_1 = [0, 1)$ とおく．関数 $f(x) = \frac{x}{1-x}$ ($x \in J_0$) の逆関数を $f_0(y)$ ($y \in J$)，関数 $f(x) = \frac{2x-1}{x}$ ($x \in J_1$) の逆関数を $f_1(y)$ $y \in J$

とすると，

$$f_0(y) = \frac{y}{y+1}, \; f_0(J) = J_0 \tag{10.49}$$

$$f_1(y) = \frac{1}{-y+2}, \; f_1(J) = J_1 \tag{10.50}$$

である．$f(x) \, (x \in J_i, f(J_i) = J)$ と $f_i(y) \, (y \in J, f_i(J) = J_i)$ は互いに逆関数の関係にあるので，

$$f \circ f_i(y) = y \, (y \in J), \quad f_i \circ f(x) = x \, (x \in J_i) \tag{10.51}$$

が成り立つ．

今，$y \in J$ を与えられた実数，n を自然数として，$x_n = y$ となるような初期値 x_0 のすべてを求めることを考える．$f^n(x_0) = y$ の両辺に，f_0, f_1 のいずれかを次々と n 回施していく．このとき，f_0, f_1 のどちらを施したかの履歴を数列として記録する．1回目は $f_{a_{n-1}}$，2回目は $f_{a_{n-2}}$，$\cdots$，n 回目は f_{a_0} とすれば，0 または 1 の値をとる数列 $(a_k)_{k=0}^{n-1}$ が出来上がり，

$$f^n(x_0) = y \iff x_0 = f_{a_0} \circ f_{a_1} \circ \cdots \circ f_{a_{n-1}}(y) \tag{10.52}$$

となる．$f_i(J) = J_i$ より，これを初期値とする軌道の最初の $n+1$ 個の点列 $(x_k)_{k=0}^n$ は，$x_0 \in J_{a_0}, x_1 \in J_{a_1}, \cdots, x_n \in J_{a_n}$ となる．すべての数列 $(a_k)_{k=0}^{n-1}$ に対してこの初期値を求めれば，$x_n = y$ となるすべての初期値が得られる．この式の右辺は，数列 $(a_k)_{k=0}^{n-1}$ と実数 $y \in J$ によって定まるのでこれを $p_{(a_k)_{k=0}^{n-1}}(y)$ とかく．具体的には，例えば，$(a_k)_{k=0}^2 = (1,0,0)$ と $(a_k)_{k=0}^2 = (0,1,1)$ に対しては，

$$p_{(1,0,0)}(y) = f_1(f_0(f_0(y))) = \frac{1}{-y+4} \tag{10.53}$$

$$p_{(0,1,1)}(y) = f_0(f_1(f_1(y))) = \frac{-y+2}{-3y+5} \tag{10.54}$$

となる．

$p_{(a_k)_{k=0}^{n-1}}(y)$ を利用すると，すべての N 周期点を求める方程式が次のようにして得られる．有限数列 $(a_k)_{k=0}^{N-1} \, (a_k \in \{0,1\})$ は，繰り返し部分をもたない

数列であるとすると,
$$p_{(a_k)_{k=0}^{N-1}}(y) = y \tag{10.55}$$
である. なぜなら, まず, これに f を次々に N 回施してゆくと, $y = f^N(y)$ となり, y は N の約数の周期点である. 次に, もし軌道が N より小さな約数を周期とするなら, $x_0 \in J_0, x_1 \in J_1, \cdots, x_{N-1} \in J_{a_{N-1}}$ は繰り返し部分を持つ数列となり, 区間列すなわち $(a_k)_{k=0}^{N-1}$ も繰り返し部分をもつ数列になるが, これは $(a_k)_{k=0}^{N-1}$ の選び方が許さない. したがって, 上方程式の解が N 周期点を与える. しかも, 繰り返し部分のない数列 $(a_k)_{k=0}^{N-1}$ をすべて考えることにより, すべての N 周期点が得られる.

1. まず不動点を求めよう. $f(p) = p$ とすると, $0 \leqq p < \frac{1}{2}$ のとき,
$$\frac{p}{1-p} = p, \; p = p(1-p), \; p^2 = 0, \; p = 0 \tag{10.56}$$
$\frac{1}{2} \leqq p < 1$ のとき,
$$\frac{2p-1}{p} = p, \; 2p - 1 = p^2, \; (p-1)^2 = 0, \; p = 1 \tag{10.57}$$
これは $\frac{1}{2} \leqq p < 1$ に反する.

よって不動点は 0 のみである.

$x_0 = 0$ のとき明らかに不動点に落ち込む ($f(0) = 0$). 任意の有理数 $x_0 \in (0,1)$ に対して,
$$x_0 = \frac{p}{q} \; (0 < p < q; p, q \text{ は自然数}) \tag{10.58}$$
とかける.

さて, n を 2 以上の自然数 n とするとき, $p < q \leqq n$ なる任意の自然数 p, q に対して
$$f^k\left(\frac{p}{q}\right) = 0 \text{ となる自然数 } k \text{ が存在する} \tag{10.59}$$
ことを証明する.

$n = 2$ のとき $p = 1, q = 2$ なので $\frac{p}{q} = \frac{1}{2}$, $f(\frac{p}{q}) = f(\frac{1}{2}) = \frac{2 \cdot \frac{1}{2} - 1}{\frac{1}{2}} = 0$ より正しい.

n のとき正しいと仮定する. $n + 1$ のときを考え, $p < q \leqq n + 1$ とする.

$(0 <) p < \frac{q}{2}$ のとき, $0 < \frac{p}{q} < \frac{1}{2}$ であるから,

$$f\left(\frac{p}{q}\right) = \frac{\frac{p}{q}}{1 - \frac{p}{q}} = \frac{p}{q - p} \tag{10.60}$$

$0 < p < q - p \leqq n + 1 - p \leqq n$ であるから, n のときの帰納法の仮定より, ある自然数 k が存在して,

$$f^k\left(\frac{p}{q-p}\right) = 0 \quad \therefore f^{k+1}\left(\frac{p}{q}\right) = f^k\left(\frac{p}{q-p}\right) = 0 \tag{10.61}$$

$\frac{q}{2} \leqq p(< q)$ のとき, $\frac{1}{2} \leqq \frac{p}{q} < 1$ であるから,

$$f\left(\frac{p}{q}\right) = \frac{2\frac{p}{q} - 1}{\frac{p}{q}} = \frac{2p - q}{p} \tag{10.62}$$

$p = \frac{q}{2}$ のとき $f\left(\frac{p}{q}\right) = 0$ である. $p > \frac{q}{2}$ のとき $0 < 2p - q < p < q \leqq n + 1, 0 < 2p - q < p \leqq n$ であるから, n のときの帰納法の仮定より, ある自然数 k が存在して,

$$f^k\left(\frac{2p-q}{p}\right) = 0 \quad \therefore f^{k+1}\left(\frac{p}{q}\right) = f^k\left(\frac{2p-q}{p}\right) = 0 \tag{10.63}$$

いずれにしても, $n + 1$ のときも正しい.

よって, 有理数の初期値 $x_0 \in J$ に対して, $f^k(x_0) = 0$ となる自然数 k が存在する.

逆に, 有限回で 0 に落ち込む初期値が有理数であることを証明する. k 回 (k は自然数) で 0 に落ち込む初期値 x_0 について,

$$0 = f^k(x_0) = f(x_{k-1}) \tag{10.64}$$

$x_{k-1} \in J_{n_{k-1}}$ とすると, $f(x_{k-1}) = 0$ の両辺に $f_{n_{k-1}}$ を施して,

$$x_{k-1} = f_{n_{k-1}}(0), \quad f(x_{k-2}) = f_{n_{k-1}}(0) \tag{10.65}$$

$x_{k-2} \in J_{n_{k-2}}$ とすると, $f(x_{k-2}) = f_{n_{k-1}}(0)$ の両辺に $f_{n_{k-2}}$ を施して,

$$x_{k-2} = f_{n_{k-2}}(f_{n_{k-1}}(0)) = f_{n_{k-2}} \circ f_{n_{k-1}}(0) \tag{10.66}$$

以下同様にして,

$$x_0 = f_{n_0} \circ f_{n_1} \circ \cdots \circ f_{n_{k-1}}(0) \tag{10.67}$$

となる. 数列 $(n_i)_{i=0}^{k-1}$ は, $x_i \in J_{n_i}$ $(i = 0, 1, \cdots, k-1)$ を満たす数列である. $f_0(x), f_1(x)$ は有理式なのでそれらの k 個の合成も有理式であり, 0 は有理数だから x_0 は明らかに有理数である.

よって, 不動点 0 に落ち込む初期値 $x_0 \in [0, 1)$ は有理数である. (証明終)

以上から, 軌道が不動点に落ち込むための初期値に関する必要十分条件は初期値が有理数であることである.

2. (証明) $K^2 - 4 \geqq 5$ が平方数であると仮定する. ある自然数 $m \geqq 3$ があって,

$$K^2 - 4 = m^2, \ K^2 - m^2 = 4 \tag{10.68}$$

となる. 整数 K^2, m^2 の差が偶数 4 であるから, これらはともに偶数かともに奇数である.

K^2, m^2 がともに奇数であるとすると, K, m もともに奇数であり, 整数 k, l が存在して $K = 2k+1, m = 2l+1$ $(k > l \geqq 1)$ とおける. これらを $K^2 - m^2 = (K+m)(K-m) = 4$ に代入すると $(2k+2l+2)(2k-2l) = 4, (k+l+1)(k-l) = 1$ となり, $k+l+1 > 0, k-l > 0$ はともに正の整数であり $k+l+1 = 1, k-l = 1 \therefore k = 1/2, l = -3/2$. これは明らかに不合理.

10.3 不連続関数の場合

K^2, m^2 がともに偶数であるとすると，K, m もともに偶数であり，$K = 2k, m = 2l \, (k > l \geqq 2)$ とおける．これらを $K^2 - m^2 = (K+m)(K-m) = 4$ に代入すると $(2k+2l)(2k-2l) = 4, (k+l)(k-l) = 1$ となり，$k+l > 0, k-l > 0$ はともに正の整数であり $k+l = 1, k-l = 1 \therefore k = 1, l = 0$，これは明らかに不合理．

いずれにしても矛盾を生じるから，$K^2 - 4$ は平方数でない．(証明終)

3. 繰り返し部分を持たない数列 $(a_k)_{k=0}^{N-1}$ として，a_{N-1} のみ 1 でその他の $a_k (0 \leqq k \leqq N-2)$ は 0 である場合を考えてみよう．すると，

$$p_{(a_k)_{k=0}^{N-1}}(y) = f_0^{N-1}(f_1(y)) = f_0^{N-1}\left(\frac{1}{2-y}\right) \tag{10.69}$$

である．ここで，$f_0^k(y) = \dfrac{y}{1+ky}$ $(k = 0, 1, \cdots)$ であることを示す．$k = 0$ のときは明らかに正しい．k のとき正しいと仮定すると，

$$f_0^{k+1}(y) = f_0(f_0^k(y)) = f_0\left(\frac{y}{1+ky}\right) = \frac{\frac{y}{1+ky}}{1+\frac{y}{1+ky}} = \frac{y}{1+(k+1)y} \tag{10.70}$$

となって，$k+1$ のときも正しい．よって，

$$p_{(a_k)_{k=0}^{N-1}}(y) = \frac{\frac{1}{2-y}}{1+(N-1)\frac{1}{2-y}} = \frac{1}{N+1-y} \tag{10.71}$$

$y = p_{(a_k)_{k=0}^{N-1}}(y)$ とおくと，

$$\begin{aligned} y &= \frac{1}{N+1-y}, \quad y^2 - (N+1)y + 1 = 0 \\ y &= \frac{N+1 \pm \sqrt{(N+1)^2-4}}{2} = \frac{N+1 \pm \sqrt{(N-1)(N+3)}}{2} \end{aligned} \tag{10.72}$$

ここで，$\alpha = \frac{N+1-\sqrt{(N-1)(N+3)}}{2}$ とおくと，$1/\alpha = \frac{N+1+\sqrt{(N-1)(N+3)}}{2}$．$1/\alpha (N \geqq 2)$ は N について単調増加であるから $\alpha (N \geqq 2)$ は N について単調減少である．よって，$0 < \alpha \leqq \frac{3-\sqrt{5}}{2}, \frac{3+\sqrt{5}}{2} \leqq 1/\alpha$．$y \in J_0$ より $y = \alpha$，

$$y = \frac{N+1-\sqrt{(N-1)(N+3)}}{2} \quad (N \geqq 2)$$

この式の根号の中は $(N+1)^2 - 4$ であり，$N+1$ は 2 より大きい整数なので，前問の結果よりこれは無理数である．

10.3.1 周期点

一般に，平方数でない正の整数 D と有理数 $p, q \neq 0$ で組み立てられる実数 $p + q\sqrt{D}$ を 2 次の無理数という．このような無理数は，整数係数の 2 次方程式の解になっているからこう呼ぶ．

問題の解答では，特別な N 周期点だけが 2 次の無理数であることを証明した．その他の N 周期点についてはどうなるであろうか．そのためには，繰り返し部分のない有限数列 $(a_k)_{k=0}^{N-1}$ すべてに対して $p_{(a_k)_{k=0}^{N-1}}(y) = y$ を解いて，それが上記のような 2 次の無理数になることを証明すればよい．しかし，そのためには N を具体的指定しなければならず，また N も無限通りあるので，解答のようにひとつひとつ周期点を求めてこれらが 2 次の無理数であることを証明する作業はいつまでたっても終わらない．そこで，関数 $p_{(a_k)_{k=0}^{N-1}}(y)$ の具体的な形ではなくて，その一般的な構造を調べることによって，この問題を解決を試みる．

写像の行列表現

ここでは，線形代数に関する基本的な知識を仮定する．具体的には，2 次正方行列 $A = \begin{pmatrix} a_{11} & a_{12} \\ a_{21} & a_{22} \end{pmatrix}$，$B$ に対して，行列式 $\det A = a_{11}a_{22} - a_{12}a_{21}$，跡（トレース）$\mathrm{tr}A = a_{11} + a_{22}$ とこれらの性質 $\det AB = \det A \det B$，$\mathrm{tr}AB = \mathrm{tr}BA$ 等々．さらに，行列の固有値問題に関する知識も仮定する．

関数 $p_{(a_k)_{k=0}^{N-1}}(y)$ は N 個の関数 $f_{a_0}, f_{a_1}, \cdots, f_{a_{N-1}}(y)$ の合成である．これらの関数はすべて分数式 $\frac{ay+b}{cy+d}$，$ad - bc = \pm 1$ の形をとっている．このような分数式の関数 2 つを合成しても結果はやはり同様の分数式の関数になる．実は，これらの関数のつくる集合が関数の合成という演算について群をな

10.3 不連続関数の場合

すのである．しかし，読者は群については何も知らなくて良い．ここでは，このような分数式関数が行列を使って明解に表現されることを示す．

2 つの y の関数

$$g(y) = \frac{g_{11}y + g_{12}}{g_{21}y + g_{22}} \quad (g_{11}g_{22} - g_{12}g_{21} = \pm 1) \tag{10.73}$$

$$h(y) = \frac{h_{11}y + h_{12}}{h_{21}y + h_{22}} \quad (h_{11}h_{22} - h_{12}h_{21} = \pm 1) \tag{10.74}$$

に対して，それぞれ次の 2 次正方行列 G, H に対応させる：

$$G = \begin{pmatrix} g_{11} & g_{12} \\ g_{21} & g_{22} \end{pmatrix} \quad (\det G = \pm 1) \tag{10.75}$$

$$H = \begin{pmatrix} h_{11} & h_{12} \\ h_{21} & h_{22} \end{pmatrix} \quad (\det H = \pm 1) \tag{10.76}$$

すると，合成関数 $g \circ h(y) \equiv g(h(y))$ は行列の積 GH ($\det(GH) = \det G \det H = \pm 1$) に対応することは簡単な計算で確かめられる．関数の合成が行列の積であらわされるのである．関数の合成における非可換（交換不能）性や結合律，逆関数は，それぞれ行列の積における非可換（交換不能）性や結合律，逆行列に対応することも簡単に確かめることができる．$p_{(a_k)_{k=0}^{N-1}}(y)$ における 2 つの関数 $f_0(y), f_1(y)$ に対応する行列をそれぞれ F_0, F_1 とする：

$$f_0(y) = \frac{y}{y+1}, \quad F_0 = \begin{pmatrix} 1 & 0 \\ 1 & 1 \end{pmatrix} \quad (\det F_0 = 1) \tag{10.77}$$

$$f_1(y) = \frac{1}{-y+2}, \quad F_1 = \begin{pmatrix} 0 & 1 \\ -1 & 2 \end{pmatrix} \quad (\det F_1 = 1) \tag{10.78}$$

すると，$p_{(a_k)_{k=0}^{N-1}}(y)$ に対応する行列は

$$P_{(a_k)_{k=0}^{N-1}} = F_{a_0} F_{a_1} \cdots F_{a_{N-1}} \tag{10.79}$$

である．

この行列の性質をもっと知るために，この行列の固有多項式 $\lambda^2 - \mathrm{tr} P_{(a_k)_{k=0}^{N-1}} \lambda + \det P_{(a_k)_{k=0}^{N-1}}$ を求めよう．$P_{(a_k)_{k=0}^{N-1}}$ の跡（trace，トレース）

$$\mathrm{tr} P_{(a_k)_{k=0}^{N-1}} = \mathrm{tr}(F_{a_0} F_{a_1} \cdots F_{a_{N-1}}) = \mathrm{tr} F_0^{N-l} F_1^{l} \tag{10.80}$$

を求めよう．ここで，l は N 個の $a_0, a_1, \cdots, a_{N-1}$ のうち 1 であるものの個数で，すべてが 0 またはすべてが 1 であってはいけないから，

$$1 \leq l \leq N - 1 \tag{10.81}$$

である．F_0, F_1 の冪がどうなるかを求める．F_0 の n 乗は簡単である．まず，$F_0 = E + N, E = \begin{pmatrix} 1 & 0 \\ 0 & 1 \end{pmatrix}, N = \begin{pmatrix} 0 & 0 \\ 1 & 0 \end{pmatrix}$ と分解すると，E, N は可換（交換可能）であり，$N^2 = O$ であるから，$n \geq 2$ のとき，2 項定理より

$$\begin{aligned} F_0{}^n &= \sum_{k=0}^{n}(E+N)^k = E + \binom{n}{1}N + \sum_{k=2}^{n}\binom{n}{k}N^k \\ &= E + nN = \begin{pmatrix} 1 & 0 \\ n & 1 \end{pmatrix} \end{aligned} \tag{10.82}$$

結果は $F_0^0 = E$ と定義すれば，これは $n = 0, 1$ でも成り立つ．次に，$F_1 = \begin{pmatrix} 0 & 1 \\ -1 & 2 \end{pmatrix}, F_1{}^2 = \begin{pmatrix} -1 & 2 \\ -2 & 3 \end{pmatrix}, F_1{}^3 = \begin{pmatrix} -2 & 3 \\ -3 & 4 \end{pmatrix}$．一般に $F_1{}^n = \begin{pmatrix} -n+1 & n \\ -n & n+1 \end{pmatrix}$ $(n = 0, 1, \cdots)$．これは数学的帰納法で簡単に証明できる．

$$F_0{}^{N-l}F_1{}^l = \begin{pmatrix} 1 & 0 \\ N-l & 1 \end{pmatrix}\begin{pmatrix} -l+1 & l \\ -l & l+1 \end{pmatrix} = \begin{pmatrix} -l+1 & l \\ (N-l)(-l+1)-l & l(N-l)+l+1 \end{pmatrix} \tag{10.83}$$

であるから，

$$\operatorname{tr} P_{(a_k)_{k=0}^{N-1}} = -l + 1 + l(N-l) + l + 1 = l(N-l) + 2 \tag{10.84}$$

また，$\det F_0 = \det F_1 = 1$ であるから，

$$\det P_{(a_k)_{k=0}^{N-1}} = \det(F_{a_0}F_{a_1}\cdots F_{a_{N-1}}) = (\det F_0)^{N-l}(\det F_1)^l = 1^{N-l}1^l = 1 \tag{10.85}$$

よって，$P_{(a_k)_{k=0}^{N-1}}$ の固有多項式は

$$\lambda^2 - \operatorname{tr} P_{(a_k)_{k=0}^{N-1}}\lambda + \det P_{(a_k)_{k=0}^{N-1}} = \lambda^2 - \{l(N-l)+2\}\lambda + 1 \tag{10.86}$$

となる．

10.3 不連続関数の場合

$P_{(a_k)_{k=0}^{N-1}}$ の固有多項式の判別式は $D = \{l(N-l)+2\}^2 - 4$ で, $l(N-l) > 0$ よりこれは正. ゆえに固有方程式は異なる 2 つの実数解 α, β をもつ.

$$\frac{l(N-l)+2+\sqrt{\{l(N-l)+2\}^2-4}}{2} \\ \frac{l(N-l)+2-\sqrt{\{l(N-l)+2\}^2-4}}{2} \quad (10.87)$$

である. $l(N-l)+2 > 2$ であるから, これらは 2 次の無理数である. 解と係数の関係 $\alpha + \beta = l(N-l)+2 > 2, \alpha\beta = 1 > 0$ より, α, β のうち一方が 1 より大きな正の数で, 他方が 1 より小さな正の数である.

$P_{(a_k)_{k=0}^{N-1}}$ の固有値 α, β が異なるから, ある正則行列 $S = \begin{pmatrix} p & q \\ r & s \end{pmatrix}$ が存在して,

$$P_{(a_k)_{k=0}^{N-1}} = S\begin{pmatrix} \alpha & 0 \\ 0 & \beta \end{pmatrix}S^{-1} = \frac{1}{ps-qr}\begin{pmatrix} ps\alpha - rq\beta & -pq(\alpha-\beta) \\ rs(\alpha-\beta) & -rq\alpha + ps\beta \end{pmatrix} \quad (10.88)$$

ここで, 行列 $P_{(a_k)_{k=0}^{N-1}}$ を少し書き換える. まず, r,s は正則行列 S の第 2 行ベクトルをなすから少なくとも 1 つは 0 でない. そこで, $r=0$ とすると $s \neq 0$ で, $P_{(a_k)_{k=0}^{N-1}}$ は $\begin{pmatrix} \alpha & (q/s)(\beta-\alpha) \\ 0 & \beta \end{pmatrix}$ となる. $P_{(a_k)_{k=0}^{N-1}}$ の対角成分が α, β である. 一方, 整数成分の行列 F_0, F_1 の積で表される $P_{(a_k)_{k=0}^{N-1}}$ の対角成分は整数である. α, β は無理数で整数ではないから, これは矛盾. よって, $r \neq 0$. 同様にして $s \neq 0$. そこで, $\xi = p/r, \eta = q/s$ とおく. このとき, $0 \neq ps-qr = (\xi-\eta)rs$ であるから $\xi \neq \eta$ である. $P_{(a_k)_{k=0}^{N-1}}$ は ξ, η, α, β だけで次のように書ける:

$$P_{(a_k)_{k=0}^{N-1}} = \frac{1}{\xi-\eta}\begin{pmatrix} \xi\alpha - \eta\beta & -\xi\eta(\alpha-\beta) \\ \alpha-\beta & \xi\beta-\eta\alpha \end{pmatrix} \quad (10.89)$$

N 周期点

前項のことから, a,b,c,d を $ad-bc=1, c \neq 0$ なる整数として,

$$p_{(a_k)_{k=0}^{N-1}}(y) = \frac{ay+b}{cy+d}, \quad P_{(a_k)_{k=0}^{N-1}} = \begin{pmatrix} a & b \\ c & d \end{pmatrix}$$

とかけることがわかる．これから N 周期点は，

$$\frac{ay+b}{cy+d} = y, \ cy^2 - (a-d)y - b = 0$$

なる整数係数の 2 次方程式の解であることがわかった．さらにこの方程式の判別式は

$$(a-d)^2 + 4bc = (a+d)^2 - 4(ad-bc)$$
$$= (\mathrm{tr} P_{(a_k)_{k=0}^{N-1}})^2 - 4 \det P_{(a_k)_{k=0}^{N-1}}$$

であり，これは $P_{(a_k)_{k=0}^{N-1}}$ の固有方程式の判別式 $D = \{l(N-l)+2\}^2 - 4$ に等しい．したがって，N 周期点は

$$\frac{a-d \pm \sqrt{D}}{2c}$$

となり，2 次の無理数である．

10.3.2 周期的区間列に収まる軌道

$(a_k)_{k=0}^{N-1}$ は繰り返し部分のない数列であるとする．$p_{(a_k)_{k=0}^{N-1}}(y)$ を初期値とする軌道は，$y \in J$ を任意として，

$$x_0 \in J_{a_0}, x_1 \in J_{a_1}, \cdots, x_{N-1} \in J_{a_{N-1}} \tag{10.90}$$

を満たす．今，自然数 m について

$$p_{(a_k)_{k=0}^{N-1}}^m(y) \tag{10.91}$$

を初期値とする軌道は，

$$x_0 \in J_{a_0}, x_1 \in J_{a_1}, \cdots, x_{N-1} \in J_{a_{N-1}}$$
$$x_N \in J_{a_0}, x_{N+1} \in J_{a_1}, \cdots, x_{2N-1} \in J_{a_{N-1}}$$
$$\cdots$$
$$x_{(m-1)N} \in J_{a_0}, x_{(m-1)N+1} \in J_{a_1}, \cdots, x_{mN-1} \in J_{a_{N-1}}$$

10.3 不連続関数の場合

となる．したがって，$p^m_{(a_k)_{k=0}^{N-1}}(y)$ の $m \to \infty$ の極限値が存在すれば，$(a_k)_{k=0}^{N-1}$ に対応する N 周期区間列に収まる軌道を与える初期値は，

$$\lim_{m \to \infty} p^m_{(a_k)_{k=0}^{N-1}}(y) \tag{10.92}$$

である．この極限を調べてみよう．

行列 $P_{(a_k)_{k=0}^{N-1}}$ は，

$$P_{(a_k)_{k=0}^{N-1}} = \frac{1}{\xi - \eta} \begin{pmatrix} \xi\alpha - \eta\beta & -\xi\eta(\alpha - \beta) \\ \alpha - \beta & \xi\beta - \eta\alpha \end{pmatrix} \tag{10.93}$$

とかけて，α, β は固有値，$\begin{pmatrix}\xi\\1\end{pmatrix}, \begin{pmatrix}\eta\\1\end{pmatrix}$ はそれぞれ α, β に属する固有ベクトルであった（$r = s = 1$ とした）ので，$\alpha\beta = 1$ に注意して，

$$P_{(a_k)_{k=0}^{N-1}} \begin{pmatrix}\xi\\1\end{pmatrix} = \alpha \begin{pmatrix}\xi\\1\end{pmatrix}, \quad P_{(a_k)_{k=0}^{N-1}} \begin{pmatrix}\eta\\1\end{pmatrix} = \beta \begin{pmatrix}\eta\\1\end{pmatrix} \tag{10.94}$$

m 回繰り返し用いて，

$$P^m_{(a_k)_{k=0}^{N-1}} \begin{pmatrix}\xi\\1\end{pmatrix} = \alpha^m \begin{pmatrix}\xi\\1\end{pmatrix}, \quad P^m_{(a_k)_{k=0}^{N-1}} \begin{pmatrix}\eta\\1\end{pmatrix} = \beta^m \begin{pmatrix}\eta\\1\end{pmatrix} \tag{10.95}$$

これから

$$P^m_{(a_k)_{k=0}^{N-1}} \begin{pmatrix}\xi & \eta \\ 1 & 1\end{pmatrix} = \begin{pmatrix}\alpha^m\xi & \beta^m\eta \\ \alpha^m & \beta^m\end{pmatrix} = \begin{pmatrix}\alpha^m\xi & \eta/\alpha^m \\ \alpha^m & 1/\alpha^m\end{pmatrix}$$

$$P^m_{(a_k)_{k=0}^{N-1}} = \begin{pmatrix}\alpha^m\xi & \eta/\alpha^m \\ \alpha^m & 1/\alpha^m\end{pmatrix}\begin{pmatrix}\xi & \eta \\ 1 & 1\end{pmatrix}^{-1} = \begin{pmatrix}\alpha^m\xi & \eta/\alpha^m \\ \alpha^m & 1/\alpha^m\end{pmatrix}\frac{1}{\xi - \eta}\begin{pmatrix}1 & -\eta \\ -1 & \xi\end{pmatrix}$$

$$= \frac{1}{\xi - \eta}\begin{pmatrix}\xi\alpha^m - \eta/\alpha^m & -\xi\eta(\alpha^m - 1/\alpha^m) \\ \alpha^m - 1/\alpha^m & \xi/\alpha^m - \eta\alpha^m\end{pmatrix}$$

$$\tag{10.96}$$

となる．したがって，

$$p_{(a_k)_{k=0}^{N-1}}{}^m(y) = \frac{(\xi\alpha^m - \eta/\alpha^m)y - \xi\eta(\alpha^m - 1/\alpha^m)}{(\alpha^m - 1/\alpha^m)y + \xi/\alpha^m - \eta\alpha^m} \tag{10.97}$$

となり，

$$\lim_{k\to\infty} p_{(a_k)_{k=0}^{N-1}}{}^m(y) = \begin{cases} \dfrac{\xi(y-\eta)}{y-\eta} = \xi & (\alpha > 1, y \neq \eta) \\ \dfrac{\eta(y-\xi)}{y-\xi} = \eta & (0 < \alpha < 1, y \neq \xi) \end{cases} \quad (10.98)$$

を得る．$0 \leq p_{(a_k)_{k=0}^{N-1}}{}^m(y) < 1$ であるから，$\alpha > 1$ のとき $m \to \infty$ として $0 \leq \xi \leq 1$, $0 < \alpha < 1$ のとき $m \to \infty$ として $0 \leq \eta \leq 1$ となる．$(P_{(a_k)_{k=0}^{N-1}})_{11} = 1/\alpha + \xi(P_{(a_k)_{k=0}^{N-1}})_{21} = \alpha + \eta(P_{(a_k)_{k=0}^{N-1}})_{21}$ であることに注目すると，$\alpha > 1$ のとき $\xi \neq 0, 1$, $0 < \alpha < 1$ のとき $\eta \neq 0, 1$（$\alpha, 1/\alpha$ は無理数，$P_{(a_k)_{k=0}^{N-1}}$ の成分はすべて整数だから）．よって，$\alpha > 1$ のとき $y = \xi \in (0,1) \subset J$ とおくことができ，

$$p_{(a_k)_{k=0}^{N-1}}(\xi) = \frac{(\xi\alpha - \eta/\alpha)\xi - \xi\eta(\alpha - 1/\alpha)}{(\alpha - 1/\alpha)\xi + \xi/\alpha - \eta\alpha} = \frac{\xi(\xi-\eta)\alpha}{(\xi-\eta)\alpha} = \xi \quad (10.99)$$

$$\therefore \lim_{m\to\infty} p_{(a_k)_{k=0}^{N-1}}{}^m(\xi) = \xi \quad (10.100)$$

第1式は ξ が N 周期点であることを示す．$0 < \alpha < 1$ のとき $y = \eta \in (0,1) \subset J$ とおくことができ，

$$p_{(a_k)_{k=0}^{N-1}}(\eta) = \frac{(\xi\alpha - \eta/\alpha)\eta - \xi\eta(\alpha - 1/\alpha)}{(\alpha - 1/\alpha)\eta + \xi/\alpha - \eta\alpha} = \frac{\eta(\xi-\eta)/\alpha}{(\xi-\eta)/\alpha} = \eta \quad (10.101)$$

$$\therefore \lim_{m\to\infty} p_{(a_k)_{k=0}^{N-1}}{}^m(\eta) = \eta \quad (10.102)$$

第1式は η が N 周期点であることを示す．よって，任意の $y \in J$ に対し，

$$\lim_{m\to\infty} p_{(a_k)_{k=0}^{N-1}}{}^m(y) = \begin{cases} \xi & (\alpha > 1) \\ \eta & (0 < \alpha < 1) \end{cases} \quad (10.103)$$

であることが分かった．ξ, η は，N 周期区間列に収まり続ける初期値の極限として得られたのだが，ξ, η は N 周期点でもある．つまり，N 周期の区間列に収まる軌道は，N 周期軌道に他ならないことがわかったのである．

10.3.3　不連続区間力学系と2次の無理数

連続関数 $f(x)$ による区間力学系を連続区間力学系ということもある．これについては，**Li-York**（リ‐ヨーク）の定理や **Sharkovskii**（シャルコフス

キー）の定理などのある程度一般的な成果が得られている．ここでは，$f(x)$ が連続でない場合を扱ったわけである．不動点に落ち込む初期値は有理数，N 周期点は 2 次の無理数であることがわかった．N 周期点に落ち込む初期値も 2 次の無理数であることは想像に難くない．また，漸近的に周期軌道に近づく軌道は実は周期軌道に落ち込んでしまう．このことは，周期区間列に収まる軌道が周期軌道に落ち込む軌道に他ならないことからわかる．

J には周期軌道に落ち込む初期値としての 2 次の無理数以外にもたくさんの無理数が存在する．それらの無理数の初期値の軌道は，如何なる周期軌道にも近づかない，複雑な軌道である．これをカオスという．

前節で，連続関数 $f(x) = 1 - |2x - 1|$ のつくる区間力学系に対して，同様の考察を行った．そこでは，周期軌道に漸近的に近づく軌道を与える初期値は有理数であることを証明した．簡単な振る舞いを行う軌道の初期値は有理数のように数え上げることのできる可算集合となったのだった．今回は，不連続関数のつくる区間力学系なのだが，周期軌道に漸近的に近づく軌道を与える初期値は有理数及び 2 次の無理数ということになったのである．実は 2 次の無理数も可算集合であることが **Minkowski** によって示されているそうだ．したがって，この問題の不連続力学系においても，周期軌道に漸近的に近づく軌道を与える初期値は可算集合であることになる．

ところで，周期点が 2 次の無理数になる不連続区間力学系として最も有名なものは，筆者の知るところ，不連続関数 $1/x - [1/x]$ による区間力学系であろう．これは実数の連分数展開を作り出す区間力学系である．この問題の不連続関数 $f(x)$ は，出題者が，大学入試のために考えたのかどうか分からないけれども，奥の深い問題を出題する力量には敬服する．

Section 10.4
無限次元離散力学系

これまでは，写像 $f: R \to R$ の反復繰り返しによる力学系 $x^{n+1} = f(x^n)$ を考えてきた．ここでは上付き添え字，例えば x^n は x の n 乗を表すのではなく，時間のステップを表すと考える．

ここでは，数列の集合 Σ を考え，写像 $F: \Sigma \to \Sigma$ の反復繰り返しによる力学系

$$(u_k^{n+1}) = F(u_k^n) \tag{10.104}$$

を考える．写像 $f: R \to R$ は 1 次元集合 R におけるものであるのに対し，写像 $F: \Sigma \to \Sigma$ は無限次元集合 Σ におけるものなので，この力学系は無限次元離散力学系と考えることもできる．

具体的な無限次元離散力学系を考えるために，数列の集合として 0 または 1 の数列の集合 Σ_2 において，次のような F を考えよう：

$$u_k^n = u_k^{n-1} + u_{k+1}^{n-1} \mod 2 \tag{10.105}$$

1 次元写像 f では，f の値そのものは連続的な実数であったのに対し，無限次元写像 F では，F の値はたったの 2 つ 0,1 に離散化されている．(10.105) を繰り返し実行すると，この漸化式の解は次の形に表現されることが予想される：，

$$u_k^n = \sum_{r=0}^{n} \binom{n}{r} u_{k-r}^0 \mod 2 \tag{10.106}$$

これは，次のようにして数学的帰納法によって証明することができる．

$n = 0$ のとき明らかに成り立つので，$n \geq 1$ のときを示す．$n = 1$ のとき，$\sum_{r=0}^{n} \binom{n}{r} u_{k-r}^0 = \sum_{r=0}^{n} {}_nC_r u_{k-r}^0 = u_k^0 + u_{k-1}^0$ は定義より u_k^1 であるので，正しい．n のとき正しいと仮定すると，$k \geq 1$ のとき，$u_k^n = \sum_{r=0}^{n} {}_nC_r u_{k-r}^0$, $u_{k-1}^n =$

10.4 無限次元離散力学系

$\sum_{r=0}^{n} {}_nC_r u_{k-1-r}^0$ より,

$$\begin{aligned}
u_k^{n+1} &= u_k^n + u_{k-1}^n = \sum_{r=0}^{n} {}_nC_r u_{k-r}^0 + \sum_{r=0}^{n} {}_nC_r u_{k-1-r}^0 = \sum_{r=0}^{n} {}_nC_r u_{k-r}^0 + \sum_{r=1}^{n+1} {}_nC_{r-1} u_{k-r}^0 \\
&= {}_nC_0 u_k^0 + \sum_{r=1}^{n} {}_nC_r u_{k-r}^0 + \sum_{r=1}^{n} {}_nC_{r-1} u_{k-r}^0 + {}_nC_n u_{k-n-1}^0 \\
&= u_k^0 + \sum_{r=1}^{n} ({}_nC_r + {}_nC_{r-1}) u_{k-r}^0 + u_{k-n-1}^0 = u_k^0 + \sum_{r=1}^{n} {}_{n+1}C_r u_{k-r}^0 + u_{k-n-1}^0 \\
&= \sum_{r=0}^{n+1} {}_{n+1}C_r u_{k-r}^0
\end{aligned}$$

(10.107)

よって，$n+1$ のときも正しい．（証明終）

次に，具体的な初期条件として，$u_k^0 = \delta_{k0}$ である場合を考えてみよう．

$$u_{k-r}^0 = \delta_{k-r,0} = \delta_{kr} = \begin{cases} 1 & (r = k) \\ 0 & (r \neq k) \end{cases} \text{であるから,}$$

$$u_k^n = \sum_{r=0}^{n} \binom{n}{r} u_{k-r}^0 = \sum_{r=0}^{n} \binom{n}{r} \delta_{kr} = \begin{cases} \binom{n}{k} & (k \leq n) \\ 0 & (n < k) \end{cases} \tag{10.108}$$

となるが，$n < k$ のとき，

$$\binom{n}{k} = \frac{\overbrace{n(n-1)\cdots(n-k+1)}^{\text{いずれかが } 0}}{k!} = 0 \tag{10.109}$$

であるから，簡潔に

$$u_k^n = \binom{n}{k} \mod 2 \tag{10.110}$$

となる．

数列 (u_k^n) を行列 U の $(n+1, k+1)$ 成分と考えると，行列 U は Pascal の三角形で，数字を 2 で割った余り (0 または 1) に置き換えたものになることが分かる．この事情を表計算ソフトで実際に実行してみよう．現在の標準的な表計算ソフトには何百種類もの組み込み関数が用意されていて，二

項係数や除算の余りを表す関数も当然組み込まれていて，u_k^n の式を直接表すこともできるが，漸化式を相対参照の式で表して，逐次 u_k^n の値を求めるという方法をとることにしよう．このやり方は，微分方程式の解析解を得ることが困難なときに，微分方程式を差分方程式に書き換え数値解を求めることに似ている．

漸化式をできるだけ簡潔な演算で表現するために次のことに注意しよう．整数 a,b に対し，$a+b$ を2で割った余りと，$|a-b|$ を2で割った余りは等しい．このことは，

$$(a+b) - |a-b| = a+b \mp (a-b) = 2b, 2a \tag{10.111}$$

からすぐわかる．このことにより，漸化式 (10.105) は

$$u_k^n = |u_{k-1}^{n-1} - u_k^{n-1}| \tag{10.112}$$

とかける．Excel の場合，ツール→オプションの表示タブ，ウィンドウオプションの「ゼロ値」のチェックをはずし，ツール→オプションの全般タブ，設定の「R1C1 参照形式を使用する」をチェックしておく．そして，あるワークシートにおいて，第1行第1列に1を入力し，第2行の第2列以降の各セルに，

$$= \text{ABS}(\text{R}[-1]\text{C}[-1] - \text{R}[-1]\text{C}) \tag{10.113}$$

という相対参照の数式を，例えばセル範囲 R2C2:R33C33 に設定する．この式の意味は，この式が入力されているセルの値は，このセルを基準として，1行上同じ列のセル R[−1]C[−1] の値から R[−1]C のセルの値の差の絶対値であることを意味する．これは漸化式 $u_k^n = |u_{k-1}^{n-1} - u_k^{n-1}|$ そのものである．こうすると，セル範囲 R2C2:R33C33 の部分は次のように見える：

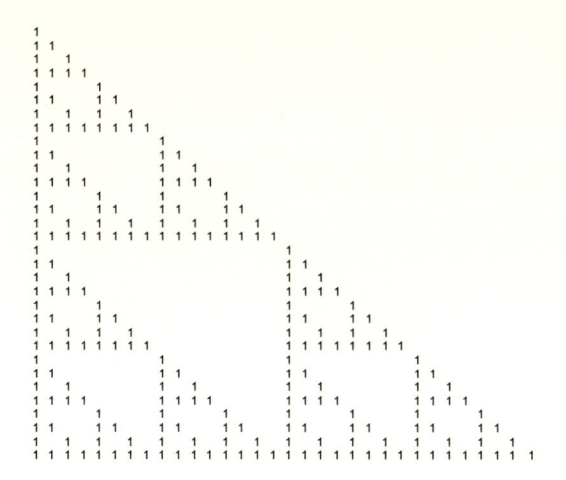

```
1 1
1 1 1
1 1 1 1
1 1   1 1
1 1 1   1 1 1
1 1   1 1   1 1
1 1 1 1 1 1 1 1
1 1             1 1
1 1 1           1 1 1
1 1   1 1       1 1   1 1
1 1 1   1 1 1   1 1 1   1 1 1
1 1   1 1   1 1 1 1   1 1   1 1
1 1 1 1 1 1 1 1 1 1 1 1 1 1 1 1
1 1                             1 1
1 1 1                           1 1 1
1 1   1 1                       1 1   1 1
1 1 1   1 1 1                   1 1 1   1 1 1
1 1   1 1   1 1                 1 1   1 1   1 1
1 1 1 1 1 1 1 1                 1 1 1 1 1 1 1 1
1 1             1 1             1 1             1 1
1 1 1           1 1 1           1 1 1           1 1 1
1 1   1 1       1 1   1 1       1 1   1 1       1 1   1 1
1 1 1   1 1 1   1 1 1   1 1 1   1 1 1   1 1 1   1 1 1   1 1 1
1 1   1 1   1 1 1 1   1 1   1 1 1 1   1 1   1 1 1 1   1 1   1 1
1 1 1 1 1 1 1 1 1 1 1 1 1 1 1 1 1 1 1 1 1 1 1 1 1 1 1 1 1 1 1 1
```

図をよく眺めてほしい．部分が全体の縮小になっていることが見抜けるだろうか．そう，フラクタル図形のもつ自己相似性である．

第11章

パソコンと数学

Section 11.1
素因数分解のアルゴリズム

　2006年の大学入試センター試験で，選択問題として素因数分解のプログラムについての出題があった．出題されたコードは以下のようである：

```
100 INPUT PROMPT "n=": N
110 LET I=2
120 IF N-INT(N/I)*I<>0 THEN
130    LET I=I+1
140    GOTO 120
150 END IF
160 LET N=N/I
170 IF  N=1 THEN
180    PRINT I
190    GOTO 230
200 END IF
210 PRINT I;"*";
220 GOTO 120
230 END
```

11.1.1 プログラムの解説

まず最初に，120 行の N-INT(N/I)*I<>0 の意味を考えてみよう．この条件を通常の数学的記法で書けば，$N - \left[\dfrac{N}{I}\right] I \neq 0$ となる．ここに，$[x]$ は x 以下の最大の整数を表す．このプログラムの中では N, I は自然数で，N を I で割ったときの商を Q，余りを R とすると，

$$N = QI + R \ (R = 0, 1, \cdots, I - 1) \tag{11.1}$$

が成り立つ．$N/I = Q + R/I$ において，$0 \leqq R/I < 1$ であるから $Q = [N/I]$ であり，

$$N - [N/I]I = (QI + R) - QI = R \tag{11.2}$$

である．よって，$N - \left[\dfrac{N}{I}\right] I = R \neq 0$ は「N は・で割り切れない」ということを意味する条件である．

さて，N の素因数分解が，m 個の素数 $p_1 < p_2 < \cdots < p_m$ によって，

$$N = p_1^{n_1} p_2^{n_2} \cdots p_m^{n_m} \tag{11.3}$$

となるとする．ここに，$n_k \ (k = 1, \cdots, m)$ は素因数 p_k が n に含まれる個数 (重複度) である．変数 I は初期値を 2 から始めて，N が I で割り切れない間 (N-INT(N/I)*I<>0 が真の間) その値を 1 ずつ増し (LET I=I+1)，N が I で割り切れる (N-INT(N/I)*I<>0 が偽)，すなわち $I = p_k$ となったときに限り N/I の計算を行い，その都度新しい N の値として N/I を代入する：LET N=N/I．この計算は $I = p_k$ のまま連続して n_k 回行なわれる．このように，N は，その初期値 $p_1^{n_1} \cdots p_m^{n_m}$ から順に $I = p_1$ で n_1 回割られ，$I = p_2$ で n_2 回割られ，$\cdots$，$I = p_m$ で n_m 回割られるので，最終的に $N = 1$ となって終了する．同時に I は 2 から p_m までの値を順番にとっていく．よって，160 行 LET N=N/I の実行される回数 f は

$$f = n_1 + n_2 + \cdots + n_m \tag{11.4}$$

であり，f 回のうち最初の $f - 1$ 回は 210 行 PRINT I;"*"; が実行されて素因数 $p_1, p_2, \cdots, p_m$ がそれぞれ n_1 個, n_2 個, $\cdots, n_m - 1$ 個 表示され，最後

の f 回目は，180 行 `PRINT I` が 1 回だけ実行され p_m が 1 個表示される．したがって，このプログラムに自然数 N を入力すると，その素因数分解表示 $N = p_1^{n_1} p_2^{n_2} \cdots p_m^{n_m}$ ($p_1 < p_2 < \cdots < p_m$) に対応して，出力される文字列は

$$\overbrace{p_1 * \cdots * p_1}^{n_1 個} * \overbrace{p_2 * \cdots * p_2}^{n_2 個} * \cdots * \overbrace{p_m * \cdots * p_m}^{n_m 個} \tag{11.5}$$

となるのである．

11.1.2 プログラムの改良

　この問題のプログラムは十進 Basic という言語でかかれている．身近な表計算ソフト Excel のプログラミング環境も，この言語とよく似た Visual Basic for Application (略して VBA とよぶ) として用意されている．VBA を用いると，新しくワークシート関数を作ることができる．この問題のプログラムを応用して，与えられた n に対して，その素因数分解表示を与える関数を作ってみよう．

　PC 上で Excel を起動させ，新規に素因数分解.xls という名前のファイルをハードディスクの適当な場所へ保存する．メニューのツール→マクロ→ Visual Basic Editor を選択し，VBA のプログラムコードを記述するため Visual Basic Editor(略して VBE とよぶ) を起動する．VBE のメニューの挿入→標準モジュールを選択し，次の VBA プログラムコードを記述する．ただし，シングルクオーテーション' 以下の記述はコメント行で，プログラムコードを解説するために用いられ，プログラムの実行には影響しない．

```
' 引数 n に対しその素因数分解\index{そいんすうぶんかい@素因数分解}
表示文字列を返す
'strFACT 関数を定義する
Function strFACT(n As Variant) As String
' 変数 i,j の宣言
    Dim i As Long, j As Integer
```

```
        If Not IsNumeric(n) Or n < 1 Then
'nの初期値が数値でなかったり，
'数値でも1未満ならERRORという文字列を返す
            strFACT = "ERROR"
            Exit Function
'nの初期値が数値で1以上ならそれを整数\index{せいすう@整数}化する
        Else
            n = Int(n)
        End If
'変数i,j,strFACTの初期化
        i = 2
        j = 0
        strFACT = ""
        Do While n <> 1
'nがiで割り切れるまでiの値を1ずつ増す
            Do While n Mod i <> 0
                i = i + 1
'途中nが素数であることがわかったらi=nとしてぬける
                If i > Int(n ^ 0.5) Then i = n
            Loop
            j = 0
            Do
                j = j + 1
                n = n / i
            Loop While n Mod i = 0
            If j = 1 Then '重複度が1ならそのまま
                strFACT = strFACT & i & "*"
            Else '重複度が2以上なら(素因数)^(重複度)
```

```
                strFACT = strFACT & i & "^" & j & "*"
            End If
        Loop
        If strFACT = "" Then
            strFACT = 1
        Else 'strFact の最後尾の"*"を除去
            strFACT = Left(strFACT, Len(strFACT) - 1)
        End If
End Function
```

Excel ファイル素因数分解.xls の任意のワークシート上で，A1 セルに 18900 と入力し，B2 セルに = strFACT(A1) と入力すると，$18900 = 2^2 \cdot 3^3 \cdot 5^2 \cdot 7$ であるから B2 セルには 2^2*3^3*5^2*7 と表示される．

11.1.3　アルゴリズムの効率化

VBA プログラムの

```
Do While n Mod i <> 0
    i = i + 1
' 途中 n が素数であることがわかったら i=n としてぬける
    If i > Int(n ^ 0.5) Then i = n
Loop
```

の部分について考えてみよう．この部分は，「n が i で割り切れない間は i の値を i の値を 1 づつ増しなさい．ただし，途中 $\sqrt{n}$ を超えたらすぐ $i = n$ としなさい」という繰り返し処理を表している．ここで，

```
    If i > Int(n ^ 0.5) Then i = n
```

の記述がなくてもプログラムは正しい素因数分解を行なって終了する．しかし，次の数学的事実を考えてみよう：

$$\text{自然数 } N \text{ が合成数ならば，必ず } \sqrt{N} \text{ 以下の約数をもつ} \quad (11.6)$$

(証明)　$N = pq\,(1 < p \leqq q < N)$ とすると $p^2 \leqq pq = N, p \leqq \sqrt{N}$　(証明終). この対偶をとると,

2 以上 $\sqrt{N}$ 以下の約数を持たない自然数 N は素数である　(11.7)

ことがわかる．したがって，大雑把に言って，

```
If i > Int(n ^ 0.5) Then i = n
```

の記述をすることにより，繰り返し処理の最大回数は，n が素数である場合に，約 n から約 $\sqrt{n}$ まで軽減され，プログラムの高速化になっている．

実際，どのくらいの高速化になっているか，素数 123456791 に対して，`If i > Int(n ^ 0.5) Then i = n` の記述がある場合とない場合で実行時間を比較してみると，前者はほとんど瞬時であるのに対し，後者は 1 分近くかかってしまう (n = 123456791 〜 10^8, $\sqrt{n}$ 〜 10^4)．さらに，このプログラムの変数 i は長整数型とよばれる 32bit の変数で，$-(2^{31}-1)$ から $2^{31}-1$ までの整数を扱えるので，その範囲の最大素数 $2^{31}-1$ = 2147483647 に対して同じことを行なってみると，前者はやはりほとんど瞬時に終了するが，後者では，筆者の PC 環境では応答がなくなってしまった (n 〜 $2 \cdot 10^9$, $\sqrt{n}$ 〜 $5 \cdot 10^4$)．

この例のように，僅か 1 行のコードがあるだけで，そのプログラムの実用性が左右される．理論的に素因数分解ができるアルゴリズムでも，現実的な時間で終了しないならば使い物にならない．できるだけ，アルゴリズムの効率化を行なって，現実に役に立つプログラムにしなければならないのである．

現在ではすっかり普及したインターネットの安全性は，大きな素数の素因数分解が難しいことによって保障されている．もし，大きな素数を効率的に素因数分解するアルゴリズムが発見され，しかもそれが実際に実現されたら，インターネットの安全性を根幹から揺るがすので，その社会的な影響は計り知れない．

Section 11.2
Bezier 曲線

　平面上に曲線を描こうとするときは，あらかじめいくつかの点をとっておいて，それらを滑らかな曲線で結ぶことを行うだろう．フリーハンドの場合は，思わぬ誤動作によって曲線の滑らかさを失う．コンピュータを用いてこれを実現する場合は，Bezier 曲線が用いられる．ドロー系のグラフィクソフトを用いてイラストを描いたことのある人だったら，Bezier 曲線を体感しているはずである．

11.2.1　Bezier 曲線の定義

　Bezier 曲線の数学的な定義は次のようになる：n を正の整数とする．n 次 Bezier 曲線は，$n+1$ 個の点列 $P_0, \cdots, P_n$ から決まる t の n 次多項式

$$\begin{cases} x = \sum_{k=0}^{n} a_k \binom{n}{k} t^k (1-t)^{n-k} \\ y = \sum_{k=0}^{n} b_k \binom{n}{k} t^k (1-t)^{n-k} \end{cases} \tag{11.8}$$

を曲線のパラメータ表示とする曲線である．ここに，(a_k, b_k) $(k = 0, 1, \cdots, n)$ は点 P_k $(k = 0, 1, \cdots, n)$ の座標で，パラメータ t の変域は $[0, 1]$ である．O を原点 $(0, 0)$ とし，$\vec{r} = (x, y)$ とおくと，

$$\vec{r} = \sum_{k=0}^{n} \overrightarrow{OP}_k \binom{n}{k} t^k (1-t)^{n-k} \tag{11.9}$$

とかける．

11.2.2　Bezier 曲線による補間

Bezier 曲線を用いて，いくつかの点を滑らかに繋げることを考えよう．一般に，点と点の間を曲線で繋げることを補間するという．

まず，Bezier 曲線の次の性質に注目する：

---

n 次の Bezier 曲線

$$\vec{r} = \sum_{k=0}^{n} \overrightarrow{\mathrm{OP}_k} \binom{n}{k} t^k (1-t)^{n-k}$$

について，次のことが成り立つ：

$$\left.\frac{d\vec{r}}{dt}\right|_{t=0} = n\overrightarrow{\mathrm{P}_0 \mathrm{P}_1}, \quad \left.\frac{d\vec{r}}{dt}\right|_{t=1} = n\overrightarrow{\mathrm{P}_{n-1} \mathrm{P}_n}$$

（証明）$x = \sum_{k=0}^{n} a_k \binom{n}{k} t^k (1-t)^{n-k}$ ($t \in (0,1)$) を t で微分すると，

$$\begin{aligned}
\frac{dx}{dt} &= \sum_{k=0}^{n} a_k \binom{n}{k} \{kt^{k-1}(1-t)^{n-k} + t^k(n-k)(1-t)^{n-k-1}(-1)\} \\
&= \sum_{k=1}^{n} a_k k \binom{n}{k} t^{k-1}(1-t)^{n-k} - \sum_{k=0}^{n-1} a_k \binom{n}{k}(n-k) t^k (1-t)^{n-k-1} \\
&= \sum_{k=1}^{n} a_k \frac{kn!}{k!(n-k)!} t^{k-1}(1-t)^{n-k} - \sum_{k=0}^{n-1} a_k \frac{n!(n-k)}{k!(n-k)!} t^k (1-t)^{n-k-1} \\
&= n \sum_{k=1}^{n} a_k \frac{(n-1)!}{(k-1)!(n-k)!} t^{k-1}(1-t)^{n-k} - n \sum_{k=0}^{n-1} a_k \frac{(n-1)!}{k!(n-k-1)!} t^k (1-t)^{n-k-1} \\
&= n \sum_{k=1}^{n} a_k \binom{n-1}{k-1} t^{k-1}(1-t)^{n-k} - n \sum_{k=0}^{n-1} a_k \binom{n-1}{k} t^k (1-t)^{n-1-k} \\
&= n \sum_{k=0}^{n-1} a_{k+1} \binom{n-1}{k} t^k (1-t)^{n-1-k} - n \sum_{k=0}^{n-1} a_k \binom{n-1}{k} t^k (1-t)^{n-1-k} \\
&= n \sum_{k=0}^{n-1} (a_{k+1} - a_k) \binom{n-1}{k} t^k (1-t)^{n-1-k}
\end{aligned}$$

(11.10)

$t \to +0, t \to 1-0$ とすると,

$$\left.\frac{dx}{dt}\right|_{t=+0} = n(a_1 - a_0)\binom{n-1}{0} = n(a_1 - a_0)$$
$$\left.\frac{dx}{dt}\right|_{t=1-0} = n(a_n - a_{n-1})\binom{n-1}{n-1} = n(a_n - a_{n-1})$$
(11.11)

全く同様にして,

$$\left.\frac{dy}{dt}\right|_{t=+0} = n(b_1 - b_0)\binom{n-1}{0} = n(b_1 - b_0)$$
$$\left.\frac{dy}{dt}\right|_{t=1-0} = n(b_n - b_{n-1})\binom{n-1}{n-1} = n(b_n - b_{n-1})$$
(11.12)

となり,証明された.(終)

平面上に 2 点 A, B が与えられ,これらを滑らかな曲線で結んだとき,両端における接線の方向が与えられた直線 l, m にそれぞれ平行なるようにすることを考えよう.このとき,l, m の方向はそれぞれ独立に与えられるようにする.

1 次の Bezier 曲線で結ぶことにする(図 11.1).このとき,$P_0 = A, P_1 = B$ であり,

$$\vec{r} = \sum_{k=0}^{1} \overrightarrow{OP_k}\binom{1}{k}t^k(1-t)^{1-k} = (1-t)\overrightarrow{OA} + t\overrightarrow{OB} = \overrightarrow{OA} + t\overrightarrow{AB}$$
(11.13)

となり,これは直線 AB のベクトル方程式である.直線 l, m は同一の直線 P_0P_1 に平行になる.つまり,両端の接線の方向は両端の 2 点を結ぶ直線の方向に他ならない.すなわち,接線の方向は 2 点 A, B の位置を決めると一意的に決まってしまい,これらを独立に与えることはできない.

2 次の Bezier 曲線で結ぶことにする(図 11.2).このとき,$P_0 = A, P_2 = B$ である.直線 l は直線 P_0P_1 に,直線 m は直線 P_1P_2 にそれぞれ平行になる.Bezier 曲線のパラメータ表示は

$$\begin{aligned}\vec{r} &= \sum_{k=0}^{1} \overrightarrow{OP_k}\binom{2}{k}t^k(1-t)^{2-k} \\ &= (1-t)^2\overrightarrow{OA} + 2t(1-t)\overrightarrow{OP_1} + t^2\overrightarrow{OB} \\ &= \overrightarrow{OA} + 2t\left(-\overrightarrow{OA} + \overrightarrow{OP_1}\right) + t^2\left(\overrightarrow{OA} - 2\overrightarrow{OP_1} + \overrightarrow{OB}\right)\end{aligned}$$
(11.14)

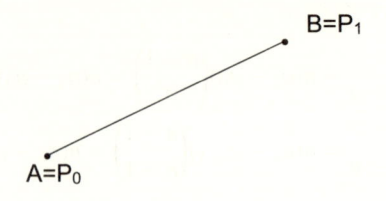

図 11.1 2 点を 1 次の Bezier 曲線（直線）で補間する

となる．P_1 を線分 AB の中点にとらなければ，これはパラメータ 2 次曲線で，一般には曲線になる（もちろんまっすぐになることもある）．直線 l は AP_1 に平行で，直線 m は P_1B に平行である．P_1 の位置を決めて一方の方向を決めると他方の方向が決まってしまうので，やはり両端における接線の方向を独立に与えることができない．

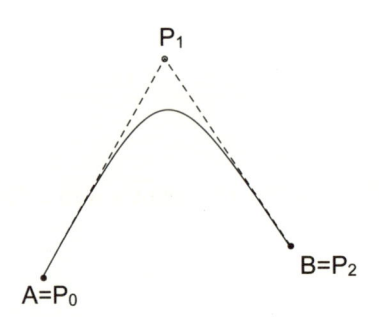

図 11.2 2 点を 2 次 Bezier 曲線で補間する

3 次以上の Bezier 曲線で結ぶことにする．このとき，$P_0 = A, P_n = B$ である．直線 l は直線 P_0P_1 に，直線 m は直線 $P_{n-1}P_n$ にそれぞれ平行になる．$n \geqq 3$ であるから，これらの方向は，異なる 2 点 P_1, P_{n-1} を独立に与えることによって，独立に与えることができる．しかも，A, B における接線の方向が定まっても，P_1, P_{n-1} の位置を接線方向にスライドさせることによって，曲線の形はいろいろに変化させることができる．n が 3 より大きいならば，これら 2 点の他，$n-3$ 個の点 $P_2, \cdots, P_{n-2}$ の位置を調整することに

11.2 Bezier 曲線

よりさらにいろいろな曲線の形を選ぶことができる．しかし，滑らかに結ぶということで十分なら，$n = 3$ で十分であろう（図 11.3）．このとき，

$$\vec{r} = \sum_{k=0}^{3} \overrightarrow{OP_k} \binom{3}{k} t^k (1-t)^{3-k}$$

$$= \overrightarrow{OA} t^3 + 3\overrightarrow{OP_1} t(1-t)^2 + 3\overrightarrow{OP_2} t^2(1-t) + \overrightarrow{OB}(1-t)^3 \tag{11.15}$$

となる．t^3 の係数は，

$$\overrightarrow{OA} + 3\overrightarrow{OP_1} - 3\overrightarrow{OP_2} - \overrightarrow{OB} = -\overrightarrow{AB} + 3\overrightarrow{P_1 P_2}$$

となる．$\overrightarrow{P_1 P_2} = \overrightarrow{AB}/3$ でなければこれは $\vec{0}$ にならず，曲線はパラメータ 3 次曲線になる．

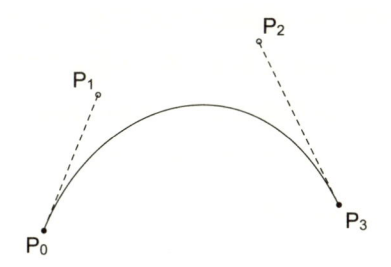

図 11.3 2 点を 3 次の Bezier 曲線で補間する

さて，3 点 A, B, C が与えられたとし，これらを 3 次 Bezier 曲線で滑らかに結んでみよう．

まず，$A = P_0, B = P_3$ とし，2 点 P_1, P_2 を適当にとり，AB 間を 3 次 Bezier 曲線 $\vec{r} = \sum_{k=0}^{3} \overrightarrow{OP_k}\binom{3}{k} t^k (1-t)^{3-k}$ ($0 \leq t \leq 1$) で結ぶ．このとき，2 点 P_1, P_2 は A, B と異なる位置にとる．

次に，$B = Q_0, C = Q_3$ とし，Q_1 を $P_2 B$ 上にとり，Q_2 を適当にとって BC 間を 3 次 Bezier 曲線 $\vec{r} = \sum_{k=0}^{3} \overrightarrow{OQ_k}\binom{3}{k} t^k (1-t)^{3-k}$ ($0 \leq t \leq 1$) で結ぶ．このとき，2 点 Q_1, Q_2 は B, C と異なる位置にとる．

こうして，3 点 A, B, C は点 B において滑らかに連結された 2 つの 3 次 Bezier 曲線で結ばれる．

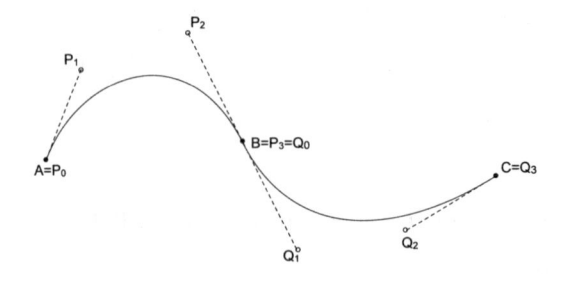

図 11.4 3 点を 3 次の Bezier 曲線で滑らかに結ぶ

このように，いくつかの点を滑らかに結ぶには，隣り合う 2 点を別の 2 点の座標から定まる多項式による曲線で結んでいく．このとき，つなぎ目の点では曲線の接線の傾きは連続的に変化する．このことを曲線を「なめらか」につなぐという．曲線全体は，多くの点の座標をパラメータとする「区分的になめらかな」3 次曲線になる．後から曲線の一部を変更したいときは，その部分に関する 2 点の位置を修正するだけでその部分を変更することができ，他の部分には影響を与えない．

11.2.3　その他の補間多項式

いくつかの点を補間する曲線として古くから有名なものに，Lagrange の補間多項式と呼ばれるものがある．これは，補間対象となる点すべての座標をパラメータとする多項式曲線を表す．これを紹介しよう．

n を自然数とする．相異なる $n+1$ 個の点 (x_i, y_i) $(i = 0, 1, \cdots, n)$ がある．ここで，x_i $(i = 0, 1, \cdots, n)$ は相異なるとする．これらの点を通る多項式関数 $p(x)$ のグラフを考える．$p(x)$ の次数は n 以下とする．

求める多項式を，

$$p(x) = \sum_{j=0}^{n} a_j x^j \qquad (11.16)$$

11.2 Bezier 曲線

とおく．$p(x_i) = y_i$ $(i = 0, 1, \cdots, n)$ すなわち

$$\sum_{j=0}^{n} x_i^j a_j = y_i \ (i = 0, 1, 2, \cdots, n) \tag{11.17}$$

を $n+1$ 個の $a_0, a_1, \cdots, a_n$ についての連立 1 方程式とみる．$n+1$ 次正方行列 $X = (x_i^j)$ と 2 つの $n+1$ 次元縦ベクトル $\boldsymbol{y} = (y_i), \boldsymbol{a} = (a_i)$ をもちいると

$$X\boldsymbol{a} = \boldsymbol{y} \tag{11.18}$$

とかける．X の行列式は

$$\det X = \begin{vmatrix} 1 & x_0 & x_0^2 & \cdots & x_0^n \\ 1 & x_1 & x_1^2 & \cdots & x_1^n \\ 1 & x_2 & x_2^2 & \cdots & x_2^n \\ \vdots & \vdots & \vdots & \ddots & \vdots \\ 1 & x_n & x_n^2 & \cdots & x_n^n \end{vmatrix} = \begin{vmatrix} 1 & 1 & \cdots & 1 \\ x_0 & x_1 & \cdots & x_n \\ x_0^2 & x_1^2 & \cdots & x_n^2 \\ \cdots \cdots \\ x_0^n & x_1^n & \cdots & x_n^n \end{vmatrix} \tag{11.19}$$

となり，これは有名な Vandermonde の行列式である：

$$\det X = (-1)^{\frac{n(n+1)}{2}} \prod_{0 \leq i < k \leq n} (x_i - x_k) \tag{11.20}$$

$x_0, x_1, \cdots, x_n$ は相異なるから，$\det X \neq 0$．よって，Cramer の公式より，一意的に

$$a_j = \frac{\begin{vmatrix} 1 & x_0 & x_0^2 & \cdots & x_0^j \to y_0 & \cdots & x_0^n \\ 1 & x_1 & x_1^2 & \cdots & x_1^j \to y_1 & \cdots & x_1^n \\ 1 & x_2 & x_2^2 & \cdots & x_2^j \to y_2 & \cdots & x_2^n \\ \vdots & \vdots & \vdots & & \vdots & & \vdots \\ 1 & x_n & x_n^2 & \cdots & x_n^j \to y_n & \cdots & x_n^n \end{vmatrix}}{(-1)^{\frac{n(n+1)}{2}} \prod_{0 \leq i < k \leq n} (x_i - x_k)} \tag{11.21}$$

ここで，$x_i^j \to y_i$ は x_i^j を y_i で置き換えるという意味である．

$p(x)$ は一意的に求まった．それを $p_n(x)$ とかこう．

$p_n(x)$ は，異なる $n+1$ 個の $x_0, x_1, \cdots, x_n$ と $n+1$ 個の $y_0, y_1, \cdots, y_n$ を用いて，次のように書けることが知られている：

$$p_n(x) = \sum_{j=0}^{n} y_j \frac{\omega(x)}{(x-x_j)\omega'(x_j)} \qquad (11.22)$$

ここに

$$\omega(x) = \prod_{k=0}^{n} (x - x_k) \qquad (11.23)$$

は x の $n+1$ 次式である．

$$\begin{aligned}
\omega'(x) &= \frac{d\omega(x)}{dx} = \prod_{k \neq 0}(x-x_k) + \prod_{k \neq 1}(x-x_k) + \cdots + \prod_{k \neq n}(x-x_k) \\
&= \sum_i \prod_{k \neq i}(x-x_k) \\
\therefore \omega'(x_j) &= \sum_i \prod_{k \neq i}(x_j-x_k) = \prod_{k \neq j}(x_j-x_k) + \sum_{i \neq j}\prod_{k \neq i}(x_j-x_k) \\
&= \prod_{k \neq j}(x_j-x_k)
\end{aligned} \qquad (11.24)$$

（最後の等号で $\sum_{i \neq j} \prod_{k \neq i}(x_j - x_k) = 0$ を用いた）であるから，

$$\omega_j(x) = \frac{\omega(x)}{x - x_j} = \prod_{0 \leq k \leq n, k \neq j}(x - x_k) \qquad (11.25)$$

とおくと，これは n 次式で，$\omega'(x_j) = \omega_j(x_j)$．したがって，Lagrange の補間多項式は

$$p_n(x) = \sum_{j=0}^{n} \frac{y_j}{\omega_j(x_j)} \omega_j(x) \qquad (11.26)$$

とも表せる．これを x の多項式として展開整理したときの x^j の係数が先に求めた a_j の表式になる．

Bezier 曲線は，区分的になめらかなパラメータ 3 次曲線である．これに対し，Lagrange の補間多項式曲線は，高々 n 次関数 $y = p_n(x)$ のグラフである．ともに，与えられたいくつかの定点を通る滑らかな曲線を与える．Lagrange の補間多項式曲線の場合は，通る点によって一意に決まってしまうので，Bezier 曲線のようにたくさんの制御点を動かすことによって多様

な曲線になりうるような柔軟性はない．グラフィックデザインのような創造的な作業には適していない．

Section 11.3
Office ソフトと数学

　数学をコンピュータを使って研究したりする場合，数値計算専用ソフトや Mathematica などの数式処理ソフトが思い浮かぶ．しかし，これらは大型コンピュータ上でしか使えなかったり，商用ソフトでも個人消費者には手が出ないほど高額であったりする．そこで，ここでは，消費者向けパソコンの OS 付属の電卓ツールや，アプリケーションソフトウェアの Office ソフトを使ってみよう．

11.3.1　関数電卓

　まず，パソコンの電卓ツールによる数値計算例として，次の入試問題を考えよう．パソコンの電卓ツールは市販の電卓よりもかなり高機能で，関数電卓モードも用意されている．関数電卓は，大学理系学生実験の統計計算などでよく使われていた．

> 自然数 $n \geq 2$ に対して，数列
> $$n - \sum_{k=2}^{n} \frac{k}{\sqrt{k^2 - 1}} \qquad (11.27)$$
> の極限を調べよ．
>
> 　　　　　　　　　　東京大学後期 (2001) から

　極限を調べるということは，まず収束するかどうか，そして収束するならその極限値はどのような値かという 2 つの問題を解決しなければならな

い．収束することは，下に有界な単調減少数列であることを示すことができる．ここでは具体的な数値計算をしてみよう．

まず，準備として調和級数と zeta 関数について簡単にまとめておこう．

$$\sum_{n=1}^{\infty} \frac{1}{n^s}$$

は $s > 1$ で収束することが知られている．その和の値は s の関数であるから，$\zeta(s)$ とかく．Riemann は s を複素変数に拡張してこの関数を研究した．いまだに解決されていない超難問「Riemann 予想」もこの関数に関するものである．歴史的には，まず Euler が s が正の偶数の場合の $\zeta(s)$ の値を計算した．すなわち，$s = 2n$ (n は自然数) のとき，

$$\zeta(2n) = \frac{2^{2n-1} B_n}{(2n)!} \pi^{2n} \tag{11.28}$$

B_n は Bernoulli 数で，循環式

$$\sum_{k=1}^{n} (-1)^{k-1} \binom{2n+1}{2k} B_k = n - \frac{1}{2} \tag{11.29}$$

において，$n = 1, 2, \cdots$ とすれば

$$B_1 = \frac{1}{6},\ B_2 = \frac{1}{30},\ B_3 = \frac{1}{42},\ B_4 = \frac{1}{30}, \cdots \tag{11.30}$$

と B_n が順次求められ，$\zeta(2n)$ も

$$\zeta(2) = \frac{\pi^2}{6},\ \zeta(4) = \frac{\pi^4}{90},\ \zeta(6) = \frac{\pi^6}{945},\ \zeta(8) = \frac{\pi^8}{9450}, \cdots \tag{11.31}$$

のように順次求められる．

さて，与えられた数列の第 n 項を $f(n)$ と書くと，

$$f(n) = 1 + (n-1) - \sum_{k=2}^{n} \frac{k}{\sqrt{k^2-1}} = 1 + \sum_{k=2}^{n} 1 - \sum_{k=2}^{n} \frac{k}{\sqrt{k^2-1}} = 1 - \sum_{k=2}^{n} \left(\frac{k}{\sqrt{k^2-1}} - 1 \right) \tag{11.32}$$

そこで，$a_k = \frac{k}{\sqrt{k^2-1}} - 1 (> 0, k \geq 2)$ とおけば，

$$f(n) = 1 - \sum_{k=2}^{n} a_k\ (n \geq 2) \tag{11.33}$$

と書ける. $k \geq 2$ のとき, $|-\frac{1}{k^2}| \leq \frac{1}{4} < 1$ であるから,

$$\begin{aligned}
a_k &= \left(1 - \frac{1}{k^2}\right)^{-\frac{1}{2}} - 1 = \sum_{n=0}^{\infty} \binom{-\frac{1}{2}}{n}\left(-\frac{1}{k^2}\right)^n - 1 = \sum_{n=1}^{\infty} \binom{-\frac{1}{2}}{n}\left(-\frac{1}{k^2}\right)^n \\
&= \sum_{n=1}^{\infty} \frac{(-\frac{1}{2})(-\frac{1}{2}-1)\cdots(-\frac{1}{2}-n+1)}{n!} \frac{(-1)^n}{k^{2n}} = \sum_{n=1}^{\infty} \frac{(-1)^n \frac{(2n-1)!!}{2^n}}{n!} \frac{(-1)^n}{k^{2n}} \\
&= \sum_{n=1}^{\infty} \frac{(2n-1)!!}{2^n n!} \frac{1}{k^{2n}} = \sum_{n=1}^{\infty} \frac{(2n-1)!!}{(2n)!!} \frac{1}{k^{2n}}
\end{aligned}$$

(11.34)

ここで $N!! = \begin{cases} N(N-2)\cdots 3 \cdot 1 & (N:\text{奇数}) \\ N(N-2)\cdots 4 \cdot 2 & (N:\text{偶数}) \end{cases}$ という記法を用いた. したがって,

$$\sum_{k=2}^{\infty} a_k = \sum_{k=2}^{\infty} \sum_{n=1}^{\infty} \frac{(2n-1)!!}{(2n)!!} \frac{1}{k^{2n}} = \sum_{n=1}^{\infty} \sum_{k=2}^{\infty} \frac{(2n-1)!!}{(2n)!!} \frac{1}{k^{2n}} = \sum_{n=1}^{\infty} \frac{(2n-1)!!}{(2n)!!} \sum_{k=2}^{\infty} \frac{1}{k^{2n}}$$

(11.35)

ここで, $\sum_{k=2}^{\infty} \frac{1}{k^{2n}} = \sum_{k=1}^{\infty} \frac{1}{k^{2n}} - 1 = \zeta(2n) - 1$ であるから,

$$\begin{aligned}
1 - m &= \sum_{k=2}^{\infty} a_k = \sum_{n=1}^{\infty} \frac{(2n-1)!!}{(2n)!!}(\zeta(2n) - 1) \\
&= \frac{1}{2}\{\zeta(2) - 1\} + \frac{3}{8}\{\zeta(4) - 1\} + \frac{5}{16}\{\zeta(6) - 1\} + \frac{35}{128}\{\zeta(8) - 1\} \\
&\quad + \sum_{n=5}^{\infty} \frac{(2n-1)!!}{(2n)!!}\{\zeta(2n) - 1\} \\
&= \frac{1}{2}\left(\frac{\pi^2}{6} - 1\right) + \frac{3}{8}\left(\frac{\pi^4}{90} - 1\right) + \frac{5}{16}\left(\frac{\pi^6}{945} - 1\right) + \frac{35}{128}\left(\frac{\pi^8}{9450} - 1\right) \\
&\quad + \sum_{n=5}^{\infty} \frac{(2n-1)!!}{(2n)!!}\{\zeta(2n) - 1\} \\
&= \frac{\pi^2}{12} + \frac{\pi^4}{240} + \frac{\pi^6}{3024} + \frac{\pi^8}{34560} - \frac{187}{128} + \sum_{n=5}^{\infty} \frac{(2n-1)!!}{(2n)!!}\{\zeta(2n) - 1\}
\end{aligned}$$

(11.36)

ゆえに,

$$m = \frac{315}{128} - \left(\frac{\pi^2}{12} + \frac{\pi^4}{240} + \frac{\pi^6}{3024} + \frac{\pi^8}{34560}\right) - \sum_{n=5}^{\infty}\frac{(2n-1)!!}{(2n)!!}\{\zeta(2n) - 1\}$$

$$\simeq 0.6401271449786941984856449325096 8 - \sum_{n=5}^{\infty}\frac{(2n-1)!!}{(2n)!!}\{\zeta(2n) - 1\} \tag{11.37}$$

電卓ツールは関数電卓モードにして計算した. 円周率 π は

$$3.1415926535897932384626433832795$$

と表示される. 誤差は $-\delta = -\sum_{n=5}^{\infty}\frac{(2n-1)!!}{(2n)!!}\{\zeta(2n) - 1\} < 0$ で与えられる. このおおよその値を見積もるために,

$$\begin{aligned}\sum_{n=1}^{\infty}(\zeta(2n) - 1) &= \sum_{n=1}^{\infty}\sum_{k=2}^{\infty}\frac{1}{k^{2n}} = \sum_{k=2}^{\infty}\sum_{n=1}^{\infty}\left(\frac{1}{k^2}\right)^n = \sum_{k=2}^{\infty}\frac{\frac{1}{k^2}}{1 - \frac{1}{k^2}} = \sum_{k=2}^{\infty}\frac{1}{k^2 - 1} \\ &= \lim_{K \to \infty}\sum_{k=2}^{K}\frac{1}{k^2 - 1} = \lim_{K \to \infty}\sum_{k=2}^{K}\frac{1}{2}\left(\frac{1}{k-1} - \frac{1}{k+1}\right) \\ &= \lim_{K \to \infty}\frac{1}{2}\left(1 + \frac{1}{2} - \frac{1}{K} - \frac{1}{K+1}\right) = \frac{3}{4}\end{aligned} \tag{11.38}$$

に注目する. $(2n-1)!! < (2n)!!, \zeta(2n) > 1$ であるから, $0 < \frac{(2n-1)!!}{(2n)!!}(\zeta(2n) - 1) < \zeta(2n) - 1$. よって,

$$\begin{aligned}0 < \delta &= \sum_{n=5}^{\infty}\frac{(2n-1)!!}{(2n)!!}\{\zeta(2n) - 1\} < \sum_{n=5}^{\infty}\{\zeta(2n) - 1\} \\ &= \frac{3}{4} - \{\zeta(2) - 1 + \zeta(4) - 1 + \zeta(6) - 1 + \zeta(8) - 1\} \\ &= \frac{19}{4} - \frac{\pi^2}{6} - \frac{\pi^4}{90} - \frac{\pi^6}{945} - \frac{\pi^8}{9450} \\ &\simeq 0.0013222812582418929183779685132339\end{aligned} \tag{11.39}$$

これらの計算から,

$$m \simeq 0.64 \tag{11.40}$$

であることが分かる．

　もっと高度な計算力をもつソフトウェアで多くの項を計算すると $m = 0.63981\cdots$ であることが分かる．

　ここではわざわざ 2 項展開 (Taylor 展開) や Bernoulli 数を用いた表現を数値計算に使った．このことにより級数の第 4 項ぐらいまでとれば小数第 1,2 位ぐらいまでは確定した．逆に言うと，真の値を小数第 1,2 位まで知る程度でよいのなら，最初の数項で済むわけである．これに対し，$1 - \sum_{k=2}^{n} \left(\dfrac{k}{\sqrt{k^2-1}} - 1 \right)$ を用いて同じ精度を得ようとしたらどのくらいの項まで取ればよいかはぜひ読者が試して欲しい．小数第 1 位が 6 となり始めるのは $n = 8$ ぐらいからだが，減少数列なのでもっと先を計算しなければ本当に小数第 1 位が 6 かどうかは判断できない．巧妙な不等式評価で，例えば下限が 0.625 より大きいことは示せる．しかし，1000 項を超えても小数第 2 位が 3 にならず，非常にゆっくりと収束するのである．どんなソフトウェアやハードウェアを使うにしても，コンピュータを効率よく使うには手計算でうまく数式処理をすることが重要なのである．

11.3.2　表計算ソフト

　表計算ソフト (Spread Sheet Software) は，一般の人がパソコンで仕事を行うときに気軽に利用するソフトである．名簿表，成績一覧表，当番表などの表を作成するのによく使われる．最も普及しているバージョンでは，一つのシートは，$65536 = 2^{16}$ 行 $256 = 2^8$ 列の行列であり，その成分に対応する升目をセルとよぶ．セルにはデータとしての数値や文字列を入力することができる．また，＝から始まる数式や関数を入力して様々な計算を実行し，そのセルにその結果を返すことができる．シート上で使える関数は 300 種類以上もあり，初等数学に出てくる数学関数はほとんど含まれている．

　このように，表計算ソフトは，行列や関数といった数学的な考え方が使いこなすポイントになっている．また，その操作性とも関連して，数列の漸化式的考え方とも親和性が高い．

パソコンで使われる具体的な表計算ソフトとして，Microsoft Excel や OpenOffice Calc などがある．ここでは，Excel を例にとって話を進める．

絶対参照と相対参照

計算の対象となる数値データは数式中に直接指定することもあるが，たいていの場合はセルに入力する．数式や関数はその値を参照する．セルは変数のようなものだ．セルの値を参照する方式に 2 つの方法があり，それぞれ絶対参照と相対参照と呼ばれる．

絶対参照

i 行 j 列のセルを RiCj で表す．この表現をセルの絶対参照と呼ぶ．絶対という言葉は，どのセルを基準にするかどうかにかかわらず，i 行 j 列に位置するセルを参照するということである．

相対参照

数式を入力するセルを基準とし，そのセルから i 行下，j 列右にシフトした位置のセルを R[i]C[j] で表す．i, j が 0 のときは [i], [j] は省略する．この表現を相対参照という．

複合参照

相対参照と絶対参照の違いは，行番号，列番号に括弧記号 [] をつけるかつけないかである．例えば，m 行 n 列に入力された数式や関数の中に含まれている参照形式 R[i]Cj は，$m + i$ 行 j 列のセルを参照する．このような参照形式は，相対参照と絶対参照が入り混じっているから複合参照という．

相対参照とセルのコピー

表計算ソフトで，セルに入力された相対参照を含む数式を別のセルにコピーするとき，基準の位置は変化するから，参照文字列が変化しなくても

参照先は変化している．このことが，表計算ソフトの使い勝手を非常によくしている．

なお，この事情を理解するには，相対参照形式がいわゆる A1 形式であるときは注意しなければならない．このときは，コピーによって相対参照の文字列が自動的に変化する．表計算ソフトは A1 形式で使われるのが通常なので，「相対参照はコピーで変化する」と理解している人が多い．しかし，コピーは同じものをつくるのがコピーなのだから本当は変化するのはおかしいのである．本稿で採用している形式は RC 形式と呼ばれるが，これで表計算ソフトを使っている人は少ない．この理由はよく分からないが，RC 形式の方が数学における行列の概念に親和性があるのは間違いない．とくに，相対参照形式が数列の帰納的定義に他ならないことがはっきりする．

相対参照コピーと漸化式

以下では i 行 j 列のセルの値を a_i^j と書くことにする．

今，表計算ソフトで名簿を作り，その左端列に通し番号をふることを考えよう．これを数式のコピーで実現するためには，

- R1C1 : 1（初期値 1）

- $n \geqq 2$ のとき，RnC1 := R[−1]C + 1（n 行 1 列のセルは，$n-1$ 行 1 列のセルを相対参照し，それに 1 を加える）

つまり，左端列の先頭のみ 1，その他はすべて = R[−1]C + 1 となる．上記の入力作業は，数列の帰納的定義，すなわち漸化式

$$a_1^1 = 1,\ a_n^1 = a_{n-1}^1 + 1\ (n \geqq 2) \tag{11.41}$$

に他ならない．これは，初項 1，公差 1 の等差数列を定め，

$$a_n^1 = 1 + (n-1) = n\ (n \geqq 1) \tag{11.42}$$

となる．なお，Excel には入力されたセルの行番号を取り出す ROW 関数というものが組み込まれていて，$RnC1 := \text{ROW}()$ とすれば同じ結果が得られる．

次に，よく知られた Fibonatti 数列の漸化式を Excel で解いてみよう．

$$a_1^1 = a_2^1 = 1, \ a_n = a_{n-1}^1 + a_{n-2}^1 \ (n \geqq 3) \tag{11.43}$$

これを Excel のシート上で実現するには，

- R1C1 : 1
- R2C1 : 1
- $RnC1 := R[-1]C + R[-2]C \ (n \geqq 3)$

とすればよい．これは，Fibonatti 数列の漸化式と同様にシンプルな数式と簡単なコピー作業で実現できる．あるいは，漸化式を先に手計算で解いて a_n^1 を n の関数として表し，それを Excel の組み込み関数でシート上に実現してみよう．$a_n^1 = \lambda^n$ の形を仮定し，漸化式に代入すると，

$$\begin{aligned}\lambda^n &= \lambda^{n-1} + \lambda^{n-2}, \lambda^2 = \lambda + 1 \\ \lambda &= \frac{1 \pm \sqrt{5}}{2} \ (\text{それぞれ } \alpha, \beta \text{ とする})\end{aligned} \tag{11.44}$$

漸化式の線形性によって，一般解は $a_n^1 = A\alpha^{n-1} + B\beta^{n-1}$ とおける．$a_1^1 = a_2^1 = 1$ より，解と係数の関係 $\alpha + \beta = 1$ に注意して，

$$A + B = 1, A\alpha + B\beta = 1 \iff \begin{pmatrix} 1 & 1 \\ \alpha & \beta \end{pmatrix} \begin{pmatrix} A \\ B \end{pmatrix} = \begin{pmatrix} 1 \\ 1 \end{pmatrix}$$

$$\begin{pmatrix} A \\ B \end{pmatrix} = \begin{pmatrix} 1 & 1 \\ \alpha & \beta \end{pmatrix}^{-1} \begin{pmatrix} 1 \\ 1 \end{pmatrix} = \frac{1}{\beta - \alpha} \begin{pmatrix} \beta & -1 \\ -\alpha & 1 \end{pmatrix} \begin{pmatrix} 1 \\ 1 \end{pmatrix} = \frac{1}{\beta - \alpha} \begin{pmatrix} \beta - 1 \\ -\alpha + 1 \end{pmatrix} = \frac{1}{\beta - \alpha} \begin{pmatrix} -\alpha \\ \beta \end{pmatrix}$$

$$\therefore a_n^1 = A\alpha^{n-1} + B\beta^{n-1} = \frac{\beta^n - \alpha^n}{\beta - \alpha}$$

$$= \frac{1}{\sqrt{5}} \left\{ \left(\frac{1 + \sqrt{5}}{2} \right)^n - \left(\frac{1 - \sqrt{5}}{2} \right)^n \right\}$$

$$\tag{11.45}$$

11.3 Officeソフトと数学

これをExcelの組み込み関数で実現するには，RnC1に

=(1/SQRT(5))*(((1+SQRT(5))/2)^ROW()

-((1-SQRT(5))/2)^ROW())

を設定する．一般項をそのまま記述するので少し複雑な表現になる．なお，SQRT(5)は無理数$\sqrt{5}$で，数値計算では近似有理数 2.23606797749979 として扱われるが，最終的な結果は厳密値になるよう工夫されているらしい．しかし，一般に，Excelを数値計算に用いるときは少し注意が要る．

次に，当番表を作ることを考える．4人のローテーションで組み，0,1,2,3が繰り返し並ぶような番号をコピーで作成する：

- R1C1 : 0
- $n \geqq 2$のとき，RnC1 := IF(R[−1]C1 < 3, R[−1]C1 + 1, 0)

IF(⋯)の部分はExcelの組み込み関数IF関数であり，3つの引数，条件，真の場合，偽の場合をもち，IF(条件,真の場合,偽の場合) という形をとる．つまり，RnC1は，その上のRn−1C1が3より小さければ，その値に1を足したものになり，そうでなければ0になる．漸化式で表現すれば，

- $a_1^1 = 0$（初期値0）
- $n \geqq 2$のとき，$a_n^1 = \begin{cases} a_{n-1}^1 + 1 & (a_{n-1}^1 < 3) \\ 0 & (\text{otherwise}) \end{cases}$

となる．IF関数は，条件による場合分けに対応し，日常でもよく使う簡単な表現である．この漸化式を解けば，$a_n^1 = (n-1) \mod 4$ となるが，これをExcelの組み込み関数で実現するには，数値を除数で割った余りを返す組み込み関数MOD(数値,除数)を使って，RnC1 := MOD(ROW() − 1, 4) である．

これらのことからわかるように，シート上に数列を作る場合，あるセルに相対参照の数式を使うことは漸化式の考えそのものであり，比較的簡単

な数式や関数で構成することができる．これをそのセルに直接値を発生させるためには，予め用意された組み込み関数を使わなければならず，数列の一般項を式で表現するのと同じようなことである．

通し番号付の表や当番表を作るといった実用的な場合は，その状況に応じた適切な方法を選択することが重要である．1つの解を与える方程式は複数あるように，1つの目的を達するには複数の方法が存在する．その中で最も効率的な方法を選ぶのである．実際，Excelでは，例えば連番を作るのであれば，オートフィルという機能だけでもっと簡単に実現することができる．

11.3.3 リレーショナルデータベースと数学

前節で紹介した表計算ソフトは，簡単なデータベースとしても利用でき，実際，個人レベルや小規模な職場ではそのように活用されている．しかし，取り扱うデータの種類が多様で，データ件数も多いとき，表計算ソフトのデータベースではすぐに限界がきてしまう．例として，3年制の学校で，単年度入学定員が約400人の学生が各学年で約10科目履修する場合の学校情報管理を考えよう．1人の学生について，学生の固有の情報（学生ID，氏名，ふりがな，性別，連絡先）とともにその学生の履修科目成績や出欠に関する情報（履修ID，各科目名，得点，単位数，欠席回数，評定）を表計算ソフトの1枚のシートの一行に収めることにすると，400行60列程度の大きさの表が必要になる．1つの入学年度の学生400人だけを扱う限り，これくらいなら表計算ソフトで十分カバーできる．1人の学生について，各履修教科の評定平均値を知りたい場合，新しく各教科の評定平均を算出するためのの列を追加して，どの科目がどの教科に属するかを考慮しながら数式を設定する．しかし，複数の入学年度の学生を取り扱う場合にはたちまち困難に陥る．年度が異なれば履修科目が変化する可能性もあるので，評定平均値の計算式は年度ごとに作り直さなければならず，効率が悪い．それなら，科目成績を30列で識別するのではなく，教科と科目の列

を作り，一人当たり 30 行を使って教科・科目を識別することにすると，成績情報のための列数は 2, 3 ですむが，行数は 400 × 30 = 12000 程度になる．こうすると，データベース関数などを用いると，評定平均値などの集計については，複数年度の学生に対してある程度共通の設定でできるようにはなる．しかし，氏名などが行方向に何回も繰り返し表れ，データ領域を浪費する．また，入学年度数が 10 にならないうちに，表計算ソフトの最大行数の約 6 万 5 千はすぐに限界がくる．このような状況で，成績以外の情報も管理しようとすると，表計算ソフトのデータベースでは対応しにくくなる．

　学生に関する情報を，複数年度に亘る成績を含めた様々かつ大量の情報を効率的に管理を行うためには，やはりそのような管理に向いたデータベースソフトに乗り換えなければならない．現在，そのようなソフトの事実上の標準 (de facto standard) となっているのは**リレーショナルデータベース管理システム (Relational Database Management System)** である．これは，1970 年頃，当時 IBM の Edgar Codd 博士が生み出したリレーショナル代数という数学の集合論に基礎を置いている．リレーショナルデータベースでは，膨大な情報をいくつかに分類し，別々の表で管理する．それらの情報はもちろん 1 人の学生についてのものなので，複数の表は何らかの方法で関連付けられなければならない．表の情報は更新されたり，追加されたり，削除されたりするかもしれない．そのようなとき，他の表の情報との論理的整合性を保つための仕組みが必要になる．これらのことをきちんとコンピュータ上に実装したものが，個々のリレーショナルデータベースソフトなのである．パーソナルレベルで使えるものは，Microsoft Office Access や OpenOffice Base などがある．

リレーショナル代数

　リレーショナルデータベースは，リレーショナル代数という数学に基づいている．以下にその重要なところだけを説明しよう．なお，以下で出現

する用語で，表，フィールド，レコードという用語は，リレーショナル代数では，リレーション，属性，タップルとよばれる．実務でリレーショナルデータベースを使用している人にとっては，前者の用語のほうが普及しているようなので，そちらの用語を用いることにする．

表の定義

今，学生表，履修表，得点表，科目表からなるリレーショナルデータベースを考える．ここで，**表**とは，列数固定行数可変の表で，各列を**フィールド**とよび，1行目に各列の名前としてのフィールド名を記す．各行にはフィールドの値が格納され，それらをまとめて**レコード**とよぶ．表の列数が n であるとき，表を (フィールド1, フィールド2, ⋯, フィールド n) で表そう．各表の構造は次のようになる．

学生表 (学生 ID, 氏名, ふりがな, 性別, 連絡先) 学生の固有の情報である．学生の在籍期間内では，学校側の事情で変更することはなく，学生側の事情で変更する可能性があるくらいで，めったに変更されることはない．

履修表 (履修 ID, 学生 ID) 年度当初に登録される情報で，履修 ID は最初の 2 文字で西暦年度 2 桁，次の 1 文字はハイフン"-"，次の文字は学年番号，次の 2 文字は組番号 2 桁，次の 2 文字は出席番号 2 桁の 8 文字とする．例えば，2005 年度 1 年 4 組 21 番の学生の履修 ID は"05-10421"とする．学生 ID で識別される 1 人の学生は在籍期間で 3 つの履修 ID をもつことになる．

得点表 (履修 ID, 科目 ID, 得点, 単位数, 欠席回数, 評定) これも年度当初に登録される情報で，各科目の得点は，何年度何組何番の学生が履修した結果の評価として保存すべきものであるから，履修 ID で識別する．

科目表 (科目 ID, 科目名, 教科名) これは，カリキュラムの変更があるとき以外は変更することはない．

ここで，各表において，フィールド名が ID で終わるもので下線を引いているもの，すなわち，学生表の学生 ID，履修表の履修 ID，得点表の履修 ID と科目 ID，科目表の科目 ID は，それぞれの表の各レコードを一意に識別するので，**主キー (Primary key)** とよばれる．また，履修表の学生 ID，得点表の履修 ID と科目 ID は，他の表の主キーになっているため**外部キー (Foreign key)** とよばれる．表のフィールド数は大体 2 から 4 程度であるが，レコード数は，かなりの規模の大きな数になるのが実際である．(データベースの対象となるものによってことなるが，少なくとも何万，何十万になると思ってよい．)

どのような表をいくつ準備するかについては，データベースをつくろうとしている現実の組織管理法に大きく依存する．例えば，単位数を科目表ではなく，履修表に格納するのは，学年制という仕組み上，同一の学生が同一の科目を複数学年で単位数を変えて履修することもあるからである．表計算ソフトのようにすべての情報を一つの表にまとめてしまうよりも，複数の表に分類して管理した方が（これは実際に経験しないと実感できないかもしれないが），わかりやすく，効率的な管理が可能になる．

表に対する演算

情報は必要なときに照会されうるものである．例えば，ある学生が 2005 年度に履修した数学の科目の得点を知りたいとする．このようなとき，複数の表に分かれた情報を取り出し，一つにまとめあげなければならない．そのためには，各表の外部キーを利用してこれらを関連付けておき，必要な表から，必要なフィールド，必要なレコードを取り出すことでこれを実現できる．複数の表を関連付けるためには，両方の表に共通なフィールドを結合して行われる．この場合，フィールド名は異なってもよいが，フィールド自体は同じ集合の部分集合でなければならない．学生 ID が学生表と履修表を，履修 ID が履修表と得点表を，科目 ID が履修表と科目表をそれぞれ関連付ける．このように，表をフィールドを通して結合すること**結合演算 (Join)** という．そうして，学生表から学生 ID と氏名のフィールド，履

修表から履修 ID のフィールドを，科目表から科目名と得点のフィールドを取り出し，学生 ID がその学生 ID の値であり，履修 ID が 05 で始まり，教科名が数学であるレコードを取り出せばよい．このように，表からフィールドを取り出す操作を**射影演算 (Projection)** といい，表からレコードを取り出す操作を**選択演算 (Selection)** とよぶ．

これらの数学モデルを作って形式化してみよう．みよう．まず，表はいくつかのフィールドからなり，それらの名前(フィールド名)を $A_1, A_2, \cdots, A_n$ としよう．フィールドの値は整数や文字列であったりするが，このように同じ型ものが集まったものは集合と呼ばれるから，フィールドは集合である．フィールド名 A_i のフィールドを $d(A_i)$ とかくと，表は n 個の集合 $d(A_1), d(A_2), \cdots, d(A_n)$ の直積

$$d(A_1) \times d(A_2) \times \cdots \times d(A_n) \tag{11.46}$$

の 有限部分集合 として構成され，それを $R(A_1, A_2, \cdots, A_n)$ とかこう：

$$R(A_1, A_2, \cdots, A_n) \subset d(A_1) \times d(A_2) \times \cdots \times d(A_n) \tag{11.47}$$

2 つの表 $R(A_1, A_2, \cdots, A_n), S(B_1, B_2, \cdots, B_l)$ に対し，直積演算は，

$$R \times S = \{(t, u) | t \in R \text{ かつ } u \in S\} \tag{11.48}$$

で定義される．フィールド数は $n + l$，レコード数は nl である．

表 $R(A_1, A_2, \cdots, A_n)$ からフィールド $A_{i_1}, A_{i_2}, \cdots, A_{i_k} (1 \leqq k \leqq n)$ を切り出して新しい表 $R[A_{i_1}, \cdots, A_{i_k}]$ を作ることは，射影演算 (Projection) に対応する：

$$R[A_{i_1}, \cdots, A_{i_k}] \subset d(A_{i_1}) \times d(A_{i_2}) \times \cdots \times d(A_{i_k}) \tag{11.49}$$

ここで，表 $R(\cdots)$ が m 行 n 列，表 $R[\cdots]$ が m' 行 k 列のとき，$m = m'$ であるとは限らない．なぜなら，表は集合として定義されたので，表からいくつかの列をそのまま取り出したものには重複行(すべてのフィールド値が同じレコードたち)があるかもしれないからである．射影した結果が集合であるためには，重複行は省かなければならない．

表 $R(A_1, A_2, \cdots, A_n)$ に対し，いくつかのフィールド間に特定の条件を設定し，それを満たすレコードのみを取り出した表をつくる選択演算は次のような表を作ることである．例えば，フィールド A_i が特定の値 a に等しいレコードを取り出す場合，新しい表

$$R[A_i = a] = \{t | t \in R \text{ かつ } t[A_i] = a\} \tag{11.50}$$

を作る．ここで，$t = (t[A_1], t[A_2], \cdots, t[A_n])$ はこの表のあるレコードで，$t[A_i]$ はそのレコードのフィールド A_i の値である．あるいはまた，2つのフィールド A_i, A_j はともに数値型であるとき，フィールド A_i の値がフィールド A_j の値よりも大きいレコードを取り出す場合，新しい表

$$R[A_i > A_j] = \{t | t \in R \text{ かつ } t[A_i] > t[A_j]\} \tag{11.51}$$

ができる．

2つの表 $R(A_1, A_2, \cdots, A_n), S(B_1, B_2, \cdots, B_l)$ に対し，表 R のフィールド A_i と表 S のフィールド B_j について，$d(A_i) = d(B_j)$，すなわち，フィールド A_i とフィールド B_j の型が等しいとき，直積と選択演算を組み合わせて，次のような新しい表

$$(R \times S)[R.A_i = S.B_j] = \{(t, u) | t \in R \text{ かつ } u \in S \text{ かつ } t[A_i] = u[B_j]\} \tag{11.52}$$

を対応させてみよう．これを R, S の A_i, B_j 上の等結合という．このような結合演算とよぶ．リレーショナルデータベースを「リレーショナル」たらしめてる演算である．こうして，複数の表に格納されている情報を関連付けて，いろいろな要求に応じた表を作り出すことができる．

リレーショナル代数では，これらの演算の他に，和集合演算，差集合演算は，2つの表 $R(A_1, \cdots, A_n), S(B_1, \cdots, B_l)$ からそれぞれ次の表をつくる：

$$R \cup S = \{t | t \in R \text{ または } u \in S\} \tag{11.53}$$

$$R - S = \{t | t \in R \text{ かつ } u \notin S\} \tag{11.54}$$

ただし，これらの演算が定義されるためには，$n = l$ かつすべての $i = 1, \cdots, n$ に対し $d(A_i) = d(B_i)$ という条件をつける．なお，共通集合演算 $R \cap S$ は

$$R \cap S = R - (R - S)$$

のように差集合演算を用いて定義される．

SQL

それでは，これをどのようにして現実のシステムとして実装するか．これをソフトウェアとして実現するのが，**SQL(Structured Query Language)** である．SQL は，いわゆる非手続き型のデータ操作言語で国際規格として標準化されてはいるが，実際には個々のアプリケーションによって「方言」がある．以下では Microsoft Access の実例で見ていく．

データベースは，何といっても商取引など複雑な情報管理に応用される．まずそのような実務への活用の例を挙げよう．

2005 年度の 1 年生に対し，複数科目 (国語，数学，英語) のテストを実施して，それらの得点を各科目の採点担当者に入力してもらうため，得点が空欄になった科目 ID 順・履修 ID 順の学生名が並んだ入力表を新たに作りたいとする．このときは，次の SQL 文を実行することによって，既存の表から新しい表を作成することができる：

 SELECT 科目表.科目 ID, 科目表.科目名, 履修表.履修 ID, 学生表.ふりがな, Null AS 得点 INTO 入力表
FROM 科目表, (履修表 INNER JOIN 学生表 ON 履修表.学生 ID = 学生表.学生 ID)
WHERE 科目表.科目名 In (”国語”,”数学”,”英語”) AND 履修表.履修 ID Like ”05-1*”
ORDER BY 科目表.科目 ID, 履修表.履修 ID;

大雑把に説明すると，SELECT 以下で表から取り出すフィールド名，FROM 以下で必要な表名，WHERE 以下で表から取り出すレコードの満たす条件，

ORDER BY 以下に並べ替えの順序に指定するフィールド名をそれぞれ指定する．これらは表から特定の行と列を切り出す射影演算 (Projection)，選択演算 (Selection) に対応する．また，$\cdots$ INNER JOIN $\cdots$ ON $\cdots$=$\cdots$ という部分が 2 つの履修表と学生表を関連付けていて，学生 ID を結合フィールドとよぶ．これは表の結合演算 (Join) に対応する．INNER という語は，結合フィールドの値が両方の表に共通に含まれているものを取り出すことを意味する．すなわち，A INNER JOIN B ON A.[結合フィールド名]=B.[結合フィールド名] という部分が，表 A と表 B の両方の結合フィールドが同じレコードを含めるということを意味する．

　SQL は，リレーショナルデータベースの数学モデルを実現するものである．SQL 文の最も基本的なものが，例に示した SELECT 文と呼ばれるものである．このように，情報の性質によってそれらをいくつかの表に分類して管理し，いくつかの表を結合して，必要な行と列を切り出す (選択，射影) ことにより新しい表を作成する．これによって，様々な要求に対応することができる．

　リレーショナルデータベースだけがデータベースではないが，これが出現し実用化されるまでのデータベースは，それこそ複雑なプログラミング手法が必要だったり，専門家以外にはわかりにくかったらしい．リレーショナルデータベースでは，多種多様かつ膨大なデータを，人間の目で見てもわかりやすい 2 次元の表に分けて管理する．このわかりやすさと簡明性が，業界の標準になるまでに受け入れられた理由だといわれる．

11.3.4　Office ソフトで数学の問題を解く

　表計算や SQL は，実務に大変便利なものである．ここではこれらを活用して純粋に数学的な問題を解いてみよう．

巡回セールスマン問題

　セールスマンが与えられたいくつかの営業先を回る時，交通費を最小にするために，最も効率のよい巡回経路を探すような問題を巡回セールスマン問題という．一般に，この問題を解くことは非常に難しく，専門的にはNP問題と呼ばれている．

　巡回経路の長さが最小になるものを見つける場合，最悪すべての経路にあたり，経路長を計算することになる．このすべての経路数 N が極端に大きいと，コンピュータを使っても何か月も何年もかかるなら現実的に解けたとは言えない．例えば，各辺の長さ 1 の立方体 ABCD-EFGH があるとき，A を出発してすべての頂点を通って頂点 A に戻ってくることを考えよう．ある頂点から隣接する別の頂点に移動することを 1 ステップいうことにすると，A を出発して n ステップで進む場合，すべての経路は $N = 3^n$ となる．この場合，例えば

$$A \to B \to C \to D \to H \to G \to F \to E \to A$$

の 8 ステップの巡回経路が最短経路で経路長は 8 である．このような単純な構造の立体の頂点を巡回する場合は簡単に答えが見つかるが，12 個辺の長さがすべて異なるような頂点の配置であったらどうだろう．A から始まるすべて経路数 N は，n ステップの場合に $N = 3^n$ となる．上記の経路（これが最短であるとは限らない）は，$N = 3^8 = 6561$ 個の中に含まれる．これだけの枝のある樹形図を書き，各経路に各辺が何回含まれるかを数えて経路長を計算しなくてはならない．さらに，極端に長い辺がいくつか含まれる場合，短い辺を通過する回数が多くても，長い辺を通過する回数が少ないなら最短経路になる可能性があるから，短いステップ数が最短経路を意味しなくなることもあるだろう．そこで，$n \geq 12$ とすると，$N \geq 3^{12} = 531441$ となる．ステップ数 n が 4 回以上増えるだけで，経路数 N は $3^4 = 81$ 倍以上にもなるのである．

　このように，一般に $N = 3^n$ のように場合の数が指数関数的以上に増加するような問題は，現実的に解くのが困難になってくる．最近の消費者向け

パソコンのCPUのクロック数が何倍にも性能アップしても，このようなタイプの問題は依然として解くのが難しい．

ここでは，この巡回セールスマン問題に似た大学入試問題をパソコンで解いてみる．制限時間が数十分もない場合に，このタイプの問題を解くには問題の特殊性を大いに利用し巧妙に解かなければならない．それは，コンピュータよりも人間の得意とするところで，いつでもそれができるとは限らない．ここで取り上げるいずれの入試問題も巧妙な方法が存在するのだが，ここでは敢えてそのような賢い方法を使わずに，計算機の総当たり法によって解く．しかし，この種の単純作業を繰り返す手続き型のプログラムだけを利用するのではなく，リレーショナルデータベース操作で用いられるSQLという非手続き型のプログラム言語を積極的に利用する．

　座標空間内に，原点Oと3点A(9,0,0), B(0,12,0), C(0,0,5)を頂点とする四面体OABCがある．この四面体OABCにおいて，原点Oを出発し，辺にそって頂点をたどり，最後に原点Oに戻る道順を考える．このような道順に対し，通る辺の長さの総和をその道順の長さということにする．

　四面体OABCの原点Oを出発し，原点Oに戻る道順を考える．これらの道順のうち，辺ACを1回も通らず，それ以外の5辺のすべてを少なくとも1回は通るが，いずれの辺も3回以上は通らない道順はいくつあるかを答えよ．また，それらの長さの種類をすべて求めよ．

慶應義塾大学看護医療学部 2007 から

原題では，道順の長さの種類のみ聞いている．辺を通る回数が1回または2回ということを利用して求めることができるが，筆者は，この問題を最初に解き始めたとき，無謀にもまともに樹形図をかいてみようとした．単調な作業をミスがないように続けたが，かなり時間がかかりなかなかうまくいかなかった．それもそのはずで，長さの種類だけなら数種類なのだが，道順の種類は莫大な個数になるのである．

道順の種類は大きな樹形図で表され，枝分かれの回数nについておおよそ指数関数的に末端が増えていくので，すぐに人間の手に負えなくなるこ

とは想像がつく．実際，各頂点から移動できる頂点は3つとして，辺を通る回数に制限を加えなければ，移動回数が n のとき末端の枝数は 3^n であり，例えば $3^5 = 243, 3^{10} = 59049$ のように $n = 5,\cdots,10$ 程度でも 3^n はかなり大きな数になってしまう．

道順の種類の個数をパソコン用デスクトップデータベースソフト Access の力を借りて求めて，この問題を解いてみよう．

まず，移動回数は5辺は各辺あたり1回または2回通るので，移動回数は多くて $5 \times 2 = 10$ である．今いる頂点の集合を F1 とし，次に進む頂点の集合を F2 とする．すると，F1 の各頂点に対する F2 の頂点は図 11.5 のような表 T で表される．

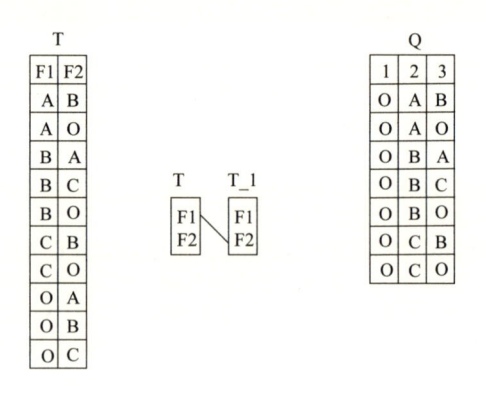

図 11.5 表 T とその結合とその結果 Q

この図 11.5 には，O から移動回数2の道順すべてを得るための表の結合操作と，その結果得られた表 Q も示してある．表 Q を生成する SQL 文は次のようになる．

```
SELECT T.F1 AS 1, T.F2 AS 2, T_1.F2 AS 3
FROM T INNER JOIN T AS T_1 ON T.F2 = T_1.F1
WHERE (((T.F1)="O"));
```

となる．$n = 10$ の場合の道順を得るためには，表 T を使って図 11.6 のよう

な結合操作を用いて，それに対応する SQL 文を書いて表 Q を作ればよい．

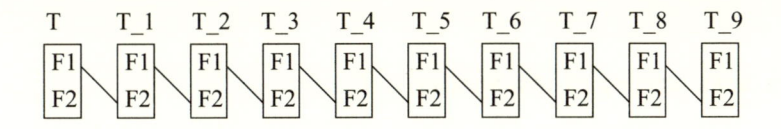

```
  T     T_1    T_2    T_3    T_4    T_5    T_6    T_7    T_8    T_9
┌──┐  ┌──┐  ┌──┐  ┌──┐  ┌──┐  ┌──┐  ┌──┐  ┌──┐  ┌──┐  ┌──┐
│F1│  │F1│  │F1│  │F1│  │F1│  │F1│  │F1│  │F1│  │F1│  │F1│
│F2│  │F2│  │F2│  │F2│  │F2│  │F2│  │F2│  │F2│  │F2│  │F2│
└──┘  └──┘  └──┘  └──┘  └──┘  └──┘  └──┘  └──┘  └──┘  └──┘
```

図 11.6 表 T とその結合

問題を実際に解くにはまだ工夫をしなくてはならない．図 11.6 の結合操作で得られる表は，O から移動回数 10 のすべての道順を表すが，これらのうち 5 辺すべてを 1 回または 2 回通りかつ O で終わるものを抽出しなければならない．そのうちには移動回数が 10 より小さいものも含まれる．

移動回数 10 の道順は，列名が 1 から 11 の表の各行が各道順を表すような形式の表 Q で表すことができる．この表 Q に列名 PATH の列を作り，各行において，列 1 から列 11 に格納されている各頂点の文字を連結して道順を長さ 11 の文字列で表す．このとき，O で終わらないものは，左端の O から，末端以外に存在する O で最も右にあるものまでの部分を取り出したものに置き換える．例えば，OABOCBCOABC や OABOCBCOBCB であったものは，いずれも OABOCBCO になる．これを実現するためには，列 PATH に次の式を設定する．

PATH:
IIf(Left(s,1)="O",
Left(s,Len(s)-InStr(StrReverse(s),"O")+1),"")

ここで，s には次の式を略記したものである．

[1] & [2] & [3] & [4] & [5] & [6] & [7] & [8] & [9] & [10] & [11]

さらに，OA，OB，OC，AB，BC という列を作り，その列には，列 PATH の各行の道順が，列名の辺を通る回数を格納する．そのために，VBA ツールによって次のユーザー定義関数をつくる．

```
Function neighbor(st As String, st1 As String, st2 As String)
As Integer

Dim s As String, t As String

If Len(st) >= 2 And Len(st1) >= 1 And Len(st2) >= 1
Then
    st1 = Left(st1, 1)
    st2 = Left(st2, 1)
    neighbor = 0
    s = Left(st, 1)
    Do Until Len(st) = 0
      t = Left(st, 1)
      If (s = st1 And t = st2) Or (s = st2 And t = st1)
Then
        neighbor = neighbor + 1
      End If
      s = Left(st, 1)
      str = Mid(st, 2, Len(st) - 1)
    Loop
Else
    neighbor = 0
End If
End Function
```

このユーザー定義関数 neighbor を使って，表 Q の例えば列 OA には次の式を設定する．

```
neighbor([PATH],"O","A")
```

これによって，道順の文字列に OA または AO の出現回数が表示される．

11.3 Officeソフトと数学

	1	2	3	4	5	6	7	8	9	10	11
	O	A	B	A	B	A	B	A	B	A	B
	O	A	B	A	B	A	B	A	B	A	O
	O	A	B	A	B	A	B	A	B	C	B
	O	A	B	A	B	A	B	A	B	C	O
	O	A	B	A	B	A	B	A	B	O	A

下へ

上から

PATH	OA	OB	OC	AB	BC
O	0	0	0	0	0
OABABABABAO	2	0	0	8	0
O	0	0	0	0	0
OABABABABCO	1	0	1	7	1
OABABABABO	1	1	0	7	0

表 11.1　表 Q

OBなど他の列も同様である．

こうしてできた表Qの最初の5行を示しておこう．これはAccessではクエリとして実行された結果で，行数は13447あり，ユーザー定義関数も実行されるので少し時間がかかる．

次に，この表Qをもとに，次のSQL文

```
SELECT
Q.PATH,
First(Q.OA) AS OA, First(Q.OB) AS OB, First(Q.OC) AS OC,
First(Q.AB) AS AB, First(Q.BC) AS BC
FROM Q
GROUP BY Q.PATH
HAVING
(((First(Q.OA))="1" Or (First(Q.OA))="2") AND
((First(Q.OB))="1" Or (First(Q.OB))="2") AND
((First(Q.OC))="1" Or (First(Q.OC))="2") AND
((First(Q.AB))="1" Or (First(Q.AB))="2") AND
 ((First(Q.BC))="1" Or (First(Q.BC))="2"))
```

PATH	OA	OB	OC	AB	BC
OABAOBCBOCO	2	2	2	2	2
OABAOBCO	2	1	1	2	1
OABCBOCO	1	1	2	1	2
OABOBCO	1	2	1	1	1

表 11.2 表 Answer

F1	F2	F3
A	B	辺
A	C	対
-	-	-
H	F	対
H	G	辺

表 11.3 表 T

ORDER BY Q.PATH;

を実行すると，求める道順の表 Answer が得られる．そこには，一部の行しか表示していないが，全部で 218 通りの道順がある．筆者はこの 218 通りを手書きの樹形図で書き出そうとしていたのだ．この表があれば道順の長さを計算するのは簡単である．例えばこの表を表計算のスプレッドシートに出力して計算すれば，66,72,78,108 の 4 種類しかないことがわかる．

> 立方体 ABCD-EFGH において，1 つの頂点 A から，それと面を共有しない頂点 G まで，辺または面の対角線をたどって進む経路のうち，対角線 1 本と辺 3 本からなる経路は何通りあるか．ただし，同じ辺は 2 回通らないものとする．
> 上智大学経済学部 (経済)2007 から

今度は最短経路を求めるのではなくて，隣接する頂点を結ぶ線分に関する条件を指定して，経路数を問う問題である．

まず，表 T は，隣接する頂点を表す列 F1,F2 と，隣接 2 頂点を結ぶ線分の種類を示す列 F3 からなる．途中省略しているが，行数は 6 × 8 = 48 で

ある．この表を使って，Aを出発点とする4ステップの経路を得るために，まず，特定の1文字str1が文字列strに何個含まれるかを数えるユーザー定義関数strcountをVBAで作っておく．

```
Function strcount(str As String, str1 As String) As Integer
    Dim s As String

    If Len(str) = 0 Or Len(str1) = 0 Then
        strcount = 0
    Else
        str1 = Left(str1, 1)
        s = Left(str, 1)
        strcount = 0
        Do Until Len(str) = 0
            If s = str1 Then
                strcount = strcount + 1
            End If
            If Len(str) > 1 Then
                str = Mid(str, 2, Len(str) - 1)
                s = Left(str, 1)
            Else
                str = ""
            End If
        Loop
    End If
End Function
```

表Qを作るSQL文は次のようになる．経路の通過点列1,2,3,4,5を連結した文字列から，初めてGが現れる位置までを取り出した文字列を列PATHに表示している．Gを通過しない場合列PATHは空白になるようにしてい

る．また，列「線分」は，経路をつくる線分の種類を表す文字列である．

```
SELECT
T.F1 AS 1, T.F2 AS 2, T_1.F2 AS 3, T_2.F2 AS 4, T_3.F2 AS 5,
Left(1 & 2 & 3 & 4 & 5,InStr(1 & 2 & 3 & 4 & 5,"G")) AS PATH,
IIf([PATH]="",Null,Left(T.F3 & T_1.F3 & T_2.F3 & T_3.F3,
Len([PATH])-1)) AS 線分,
IIf(IsNull([線分]),0,strcount([線分],"対")) AS 対角線数,
IIf(IsNull([線分]),0,strcount([線分],"辺")) AS 辺数,
neighbor([PATH],"A","B") AS AB,
neighbor([PATH],"A","D") AS AD,
neighbor([PATH],"A","E") AS AE,
neighbor([PATH],"B","C") AS BC,
neighbor([PATH],"B","F") AS BF,
neighbor([PATH],"C","D") AS CD,
neighbor([PATH],"C","G") AS CG,
neighbor([PATH],"D","H") AS DH,
neighbor([PATH],"E","F") AS EF,
neighbor([PATH],"E","H") AS EH,
neighbor([PATH],"F","G") AS FG,
neighbor([PATH],"G","H") AS GH
FROM ((T INNER JOIN T AS T_1 ON T.F2 = T_1.F1)
INNER JOIN T AS T_2 ON T_1.F2 = T_2.F1)
INNER JOIN T AS T_3 ON T_2.F2 = T_3.F1
WHERE T.F1="A";
```

これから対角線数 1，辺数 3 の経路で，辺を 2 回以上通らない経路の表 Q1 をつくる SQL 文は，

```
SELECT
First(Q.線分) AS 線分, Q.PATH, First(Q.対角線数) AS 対角線数,
```

First(Q.辺数) AS 辺数,
First(Q.AB) AS AB, First(Q.AD) AS AD, First(Q.AE) AS AE,
First(Q.BC) AS BC, First(Q.BF) AS BF, First(Q.CD) AS CD,
First(Q.CG) AS CG, First(Q.DH) AS DH, First(Q.EF) AS EF,
First(Q.EH) AS EH, First(Q.FG) AS FG, First(Q.GH) AS GH
FROM Q
GROUP BY Q.PATH
HAVING
(((First(Q.線分)) Is Not Null)
AND ((First(Q.対角線数))=1) AND ((First(Q.辺数))=3)
AND ((First(Q.AB))=0 Or (First(Q.AB))=1)
AND ((First(Q.AD))=0 Or (First(Q.AD))=1)
AND ((First(Q.AE))=0 Or (First(Q.AE))=1)
AND ((First(Q.BC))=0 Or (First(Q.BC))=1)
AND ((First(Q.BF))=0 Or (First(Q.BF))=1)
AND ((First(Q.CD))=0 Or (First(Q.CD))=1)
AND ((First(Q.CG))=0 Or (First(Q.CG))=1)
AND ((First(Q.DH))=0 Or (First(Q.DH))=1)
AND ((First(Q.EF))=0 Or (First(Q.EF))=1)
AND ((First(Q.EH))=0 Or (First(Q.EH))=1)
AND ((First(Q.FG))=0 Or (First(Q.FG))=1)
AND ((First(Q.GH))=0 Or (First(Q.GH))=1))
ORDER BY First(Q.線分), Q.PATH;

これを実行すると，条件を満たす表 Q1 が得られる．

線分	PATH
対辺辺辺	ACBFG
対辺辺辺	ACDHG
対辺辺辺	AFBCG
対辺辺辺	AFEHG
対辺辺辺	AHDCG
対辺辺辺	AHEFG
辺対辺辺	ABDCG
辺対辺辺	ABDHG
辺対辺辺	ABEFG
辺対辺辺	ABEHG
辺対辺辺	ADBCG
辺対辺辺	ADBFG
辺対辺辺	ADEFG
辺対辺辺	ADEHG
辺対辺辺	AEBCG
辺対辺辺	AEBFG
辺対辺辺	AEDCG
辺対辺辺	AEDHG
辺辺対辺	ABCFG
辺辺対辺	ABCHG
辺辺対辺	ABFCG
辺辺対辺	ABFHG
辺辺対辺	ADCFG
辺辺対辺	ADCHG
辺辺対辺	ADHCG
辺辺対辺	ADHFG
辺辺対辺	AEFCG
辺辺対辺	AEFHG
辺辺対辺	AEHCG
辺辺対辺	AEHFG
辺辺辺対	ABCDG
辺辺辺対	ABFEG
辺辺辺対	ADCBG
辺辺辺対	ADHEG
辺辺辺対	AEFBG
辺辺辺対	AEHDG

表 11.4　表 Q1:対角線数 1，辺数 3 で，同じ辺を 2 回以上通らない経路

第12章
相対性理論

　2005年はEinsteinの奇跡の1905年から100年経ったということで，世界物理年と呼ばれている．有名な特殊相対性理論も1905年に発表された．この理論と，その拡張である一般相対性理論（重力場の相対論，1915年）によりNewton力学が修正を受けたということで，EinsteinはNewtonに並ぶ物理学の巨人になった．特殊相対性理論と一般相対性理論をまとめて相対性理論とよぶ．

　万有引力の理論を含むNewton力学は，相対性理論の登場によって近似理論になってしまったが，Newton力学は現在でも有用な理論である．建築物の安全性を保障するはずの耐震構造計算もNewton力学が基礎になっているし，人工衛星が落ちてこないのもNewton力学に基づく計算のおかげである．世の中の機械文明の大半を支えるのは現在でもNewton力学なのである．

　世界物理年を記念して，NewtonとEinsteinの科学や人類への貢献度に対する科学者などによる投票を英王立協会が行ったところ，Newtonに軍配が上がったという．相対性理論は，日常生活の感覚からは無限の速さとみてよいほど速い光速に近い速さで動く物体の運動や，太陽系を超えて，銀河レベルの力学や宇宙全体の力学を考えるときなどに威力を発揮する．したがって，日常生活ではNewton力学で十分なことが多い．このことが，Newtonに軍配が上がった理由の一つであると思われるが，一部の実用化されている技術，例えばGPSなどは，相対論による時間の遅れを補正する計算を必要とするものもある．Einsteinの貢献度はこれからますます上がっていく

だろう.

なお,これは雑誌「理系への数学」に記事として連載された当時よりも,大幅に増筆し,より詳しく記述している.

Section 12.1
Lorentz 変換

特殊相対性理論では,2 つの慣性系 S と,S に対してその x 軸方向に一定速度 V で動く慣性系 S' の関係は Lorentz 変換で結ばれる:

$$t' = \frac{t - Vx/c^2}{\sqrt{1 - V^2/c^2}}, \ x' = \frac{x - Vt}{\sqrt{1 - V^2/c^2}}, \ y' = y, \ z' = z \tag{12.1}$$

ここでは,S' の原点は,時刻 $t = 0$ で S の原点と一致するものとしている.2 つの慣性系でそれぞれの時間座標が採用されていることに注目しよう.

12.1.1 時間の遅れ

今,慣性系 S' に固定された時計が t'_1 から t'_2 までに刻む時間を $\tau_{12} = t'_2 - t'_1$ とすると,これを S' の時計の固有時間という.S' における時刻 t'_i ($i = 1, 2$) に対応する S における時刻をそれぞれ t_i ($i = 1, 2$) とすると,$t'_i = (t_i - Vx_i/c^2)/\sqrt{1 - V^2/c^2}$ ($i = 1, 2$) であり,$t_{12} = t_2 - t_1$ とおくと,$\tau_{12} = \{t_2 - t_1 - V(x_2 - x_1)/c^2\}/\sqrt{1 - V^2/c^2}$.ここで,$x_2 - x_1$ は S から見た時計の変位で,時計は S' に固定されているから,$x_2 - x_1 = V(t_2 - t_1)$ が成り立つ.したがって,

$$\tau_{12} = \frac{t_{12} - V^2 t_{12}/c^2}{\sqrt{1 - V^2/c^2}} = \frac{t_{12}(1 - V^2/c^2)}{\sqrt{1 - V^2/c^2}} = t_{12}\sqrt{1 - V^2/c^2} \tag{12.2}$$

となる.これから $0 < |V| < c$ ならば $\tau_{12} < t_{12}$.つまり,S に対して運動している S' に固定された時計は,S における時間よりも比率 $\tau_{12}/t_{12} = \sqrt{1 - V^2/c^2} < 1$ でゆっくり進む.

もちろん，慣性系 S' からみた S も相対速度 $-V$ で運動するのだから，S に固定された時計は S' における時間よりもゆっくり進み，その比率も $\sqrt{1-(-V)^2/c^2} = \sqrt{1-V^2/c^2}$ で先の比率と同じである．互いに相手の時計が同じ比率で遅れていると主張すること自体は矛盾ではない．なぜなら，時間も相対的だからである．

12.1.2 Lorentz 収縮

S' 系に固定された棒の長さを L_0 とするとき，これをこの棒の固有長さと呼ぶ．この棒を S 系でみたときの長さ L を求めてみよう．

棒の両端が S' の点 x'_1, x'_2 に固定されているとき，この 2 点の S 系での時空点が $x = x_i, t = t_i (i = 1, 2)$ であるとすると，Loretz 変換 (12.1) の公式より，$x'_i = \dfrac{x_i - Vt_i}{\sqrt{1-V^2/c^2}}$ $(i = 1, 2)$ の関係式が成り立つ．S 系で棒の長さを測定することは，同時刻 $t_1 = t_2$ に棒の両端の差をとるということ $L = |x_2 - x_1|$ であり，$L_0 = |x'_2 - x'_1|, t_2 = t_1$ であることに注意すると，

$$\begin{aligned} x'_2 - x'_1 &= \frac{x_2 - x_1 - V(t_2 - t_1)}{1 - V^2/c^2} = \frac{x_2 - x_1}{\sqrt{1-V^2/c^2}} \\ L_0 &= |x'_2 - x'_1| = \frac{|x_2 - x_1|}{\sqrt{1-V^2/c^2}} = \frac{L}{\sqrt{1-V^2/c^2}} \end{aligned} \quad (12.3)$$

すなわち，

$$L = L_0 \sqrt{1 - V^2/c^2} \quad (12.4)$$

となる．つまり，棒の静止系での長さ L_0 は，速さ V で運動すると割合 $\sqrt{1-V^2/c^2}$ で縮む．もちろん，時計の遅れと同様に，S に固定された棒の長さを，S' においてその両端を同時刻に測って差をとると，同じ割合で縮んで測定される．

12.1.3　Minkowski 時空における世界距離

通常の 3 次元空間 (Euclid 空間) 座標系に時間軸を加えたものを 4 次元時空という．特殊相対論で考える 4 次元時空をとくに Minkowski 時空という．以後は，簡単のために空間を 1 次元とする．すると，2 次元 Minkowski 時空を考えることになるが，結論は空間が 3 次元の場合も成り立つ．

Lorentz 変換は，時空座標の変換で，2 つの時空点 $(x_1, t_1), (x_2, t_2)$ の間の世界距離と呼ばれる量 s_{12} の 2 乗

$$s_{12}^2 = c^2(t_2 - t_1)^2 - (x_2 - x_1)^2 \tag{12.5}$$

を考える．慣性系 $S(x, t)$ と慣性系 $S'(x', t')$ が Lorentz 変換 (12.1) で結ばれるとき，簡単な計算によって，(12.5) が不変：$s_{12}'^2 = s_{12}^2$，すなわち，

$$c^2(t_2' - t_1')^2 - (x_2' - x_1')^2 = c^2(t_2 - t_1)^2 - (x_2 - x_1)^2 \tag{12.6}$$

が成り立つことを証明できる．実際，$t_{12} = t_2 - t_1, x_{12} = x_2 - x_1$ と略記すると，

$$\begin{aligned}
c^2(t_2' - t_1')^2 &= c^2 \left\{ \frac{t_2 - t_1 - V(x_2 - x_1)/c^2}{\sqrt{1 - V^2/c^2}} \right\}^2 = \frac{c^2(t_{12} - Vx_{12}/c^2)^2}{1 - V^2/c^2} \\
(x_2' - x_1')^2 &= \left\{ \frac{x_2 - x_1 - V(t_2 - t_1)}{\sqrt{1 - V^2/c^2}} \right\}^2 = \frac{(x_{12} - Vt_{12})^2}{1 - V^2/c^2} \\
\therefore s_{12}'^2 &= c^2(t_2' - t_1')^2 - (x_2' - x_1')^2 = \frac{c^2(t_{12} - Vx_{12}/c^2)^2 - (x_{12} - Vt_{12})^2}{1 - V^2/c^2} \\
&= \frac{c^2 t_{12}^2 - 2Vt_{12}x_{12} + (V^2/c^2)x_{12}^2 - x_{12}^2 + 2Vt_{12}x_{12} - V^2 t_{12}^2}{1 - V^2/c^2} \\
&= \frac{(1 - V^2/c^2)c^2 t_{12}^2 - (1 - V^2/c^2)x_{12}^2}{1 - V^2/c^2} = c^2 t_{12}^2 - x_{12}^2 = s_{12}^2
\end{aligned} \tag{12.7}$$

となる．このことを世界距離は Lorentz 不変であるという．

12.1.4 世界距離と固有時間

Lorentz 変換から導かれる慣性系 S' に固定された時計の遅れで定義したように，一般に，運動する物体に固定された時計の刻む時刻をその物体の固有時，ある固有時からある固有時までの経過時間を固有時間と定義する．固有時間に基準点をとればそれは固有時ともいえるので，今後，固有時，固有時間は同じような意味で使うこともある．

固有時の時計は，運動する物体に固定するのであって，必ずしも慣性系に固定されるわけではない．なぜなら，物体は等速度運動だけでなく加速度運動をするかもしれないからである．一方，近接した 2 つの時空点 $(x,t), (x+dx, t+dt)$ 間の世界距離 ds は，

$$ds^2 = cdt^2 - dx^2 = c^2 dt^2 \left\{ 1 - \left(\frac{dx}{dt}\right)^2 \right\} \tag{12.8}$$

とかける．(x,t) が光速以下での運動する物体の時空座標を表すとすれば，速度 $dx/dt = v$ は c 以下で，ds^2 は負にならない．よって，この場合の世界距離 ds を実数として

$$ds = cdt \sqrt{1 - v^2/c^2}$$

で定義する．世界距離は Lorentz 不変なので，ds はもちろん Lorentz 不変である．

慣性系 S に対して，物体が必ずしも等速度運動をしていなくても，微小な時間間隔 dt の間で考えると物体の速度 $v(t)$ は一定であるので，S に対して一定速度 $v(t)$ で動く局所的な慣性系 S' を考えることができる．観測者が S' に移ると S' では物体は静止している．したがって，物体の固有時間を S' の時間 t' で測るのが自然である．このとき，物体の時計の刻む微小な時間間隔 $d\tau$ は S' の微小な座標時間間隔 dt' に一致する．S' では物体が静止しているため $v' = 0$ であり，$ds = cdt'\sqrt{1 - v'^2/c^2} = dt'$，すなわち，Lorentz 不変な世界距離 ds は，物体の固有時間 dt' であることがわかった．世界距離に物理的意味があったのである．Lorentz 不変な固有時を τ で表す：

$$d\tau = dt\sqrt{1 - v^2/c^2} \tag{12.9}$$

$dx/dt = v(t)$ は一般に時間の関数になるので，有限な固有時間の間隔を得るためには (12.9) を座標時間 t で積分して，

$$\tau_{12} = \int_{t_1}^{t_2} \sqrt{1 - v(t)^2/c^2}\, dt \tag{12.10}$$

となる．$\sqrt{1 - v(t)^2/c^2} \leqq 1$ であるから，

$$\tau_{12} = \int_{t_1}^{t_2} \sqrt{1 - v(t)^2/c^2}\, dt \leqq \int_{t_1}^{t_2} dt = t_{12} \tag{12.11}$$

となり，動いている物体の時計は，どんな慣性系の時計よりも常にゆっくり進むことになる．

12.1.5　特殊相対論的速度の合成

S' において，$t' = 0$ で原点を通り，速さ U で x 軸方向に運動している物体があるとする．これを S からみるとその速度はどうなるであろうか．

まず，$x' = Ut'$ である．S' から S をみると，S は速さ $-V$ で動いている．したがって，Lorentz 変換の式において，$V \to (-V)$ の置き換えと同時に，x, t をそれぞれ x', t' で置き換えたものが成り立つ．

$$t = \frac{t' + Vx'/c^2}{\sqrt{1 - V^2/c^2}},\ x = \frac{x' + Vt'}{\sqrt{1 - V^2/c^2}} \tag{12.12}$$

$x' = Ut'$ を代入して，

$$t = \frac{t' + VUt'/c^2}{\sqrt{1 - V^2/c^2}} = t'\frac{1 + VU/c^2}{\sqrt{1 - V^2/c^2}}$$

$$t' = t\frac{\sqrt{1 - V^2/c^2}}{1 + VU/c^2}$$

$$x = \frac{Ut' + Vt'}{\sqrt{1 - V^2/c^2}} = t'\frac{U + V}{\sqrt{1 - V^2/c^2}} = t\frac{\sqrt{1 - V^2/c^2}}{1 + VU/c^2}\frac{U + V}{\sqrt{1 - V^2/c^2}} = \frac{V + U}{1 + VU/c^2}t$$

$$\tag{12.13}$$

S から見た物体の速度 v は $x = vt$ で定義され，それは速度 V, U の合成速度である：

$$v = \frac{U+V}{1+VU/c^2} \tag{12.14}$$

この式から，$|V|<c, |U|<c$ ならば $|v|<c$ であることを示すのはやすい．Newton 力学の速度合成則は $v = U+V$ であるから，いくらでも速い速度が存在するが，特殊相対性理論のそれは，光速未満の速度をいくら合成しても光速未満であることを示している．

Section 12.2
特殊相対論的力学

Newton 力学では，質量 m の粒子に働く外力が $\vec{F}$ のとき，その運動量ベクトル $\vec{p} = m\vec{v}$ は次の方程式に従う：

$$\frac{d\vec{p}}{dt} = \vec{F} \tag{12.15}$$

Einstein の特殊相対性理論によれば，粒子の運動量は次の形に修正を受けた：

$$\vec{p} = \frac{m\vec{v}}{\sqrt{1-v^2/c^2}} \tag{12.16}$$

ここに，c は真空中の光の速さである．この式が意味を持つには，$|\vec{v}| = v < c$ でなくてはならない．特殊相対論的力学における粒子の運動方程式は，

$$\frac{d}{dt}\left(\frac{m\vec{v}}{\sqrt{1-v^2/c^2}}\right) = \vec{F} \tag{12.17}$$

となる．もし，$v \ll c$ ならば，これは Newton の運動方程式 $md\vec{v}/dt = \vec{F}$ になる．

特殊相対性理論においても通用する外力 $\vec{F}$ の例として，Lorentz 力がある．これは，電荷 e をもつ荷電粒子が，電磁場 $\vec{E}, \vec{B}$ の中で速度 $\vec{v}$ で運動する場合に働く力で，

$$\vec{F} = e(\vec{E} + \vec{v} \times \vec{B}) \tag{12.18}$$

となる．

12.2.1 身近な相対論的現象

相対論では，粒子が光速近くの速度をもつとき顕著になるので，なかなか実感することができない．今から紹介するのは，身近な現象で特殊相対論的効果が現れる現象である．

Fleming 左手の法則

与えられた電磁場（電場 $\vec{E}$ と磁場 $\vec{B}$）の中を速度 $\vec{v}$ で運動する電荷 q をもつ粒子に働く力は Lorentz 力 $\vec{F} = q(\vec{E} + \vec{v} \times \vec{B})$ である．この磁場による部分 $q\vec{v} \times \vec{B}$ がベクトル積で表されることから，左手の中指，人差し指，親指の向きがそれぞれ電荷の流れ $q\vec{v}$，磁場 $\vec{B}$，力 $q\vec{v} \times \vec{B}$ の向きに対応することを左手の法則という．

電流の流れる導線のつくる電磁場

今，断面積 A のまっすぐで十分に長い導線（電気的には中性）があり，その内部には，導線に固定した陽イオンと，導線の一方向に等速度 $\vec{v}$ で運動する自由電子が多数存在するとする．このとき，導線に固定した慣性系 S からみて，陽イオンによる正の電荷密度を ρ_+ とすると自由電子による負の電荷密度は $\rho_- = -\rho_+$ となる．

導線から垂直距離 $r > 0$ だけ離れたところを自由電子と等速度で運動している電荷 q の荷電粒子があるとする．これは導線から，導線に垂直な力を受ける．以下で，導線に対して静止している慣性系 S の立場からこの力 $\vec{F}$ を計算し，荷電粒子が静止して見える慣性系 S' の立場からこの力 $\vec{F'}$ を計算するが，そこで次の疑問がわく：「荷電粒子は，S 系では速度 $\vec{v}$ で運動

するから磁場から力を受けるが，S' 系では静止しているので磁場から力を受けない．よって，S' 系で荷電粒子が受ける力は電場によるものであるが，その電場はどうやって生じたのか」．

これらの力の計算をまず，電磁気学から計算する．とくに，$\vec{F}'$ の計算は相対論的効果が表に出てくる．

直線電流のつくる磁場と直線電荷のつくる電場

電磁気学の復習として，直線電流や直線電荷のつくる電磁場を与える公式をあげておこう．

その前に，電磁場の向きや大きさを正確に把握するため，次のような座標系を設定しておく．まず，電流が流れ，電荷が分布する導線を x 軸とし，導線の中に流れる自由電子の速度方向を x 軸の正の向きとする．各 x, y, z 軸の向きの単位ベクトルをそれぞれ $\vec{e}_x, \vec{e}_y, \vec{e}_z$ とする．x 軸に垂直で y 軸と角度 φ をなす向きの単位ベクトルを $\vec{e}_r = \vec{e}_y \cos\varphi + \vec{e}_z \sin\varphi$ とし，$\vec{e}_\varphi = \vec{e}_x \times \vec{e}_r$ とする．また，空間上の点 P における電磁場の値を考えるとき，r を点 P から x 軸に下ろした垂線の長さとする．

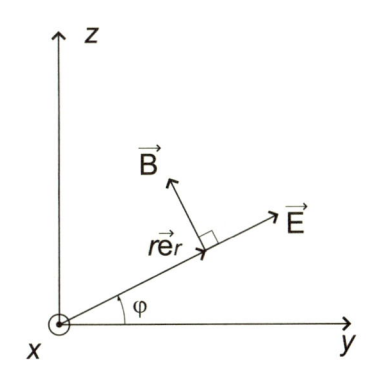

図 12.1 直線電流のつくる磁場 $\vec{B}$ と直線電荷のつくる電場 $\vec{E}$

無限に長い直線状の導線に一定電流 I が流れているとき，電流の方向を

右ねじの進む方向とすると，右ねじの回る方向に静磁場

$$\vec{B} = \frac{I\vec{e_\varphi}}{2\pi\varepsilon_0 c^2 r} \tag{12.19}$$

が発生する．

　無限に長い直線状の導線に，一定の線密度 λ の電荷が分布しているとき，導線に垂直で導線から離れる向きに静電場

$$\vec{E} = \frac{\lambda \vec{e_r}}{2\pi\varepsilon_0 r} \tag{12.20}$$

が発生する．

陽イオン静止系 S

　まず，導線が静止している慣性系 S の立場では，速度 $\vec{v}$ の荷電粒子は導線の電流 $I = \rho_- vA = -\rho_+ vA$ による磁場 $\vec{B}$ から Lorentz 力 $q\vec{v} \times \vec{B}$ を受ける．この力は荷電粒子の運動方向に垂直なので $\vec{F}_\perp$ とかく．

$$\vec{F}_\perp = q\vec{v} \times \vec{B} = -\vec{e_x} \times \vec{e_\varphi} \frac{q\rho_+ v^2 A}{2\pi\varepsilon_0 c^2 r} = \vec{e_r} \frac{q\rho_+ v^2 A}{2\pi\varepsilon_0 c^2 r} \tag{12.21}$$

荷電粒子静止系 S'

　S' において静止している荷電粒子は，x 軸方向に速度 $-v$ の運動をしている陽イオンの電流による磁場 $\vec{B'}$ から力は受けず，荷電粒子に働く Lorentz 力は $\vec{F'} = q(\vec{E'} + \vec{v} \times \vec{B'}) = q\vec{E'}$ となる．

　導線の S' 系における電荷密度 $\rho' = \rho'_+ + \rho'_-$ は，S 系での電荷密度 $\rho = 0$ であるからといって 0 とは限らない．電荷そのものは Lorentz 不変であるが，電荷密度はそうではないからである．S 系における微小体積 dV 中の陽イオンの電荷 $\rho_+ dV$ と S' 系における微小体積 dV' 中の陽イオンの電荷 $\rho'_+ dV'$ は Lorentz 不変な量として等しく，また，S' からみて陽イオンは速度 $-v$ で運動しているから，dV' は dV に対し Lorentz 収縮をしている：

$$\rho_+ dV = \rho'_+ dV', \ dV\sqrt{1-(-v)^2/c^2} = dV' \tag{12.22}$$

この 2 つの式から,
$$\rho'_+ = \frac{\rho_+}{\sqrt{1-v^2/c^2}} \tag{12.23}$$
を得る．同様に，自由電子の電荷の Lorentz 不変性 $\rho_- dV = \rho'_- dV'$ と Lorentz 収縮性 $dV = dV'\sqrt{1-v^2/c^2}$ (S からみて自由電子は速度 v で運動) より,
$$\rho'_- = \rho_- \sqrt{1-v^2/c^2} \tag{12.24}$$
となる．よって，S' における電荷密度は，S における電荷密度 ρ が 0 であること $\rho = \rho_+ + \rho_- = 0$ に注意して,

$$\begin{aligned}\rho' = \rho'_+ + \rho'_- &= \frac{\rho_+}{\sqrt{1-v^2/c^2}} + \rho_-\sqrt{1-v^2/c^2} = \frac{\rho_+}{\sqrt{1-v^2/c^2}} - \rho_+\sqrt{1-v^2/c^2}\\ &= \frac{\rho_+\{1-(1-v^2/c^2)\}}{\sqrt{1-v^2/c^2}} = \frac{\rho_+ v^2/c^2}{\sqrt{1-v^2/c^2}}\end{aligned}$$
$$\tag{12.25}$$

こうして，S 系では電荷密度 $\rho = 0$ であったのが，Lorentz 収縮の効果によって S' 系では $\rho' = \rho_+(v^2/c^2)/\sqrt{1-v^2/c^2}$ だけの電荷密度を生じていることがわかる．相対論的効果がなければ電場は生じず，荷電粒子には力が働かないことになり，事実に矛盾する．

電荷線密度 λ は電荷密度に導線の断面積 A をかけて $\lambda = \rho' A$ となる．よって，電場は
$$\vec{E'} = \vec{e}_r \frac{\rho' A}{2\pi\varepsilon_0 r} = \vec{e}_r \frac{\rho_+ v^2 A}{2\pi\varepsilon_0 c^2 r\sqrt{1-v^2/c^2}} \tag{12.26}$$
となる．この電場は導線に対して垂直だから，前と同じように荷電粒子に働く力の導線に垂直な部分を $\vec{F}'_\perp$ とかく：
$$\vec{F}'_\perp = q\vec{E'} = \vec{e}_r \frac{q\rho_+ v^2 A}{2\pi\varepsilon_0 c^2 r\sqrt{1-v^2/c^2}} \tag{12.27}$$
となる．

粒子が運動している系と粒子が静止している系での粒子に働く力の運動方向に垂直な部分 $\vec{F}_\perp, \vec{F}'_\perp$ には，次の関係がある：
$$\vec{F}_\perp = \vec{F}'_\perp \sqrt{1-v^2/c^2} \tag{12.28}$$

12.2.2　特殊相対論的等加速度運動

　特殊相対論は互いに等速度運動をする慣性系しか取り扱えないので，加速度運動を取り扱うには一般相対論が必要だと考えている人たちがいる．素粒子実験では特殊相対論は，理論家はもちろん，実験家も当然知っておかなければならない．素粒子実験はまさに素粒子の加速度運動を取り扱っているのである．

　ここではまず，加速度運動として最も簡単な等加速運動を取り上げよう．
　最初原点に静止していた質量 m，電荷 e の荷電粒子が，一様電場 $\vec{E}$ による外力を受けて運動する場合を考えよう．電場の方向を x 軸にとれば，

$$m\frac{d}{dt}\left(\frac{v_x}{\sqrt{1-v_x^2/c^2}}\right) = \mathrm{e}E \tag{12.29}$$

となる．$\alpha = \mathrm{e}E/(mc)$，$u = v_x/c$ とおくと，

$$\frac{d}{dt}\left(\frac{u}{\sqrt{1-u^2}}\right) = \alpha \tag{12.30}$$

$u(0) = 0$ であるから，

$$\frac{u}{\sqrt{1-u^2}} = \alpha t, \quad u = \frac{\alpha t}{\sqrt{1+\alpha^2 t^2}} \tag{12.31}$$

$dx/dt = v_x = cu$，$x(0) = 0$ であるから，

$$\frac{dx}{dt} = \frac{c\alpha t}{\sqrt{1+\alpha^2 t^2}}$$

$$x(t) = c\alpha \int_0^t \frac{s\,ds}{\sqrt{1+\alpha^2 s^2}} = \frac{c}{\alpha}\int_1^{1+\alpha^2 t^2}\frac{dy}{2\sqrt{y}} = \frac{c}{\alpha}\sqrt{y}\Big|_1^{1+\alpha^2 t^2} = \frac{c}{\alpha}\left(\sqrt{1+\alpha^2 t^2} - 1\right) \tag{12.32}$$

加速を始めて間もない頃

　$0 \leq t$ が小さいうちは速度 $v \ll c$ が成り立つはずである．つまり，Newton 力学の結果に $x = \mathrm{e}Et^2/(2m)$ に一致するはずである．そのことを見るためには，2 項展開

$$\sqrt{1+x} = (1+x)^{\frac{1}{2}} \cong 1 + \frac{1}{2}x \quad (|x| \ll 1) \tag{12.33}$$

を用いて，

$$x(t) = \frac{c}{\alpha}\left(\sqrt{1+\alpha^2 t^2} - 1\right) \cong \frac{c}{\alpha}\left(1 + \frac{\alpha^2 t^2}{2} - 1\right)$$
$$= \frac{c}{\alpha}\frac{\alpha^2 t^2}{2} = \frac{c\alpha t^2}{2} = \frac{eEt^2}{2m} \tag{12.34}$$

となり，確かに Newton 力学の結果に一致する．

加速を始めて十分時間が経過したとき

逆に $t \geqq 0$ が大きくなると，$\sqrt{1+\alpha^2 t^2} \cong \sqrt{\alpha^2 t^2} = |\alpha t|$ となるから，

$$x(t) = \frac{c}{\alpha}\left(\sqrt{1+\alpha^2 t^2} - 1\right) \cong \frac{c}{\alpha}|\alpha|t = \pm ct, \quad v_x = \frac{dx}{dt} \cong \pm c \quad (\pm は \alpha の符号) \tag{12.35}$$

となる．Newton 力学における等加速度運動では $v_x = eEt/m$ のように一定の割合で速度が無限に増してゆくが，特殊相対論的な等加速度運動では，速度は光速に近づくのみで，実際には等速度運動に限りなく近くなる．相対論では粒子の速度は光速を超えることができない．

座標時間と固有時間の関係

等加速度運動をしているときの固有時間 τ と座標時間 t の関係は，$d\tau = dt\sqrt{1-v^2/c^2} = dt\sqrt{1-u^2}, u = \alpha t/\sqrt{1+\alpha^2 t^2}$ より，

$$\tau = \int_0^t ds\sqrt{1-u^2(s)} = \int_0^t ds\sqrt{1-\frac{\alpha^2 s^2}{1+\alpha^2 s^2}} = \int_0^t \frac{ds}{\sqrt{1+\alpha^2 s^2}} \tag{12.36}$$

ここで，$\alpha s = \tan\theta \, (|\theta| < \pi/2)$ とおくと，

$$\tau = \frac{1}{\alpha}\int_0^{\arctan\alpha t} \frac{d\theta}{\cos^2\theta} \frac{1}{\sqrt{1+\tan^2\theta}} = \frac{1}{\alpha}\int_0^{\arctan\alpha t} \frac{d\theta}{\cos\theta} = \frac{1}{2\alpha}\log\left(\frac{1+\sin\theta}{1-\sin\theta}\right)\Big|_0^{\arctan\alpha t}$$
$$= \frac{1}{2\alpha}\log\left(\frac{1+\sin\arctan\alpha t}{1-\sin\arctan\alpha t}\right) \tag{12.37}$$

ここで，αt の符号を $\mathrm{sgn}(\alpha t)$ とかくと，

$$\sin \arctan \alpha t = \mathrm{sgn}(\alpha t) \sqrt{1 - \cos^2 \arctan \alpha t} = \mathrm{sgn}(\alpha t) \sqrt{1 - \frac{1}{1 + \tan^2 \arctan \alpha t}}$$

$$= \mathrm{sgn}(\alpha t) \sqrt{1 - \frac{1}{1 + \alpha^2 t^2}} = \frac{\mathrm{sgn}(\alpha t)|\alpha t|}{\sqrt{1 + \alpha^2 t^2}} = \frac{\alpha t}{\sqrt{1 + \alpha^2 t^2}}$$

$$1 \pm \sin \arctan \alpha t = 1 \pm \frac{\alpha t}{\sqrt{1 + \alpha^2 t^2}} = \frac{\sqrt{1 + \alpha^2 t^2} \pm \alpha t}{\sqrt{1 + \alpha^2 t^2}} \text{ (複号同順)}$$

(12.38)

よって，

$$\tau = \frac{1}{2\alpha} \log \left(\frac{\frac{\sqrt{1+\alpha^2 t^2} + \alpha t}{\sqrt{1+\alpha^2 t^2}}}{\frac{\sqrt{1+\alpha^2 t^2} - \alpha t}{\sqrt{1+\alpha^2 t^2}}} \right) = \frac{1}{2\alpha} \log \left(\sqrt{1 + \alpha^2 t^2} + \alpha t \right)^2 = \frac{1}{\alpha} \log \left(\sqrt{1 + \alpha^2 t^2} + \alpha t \right)$$

$$= \frac{1}{\alpha} \log \left(\sqrt{1 + |\alpha t|^2} \pm |\alpha t| \right) = \frac{1}{\alpha} \log \left(\sqrt{1 + |\alpha t|^2} + |\alpha t| \right)^{\pm 1} \quad \text{(±は αt の符号)}$$

(12.39)

$t > 0$ が増加して大きな値をとるようになると，粒子の速さは光速に近づき，固有時間は $\tau \cong (1/|\alpha|) \log(2|\alpha|t)$ のように対数的にゆっくりと増加する．対数関数 $\log x$ がゆっくり増加することは，極限 $\lim_{x \to \infty} \frac{\log x}{x} = 0$ から理解することができる．

これは特殊相対論での結果であるが，加速する宇宙船の時計は，慣性系の時計に対してゆっくり進むことを示している．

12.2.3 双子のパラドクス

特殊相対論の教科書や啓蒙書で必ず触れられる「双子のパラドクス」というものを紹介しよう．

双子のパラドクスとは，「地球上の双子 A, A' のうち，A は地球に残り，A' がロケットで光速に近い速い運動をして再び戻ってきたとき，A' は A より若いという主張ができる．このことに対して，ロケットが等速度運動をしているときは，ロケットが静止していて地球が反対の等速度運動をするともいえて，A が A' より若いとも主張できるのではないか．これは矛盾だ．」

12.2 特殊相対論的力学

というものである．結論から言うと，A' が A より若いというのが正しい．なぜなら，A は常に慣性系にいるけれども，A' はほとんどの行程が等速度運動であっても，出発するとき，どこかで U ターンするとき，帰ってくるときに加速度運動を行っているから，常に慣性系にいるとはいえないからである．

両者が常に慣性系 S, S' にいる間なら，例えば A, A' がそれぞれの系の原点にいるならば，Lorentz 変換の時間座標に関する式 $t' = (t - Vx/c^2)/\sqrt{1 - V^2/c^2}$ あるいは $t = (t' + Vx'/c^2)\sqrt{1 - V^2/c^2}$ において，A からみた A' は $x = Vt$ の運動をしているので $t' = (t - V^2t/c^2)/\sqrt{1 - V^2/c^2} = t\sqrt{1 - V/c^2}$ となり，A' の相手の時計が遅れていると主張し，A' からみた A は $x' = -Vt'$ の運動をしているので，$t = (t' - V^2t'/c^2)/\sqrt{1 - V^2/c^2} = t'\sqrt{1 - V/c^2}$ となり，A の時計が遅れていると主張する．これはパラドクスでもなんでもない．特殊相対論では，それぞれの慣性系で異なった時間 t, t' を採用するので，時間の遅れはお互い様なのである．それが時間も相対的になるこの理論の真髄なのだ．

ところが，A が慣性系にいて，A' が加速度系にいると，もはや（大域的な）Lorentz 変換が使えなくなり，時間の遅れはお互い様でなくなり，絶対的に A' の時間が A よりも遅れる．こうして相対性が崩れることは理解できるが，それではなぜ A' の時間の方が遅れるのであろうか．Lorentz 変換の公式が使えないのに，どうしてそういえるのであろうか．この疑問には，特殊相対論における運動する物体の固有時間の定義によって回答が与えられている．A' の固有時間は，A' に結びつけられた時計が刻む時間として定義され，その固有時間は A' が静止してみえる局所慣性系の座標時間として測るとしているから，加速度運動している方の固有時間を慣性系の時間 t の関数 $v(t)$ の式の積分として表現した (12.10) が成り立つ．この式から具体的に計算しなくても，加速度運動する方の時間が遅れることはすぐに言える．なぜなら，不等式 (12.11) が数学的に成り立つからである．この時点で双子のパラドクスは一応解決する．さらに，$v(t)$ を特殊相対論の運動方程式 (12.17) から求め，(12.10) の積分式に代入して計算すればどれくらい

遅れるかが計算できる．そこで，A' は出発から帰着まで常に加速度運動をしているとして，どれくらい時間が遅れるのかを，2つのモデルで定量的に確認してみよう．

12.2.4 瞬間加速度運動

ロケットは，地球出発時から等速度 V で運動を続け，U ターン地点で瞬時に速度 V から速度 $-V$ まで（負に）加速され，等速度 $-V$ で運動を続け，地球に帰着する．速度の大きさは四六時中 $v(t) = (\mp V)^2 = V^2$ であるので，(12.11) は，往路で $\tau_{12} = t_{12}\sqrt{1 - V^2/c^2}$，復路で $\tau_{21} = t_{21}\sqrt{1 - (-V)^2/c^2}$ となり，全経路では $\tau = \tau_{12} + \tau_{21}, T = t_{12} + t_{21}$ とおくと，$\tau = T\sqrt{1 - V^2/c^2}$ となる．この計算が許されるのは，終始慣性系 S にいる A であって，加速度系にいる A が同じ計算をしてはいけない．しかし，求める式 $\tau = T\sqrt{1 - V^2/c^2}$ は A の計算で求まっているから，これでよいのである．よって，A' は A より $t\left(1 - \sqrt{1 - V^2/c^2}\right)$ だけ若い．

もし，この簡潔な説明に納得できない場合に，啓蒙書などでよく行ってある説明法を紹介しておこう．しかし，本質的には今行った計算と変わらない．

ロケットは，出発して帰着するまで光信号を地球に送り，地球ではこの光信号を受信するとする．S' に固定された時計（ロケット系）の時間 τ_{12} を，S（地球系）で光信号受信として観測した時間を T_{12} とすると，

$$\tau_{12} = T_{12}\sqrt{\frac{1 - V/c}{1 + V/c}} \tag{12.40}$$

が成り立つ．(12.10) で $v(t) = V$ とおくと，ロケットの固有時間 $\tau_{12} = t_{12}\sqrt{1 - V^2/c^2}$ は明らかに t_{12} 以下になるが，もし V が負，つまりロケットが復路になったときは，T_{12} よりも大きくなる．これは，光信号の Doppler 効果を考えれば，以下のように説明がつく．

S' の時計が原点に固定され，この時計が S の原点にいる観測者に向かって時計の刻みを知らせる信号光を発したとき，時刻 t_1 で信号光のある波面

が発生し，時刻 t_2 で信号光の次の波面が発生したとする．このとき，光源としての S' は x 軸の方向に速さ V で動きながら S に向かって信号光を発しているので，その波長 λ を S で観測すると次のようになる (図 12.2).

$$\lambda = ct_{12} + Vt_{12} = (c + V)t_{12} \tag{12.41}$$

観測される光の周期は $T_{12} = \lambda/c = (1 + V/c)t_{12}$ となるので，これに，(12.2)

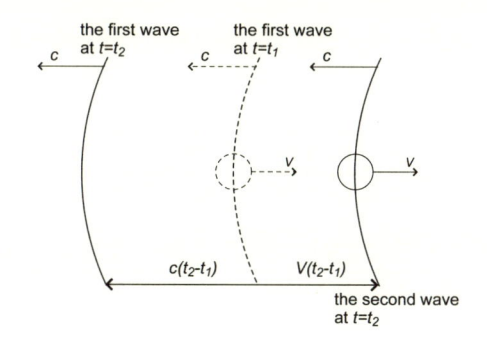

図 12.2 光の Doppler 効果

を代入すれば，

$$\begin{aligned} T_{12} &= (1 + V/c)\tau_{12}/\sqrt{1 - (V/c)^2} = \tau_{12}\sqrt{\frac{(1 + V/c)^2}{1 - (V/c)^2}} \\ &= \tau_{12}\sqrt{\frac{(1 + V/c)^2}{(1 + V/c)(1 - V/c)}} = \tau_{12}\sqrt{\frac{1 + V/c}{1 - V/c}} \\ \therefore \tau_{12} &= T_{12}\sqrt{\frac{1 - V/c}{1 + V/c}} \end{aligned} \tag{12.42}$$

となり，(12.40) を得る．(12.41) は，観測者に対して速度 V で遠ざかる光源の波長が伸びて観測されることを意味する式で，光の Doppler 効果に他ならない．

この式を使うと，U ターン時の瞬時の加速度運動を力学的に検討することなく，次のようにして双子のパラドクスを解決できる．まず，A' の時計での航行時間を τ とすると，往路，復路で同じ速さで同じ距離を航行して

いるから，それぞれの航行時間はともに $\tau/2$ である．A の時計で A' の時計を光で観測した時間を往路で T_{12}，復路で T_{21} とすると，往路ではロケットは速度 V で地球を遠ざかり，復路ではロケットは速度 $-V$ で地球へ向かってくるから，(12.40) より，

$$T_{12} = \frac{\tau}{2}\sqrt{\frac{1-V/c}{1+V/c}}, \quad T_{21} = \frac{\tau}{2}\sqrt{\frac{1+V/c}{1-V/c}} \tag{12.43}$$

と測定される．したがって，地球から見た航行時間は $t = T_{12} + T_{21}$ で計算され，

$$\begin{aligned} t &= T_{12} + T_{21} = \frac{\tau}{2}\sqrt{\frac{1-V/c}{1+V/c}} + \frac{\tau}{2}\sqrt{\frac{1+V/c}{1-V/c}} \\ &= \frac{\tau}{2}\frac{\left(\sqrt{1-V/c}\right)^2 + \left(\sqrt{1+V/c}\right)^2}{\sqrt{1+V/c}\sqrt{1-V/c}} = \frac{\tau}{2}\frac{1-V/c+1+V/c}{\sqrt{1-V^2/c^2}} \\ &= \frac{\tau}{\sqrt{1-V^2/c^2}} \\ \therefore \tau &= t\sqrt{1-V^2/c^2} \end{aligned} \tag{12.44}$$

となり，A' は A より $t\left(1 - \sqrt{1-V^2/c^2}\right)$ だけ若い．

12.2.5 もう一度，特殊相対論的等加速度運動

前項では，瞬間的な加速度移動を仮定して双子のパラドクスを解決した．ここでは，もう少し現実的な等加速度運動で考察してみよう．

以下では，ロケットの宇宙旅行を念頭に論じるので，時間の単位を 1 年，長さの単位を 1 光年（光速で 1 年間進む距離）にとる．さらに，光速 c を 1 とするような単位系を採用する．こうすると，例えば「速さ 0.6 で 6 光年移動するには何年かかるか」という問の答えは $6 \div 0.6 = 10$ 年である．

等加速度といっても，特殊相対性理論ではロケットの速さは光速を超えられないので，ロケットに乗った A' が一定の加速を感じるという意味の等加速度運動を考える．12.2.2 において論じた，一様電場による一定の力を

与えた場合の運動が，このような等加速度運動になっていることを説明しよう．

まず，基本の運動方程式の由来を復習する．質量 m，電荷 q の粒子が $t=0$ で静止している状態から，x 軸方向の一様な電場 E で加速する場合，粒子の位置と速度をそれぞれ x, v とすると，$v = dx/dt$, $d(mv/\sqrt{1-v^2})/dt = qE$ が成り立つのだった．$\alpha = qE/m$ とおいて，$c = 1$ の単位系をとると，

$$\frac{d}{dt}\left(\frac{v}{\sqrt{1-v^2}}\right) = \alpha \tag{12.45}$$

となる．静止系の観測者を地球にいる A，荷電粒子をロケットで運動する A' と考えればよい．

等加速度の意味

(12.45) の左辺は次のように変形できる：

$$\begin{aligned}
\text{左辺} &= \frac{d}{dt}\left(\frac{v}{\sqrt{1-v^2}}\right) = \frac{d}{dv}\left(\frac{v}{\sqrt{1-v^2}}\right)\frac{dv}{dt} \\
&= \frac{\frac{dv}{dv}\sqrt{1-v^2} - v\frac{d\sqrt{1-v^2}}{dv}}{\left(\sqrt{1-v^2}\right)^2}\frac{dv}{dt} = \frac{\sqrt{1-v^2} - v\frac{1}{2}\left(\sqrt{1-v^2}\right)^{-\frac{1}{2}}(-2v)}{1-v^2} \\
&= \frac{1-v^2+v^2}{(1-v^2)^{\frac{3}{2}}}\frac{dv}{dt} = \frac{1}{(1-v^2)^{\frac{3}{2}}}\frac{dv}{dt}
\end{aligned} \tag{12.46}$$

したがって，運動方程式の両辺に $(1-v^2)^{\frac{3}{2}}$ をかけると，

$$\frac{dv}{dt} = \alpha(1-v^2)^{\frac{3}{2}} \tag{12.47}$$

となる．

まず，この方程式がロケットからみたロケットの加速度が一定である運動を記述していることを説明しよう．地球からみたロケットの速度が v であるとき，ロケットからみたロケットの速度が v' であるとする．もちろん，

この瞬間は $v'=0$ であるが，その増分 dv' は 0 ではなく，dv'/dt' がロケットからみたロケットの加速度となる．ロケット系では A' の速度は常に 0 であるけれども，加速度 dv'/dt' による衝撃は感じる．

地球からみたロケットの速度が，この加速度運動で v から $v+dv$ になったとする．特殊相対論的速度の合成の公式

$$v_x = \frac{v'_x + V}{1 + Vv'_x}$$

（これは (12.14) と同じもの）において，S 系が地球系，S に対して速度 $\vec{V}=(V,0,0)$ で運動する S' をロケット系とみなすと，v_x は地球から見たロケットの速度 v が dv 増加したものだから $v_x = v + dv$，v'_x はロケットから見たロケットの速度 0 が dv' 増加したものだから $v'_x = dv'$ となる．V は地球から見たロケットの速度であるから $V=v$．高次の微小量を無視すると，

$$v + dv = \frac{dv' + v}{1 + vdv'}$$
$$dv = \frac{dv' + v - v(1 + vdv')}{1 + vdv'} = \frac{(1-v^2)dv'}{1 + vdv'} = (1-v^2)dv'(1-vdv') = dv'(1-v^2)$$
$$\therefore \frac{dv}{dt} = \frac{dv'}{dt}(1-v^2) = \frac{dv'}{dt'}\frac{dt'}{dt}(1-v^2)$$
(12.48)

となる．ここで，$dt' = dt\sqrt{1-v^2}$ に注意すると，

$$\frac{dv}{dt} = \frac{dv'}{dt'}(1-v^2)^{\frac{3}{2}} \tag{12.49}$$

となる．(12.47) は，この式における dv'/dt' が一定値 α をとる運動，すなわち，ロケットが感じる加速度が一定の運動を表していることがわかる．

$v'=0$ の瞬間に $dv'/dt' = \alpha(\neq 0)$ であることは理解できても，S 系で記述した方程式においてはこの関係が常に成り立っていることは理解しにくいかもしれない．$dv'/dt' = \alpha$ を普通に積分すると，$v' = \alpha t'$ となり，有限の t' に対し，$v' \neq 0$ でなくなり，さらには時間が経てば $|v'|$ は光速 1 をすぐ超えてしまうのではないかと．この疑問については，S' は物体に縛り付けられた加速度系であり，このように（慣性系に対して）動く S' の座標 x', t'

を用いた微分方程式 $dv'/dt' = \alpha$ は通常の微分方程式と考えるわけにはいかない．

次に，(12.47) の解 $v(t)$ の振る舞い，すなわち地球から見たロケットの運動を定性的に理解しておこう．以下 $\alpha > 0$ の場合で考えるが，$\alpha < 0$ の場合も全く同様である．

v が 0 から加速されて正の値 $v > 0$ をとるようになると，地球から見た加速度 dv/dt は α より小さな値 $\alpha(1-v^2)^{\frac{3}{2}}(<\alpha)$ になり，減少する．それでも加速はされるので，v の値は増加する．すると，その v の増加でさらに dv/dt は減少する．以後この繰り返しで，地球から見ると v は増加しながらその増加率が減少していく．このように，速さの増加によって加速が鈍るような実にうまい構造になっている．長時間かけていずれ v は光速 1 に近づき，$v \simeq 1$ が成り立つようになると $dv/dt \simeq 0$ となり，ほとんど加速されなくなり，この状況は限りなく長く続き，

$$\lim_{t \to \infty} v(t) = 1 \tag{12.50}$$

となることが予想される．

それでは実際に解いていく．原則 12.2.2 の方法と本質的に同じだが，少しやりかたをかえる．(12.47) の両辺を $1-v^2$ でわり，固有時間と座標時間の関係式 $dt'/dt = \sqrt{1-v^2}$ を用いれば，

$$\frac{1}{1-v^2}\frac{dv}{dt} = \alpha\sqrt{1-v^2} = \alpha\frac{dt'}{dt}, \quad \frac{dv}{1-v^2} = \alpha dt' \tag{12.51}$$

となり，v と固有時間 t' の変数分離型の微分方程式になった．

$$\frac{1}{1-v^2} = \frac{1}{(1+v)(1-v)} = \frac{(1-v)+(1+v)}{2(1+v)(1-v)} = \frac{1}{2}\left(\frac{1}{1+v} + \frac{1}{1-v}\right) \tag{12.52}$$

を用いると，$t' = 0$ のとき $v = 0$ であるから，

$$\frac{1}{2}\left(\frac{dv}{1+v} + \frac{dv}{1-v}\right) = \alpha dt', \quad \frac{1}{2}\left(\int_0^v \frac{du}{1+u} + \int_0^v \frac{du}{1-u}\right) = \alpha t'$$

$$\frac{1}{2}\{\log(1+v) - \log(1-v)\} = \alpha t', \quad \log\left(\frac{1+v}{1-v}\right) = 2\alpha t', \quad \frac{1+v}{1-v} = e^{2\alpha t'}$$

$$v = \frac{e^{2\alpha t'} - 1}{e^{2\alpha t'} + 1} = \frac{e^{\alpha t'} - e^{-\alpha t'}}{e^{\alpha t'} + e^{-\alpha t'}} = \tanh \alpha t' \tag{12.53}$$

となる．$\tanh \theta = \dfrac{e^\theta - e^{-\theta}}{e^\theta + e^{-\theta}}$ のグラフを図 12.3 に示す．

$$\lim_{\theta \to \pm\infty} \tanh \theta = 1 \tag{12.54}$$

であり，前述した考察は全く正しいことが分かった．

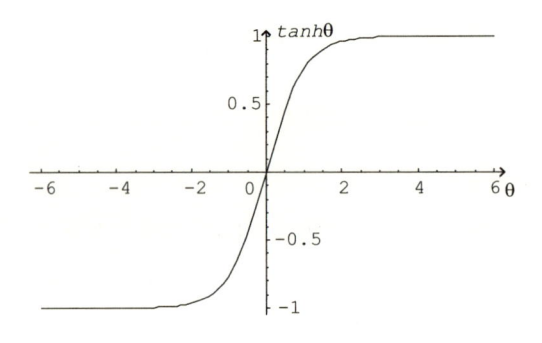

図 12.3 $\tanh \theta$ のグラフ

12.2.6 加速度運動すると時間は遅れる

実際に双子のパラドクスをこの等加速度運動で解決してみよう．地球 $x = L$ を初速度 $-V$ で出発し，x の負の方向へ原点へ向かって等速度運動を続け，$t = -t_1/2$ で $x = l/2$ となり，等加速度 a の運動を始め，丁度速度 0 になるのが $t = 0, x = 0$ である．以後 $0 \leqq t \leqq t_1/2$ の運動はそれまでの運動を時間反転したものになり，$t = t_1/2$ で速度 $v = V$ となった以降は等速度運動をし

て地球に戻る．加速度運動するのは $-t_1/2 \leqq t \leqq t_1/2, l/2 \geqq x \geqq 0$ のときだけである．

さて，地球から見たロケットの速度をロケットの時間で表すと，U ターンしている間は

$$v(t') = \tanh at' \tag{12.55}$$

初めて $x = l/2$ となったとき，$t = -t_1/2, t' = -\tau/2$ とすると，

$$v(-\tau/2) = -\tanh a\tau/2 = -V \quad \therefore \tau = \frac{2}{a}\tanh^{-1} V = \frac{1}{a}\log\left(\frac{1+V}{1-V}\right) \tag{12.56}$$

次に，ロケットの固有時間 t' を地球の座標時間 t で書き表そう．$dt' = dt\sqrt{1-v^2}$ と，速度 $v=0$ になるときを固有時間と座標時間の原点にとっているので，

$$dt = \frac{dt'}{\sqrt{1-v^2}} = \frac{dt'}{\sqrt{1-\tanh^2 at'}} = \frac{dt'}{\dfrac{1}{\cosh at'}} = dt'\cosh at' = d\left(\frac{1}{a}\sinh at'\right)$$

$$\therefore t = \frac{1}{a}\sinh at' \iff t' = \frac{1}{a}\sinh^{-1} at = \log\left(\sqrt{1+a^2t^2} + at\right) \tag{12.57}$$

となる．$at = \sinh at'$ を用いて，速度 $v = \tanh at'$ を t で表すと，

$$v(t) = \frac{\sinh at'}{\cosh at'} = \frac{\sinh at'}{\sqrt{1+\sinh^2 at'}} = \frac{at}{\sqrt{1+a^2t^2}} \tag{12.58}$$

となる．位置 x は速度 $dx/dt = v = \tanh at'$ を座標時間 t で積分すればよい．このとき，$dt'/dt = \sqrt{1-v^2} = \sqrt{1-\tanh^2 at'} = 1/\cosh at', dt/dt' = \cosh at'$ に注意して，

$$x(t') = \int_0^{t'} v(s')ds = \int_0^{t'} v(s')\frac{ds}{ds'}ds' = \int_0^{t'} \tanh as' \cosh as' ds' = \int_0^{t'} \sinh as' ds'$$
$$= \frac{\cosh as'}{a}\bigg|_0^{t'} = \frac{1}{a}(\cosh at' - 1) \tag{12.59}$$

を得る．(12.57) より，$\cosh at' = \sqrt{1+\sinh^2 at'} = \sqrt{1+a^2t^2}$ であるから，

$$x(t) = \frac{1}{a}\left(\sqrt{1+a^2t^2} - 1\right) \tag{12.60}$$

となる．$x(t' = -\tau/2) = x(t = -t_1/2) = l/2$ であるから，

$$l/2 = \frac{1}{a}(\cosh a\tau/2 - 1) = \frac{1}{a}\left(\sqrt{1 + a^2 t_1^2/4} - 1\right) \quad (12.61)$$

$$\therefore \cosh^2 a\tau/2 = 1 + a^2 t_1^2/4, \ (at_1/2)^2 = \cosh^2 a\tau/2 - 1 = \sinh^2 a\tau/2$$

すなわち，

$$\frac{at_1}{2} = \sinh\left(\frac{a\tau}{2}\right), \quad \frac{l}{2} = \frac{1}{a}(\cosh a\tau/2 - 1) = \frac{1}{a}(\sqrt{1 + a^2 t_1^2/4} - 1) \quad (12.62)$$

が成り立つ．また (12.56) から

$$\frac{t_1}{2} = \frac{1}{a}\sinh\left\{\frac{1}{2}\log\left(\frac{1+V}{1-V}\right)\right\} = \frac{1}{a}\frac{e^{\log\left(\frac{1+V}{1-V}\right)^{1/2}} - e^{-\log\left(\frac{1+V}{1-V}\right)^{1/2}}}{2}$$
$$= \frac{\sqrt{\frac{1+V}{1-V}} - \sqrt{\frac{1-V}{1+V}}}{2a} = \frac{V}{a\sqrt{1-V^2}} \quad (12.63)$$

$$\therefore l/2 = \frac{1}{a}\left(\sqrt{1 + (at_1/2)^2} - 1\right) = \frac{1}{a}\left\{\sqrt{1 + \left(V/\sqrt{1-V^2}\right)^2} - 1\right\}$$
$$= \frac{1}{a}\left(\sqrt{\frac{1 - V^2 + V^2}{1 - V^2}} - 1\right) = \frac{1}{a}\left(\frac{1}{\sqrt{1-V^2}} - 1\right) \quad (12.64)$$

これらの結果をまとめると，ロケットが U ターンする間の等加速度運動を行っている時間 t_1, τ と距離 l は加速度 a と速度 V で次のように表すことができることがわかった：

$$t_1 = \frac{2V}{a\sqrt{1-V^2}}, \quad \tau = \frac{1}{a}\log\left(\frac{1+V}{1-V}\right), \quad l = \frac{2}{a}\left(\frac{1}{\sqrt{1-V^2}} - 1\right) \quad (12.65)$$

となる．この結果から，$a \to \infty$ とすれば，t_1, τ, l はすべて 0 になる．これは，瞬間加速度運動する場合に対応し，12.2.4 の場合に帰着する．有限の a に対し τ, t_1 の大小を比較してみよう．

$$f(V) \equiv a(t_1 - \tau) = \frac{2V}{\sqrt{1-V^2}} - \log\left(\frac{1+V}{1-V}\right) \ (0 < V < 1) \quad (12.66)$$

とおく．これが正であることが示せれば，ロケットが加速度運動している

間はロケットの時間が地球の時間より絶対的に遅れていることになる.

$$f'(V) = \frac{2\sqrt{1-V^2} - 2V \cdot \frac{-2V}{2\sqrt{1-V^2}}}{(\sqrt{1-V^2})^2} - \left(\frac{1}{1+V} - \frac{-1}{1-V}\right) = \frac{2-V^2}{(\sqrt{1-V^2})^3} - \frac{2}{1-V^2}$$

$$= \frac{2-V^2 - 2\sqrt{1-V^2}}{(\sqrt{1-V^2})^3} = \frac{2-V^2 - 2\sqrt{1-V^2}}{(\sqrt{1-V^2})^3} \equiv \frac{g(V)}{(\sqrt{1-V^2})^3}$$

$$g'(V) = \left(2 - V^2 - 2\sqrt{1-V^2}\right)' = -2V - 2 \cdot \frac{-2V}{2\sqrt{1-V^2}} = 2V\left(\frac{1}{\sqrt{1-V^2}} - 1\right)$$

$$> 0$$

$$\therefore f'(V) > 0 \ (0 < V < 1)$$

(12.67)

$f(+0) = 0$ より,$f(V) > f(+0) = 0$ となり,ロケットの時間は地球の時間より遅れる.この遅れの程度は,速さ V の大きさにも依存する.また,τ/t_1 を計算してみると,(12.65) より,

$$\frac{\tau}{t_1} = \frac{\sqrt{1-V^2}}{2V}\log\left(\frac{1+V}{1-V}\right) \qquad (12.68)$$

まず,V が光速に比べてはるかに遅いときは,$V \ll 1$ とできるので,

$$\frac{\tau}{t_1} = \frac{\sqrt{1-V^2}}{V}\log\sqrt{\frac{1+V}{1-V}} \simeq \frac{1-V^2/2}{V}\log\sqrt{(1+V)^2} = \frac{1-V^2/2}{V}\log(1+V)$$

$$\simeq \frac{1-V^2/2}{V}V = 1 - V^2/2 \simeq 1$$

(12.69)

となり,ロケットの時計の遅れは殆どない.次に,V が光速の 6 割,8 割すなわち $V = 0.6, 0.8$ のとき,

$$\frac{\tau}{t_1} = \begin{cases} \frac{0.8}{0.6}\log\sqrt{\frac{1.6}{0.4}} = \frac{4}{3}\log 2 \simeq 0.92 & (V = 0.6) \\ \frac{0.6}{0.8}\log\sqrt{\frac{1.8}{0.2}} = \frac{3}{4}\log 3 \simeq 0.82 & (V = 0.8) \end{cases} \qquad (12.70)$$

となり,ロケットの時計が約 8 パーセントまたは約 18 パーセント遅れる.さらに,V が光速に近いとき,$V \simeq 1$ であるから,$V = 1 - \delta$ とおくと,

$0 < \delta \ll 1$ であり,

$$\begin{aligned}\frac{\tau}{t_1} &= \frac{\sqrt{\{2+(1-V)\}(1-V)}}{1-(1-V)} \log \sqrt{\frac{2+(1-V)}{1-V}} = \frac{\sqrt{(2+\delta)\delta}}{(1-\delta)} \log \sqrt{\frac{2+\delta}{\delta}} \\ &\simeq \sqrt{2\delta}(1+\delta) \log \sqrt{\frac{2}{\delta}} \simeq \frac{1}{2}\sqrt{\frac{\delta}{2}} \log \sqrt{\frac{\delta}{2}} \simeq 0 \end{aligned}$$

(12.71)

となり,ロケットの時計は殆ど進まない.このとき,ロケットがUターンしている間に地球の時計はかなり進むことになる.この地球の時間に対するロケットの時計の遅れは,相対的なものではなく,絶対的なものである.

地球から見たロケットの軌道を求めよう.地球とUターン地点間の距離をLとすると,$t \geq t_1/2$ では $x = V(t - t_1/2) + l/2$ であるから,方程式 $x(T/2) = L$ を解けば,地球から見たロケットの地球スタート時間 $-T/2$ が求められる.(12.65) より,

$$L = V(T/2 - t_1/2) + l/2 \quad \therefore T = \frac{2L - l + Vt_1}{V} = \frac{2L}{V} + \frac{2}{aV}\left(1 - \sqrt{1-V^2}\right)$$

(12.72)

となる.

$$x(t) = \begin{cases} -V(t + t_1/2) + l/2 & (-T/2 \leq t \leq -t_1/2) \\ (1/a)\left(\sqrt{1+a^2t^2} - 1\right) & (-t_1/2 \leq t \leq t_1/2) \\ V(t - t_1/2) + l/2 & (t_1/2 \leq t \leq T/2) \end{cases}$$

(12.73)

これに具体的数値を代入してみよう.Uターン期間(加速度運動期間)の初速度と終速度の大きさを $V = 0.6, a = 15, L = 6$ とすると,

$$t_1 = \frac{1.2}{0.8 \cdot 15} = \frac{1}{10}, \quad \tau = \frac{1}{15}\log\left(\frac{1.6}{0.4}\right) = \frac{2\log 2}{15} \simeq 0.0401, \quad l = \frac{2}{15}\left(\frac{1}{0.8} - 1\right)$$
$$= \frac{1}{30}$$
$$T = \frac{12}{0.6} + \frac{2}{15 \cdot 0.6}(1 - 0.8) = 20 + \frac{2}{45}$$

(12.74)

であり，軌道の式は，

$$x(t) = \begin{cases} -0.6(t+0.05) + 1/60 & (-10 - 1/45 \leqq t \leqq -0.05) \\ (1/15)\left(\sqrt{1+225t^2} - 1\right) & (-0.05 \leqq t \leqq 0.05) \\ 0.6(t-0.05) + 1/60 & (0.05 \leqq t \leqq 10 + 1/45) \end{cases} \quad (12.75)$$

となる．ロケットの世界線を Minkowski 時空図 12.4 に示す．この具体例か

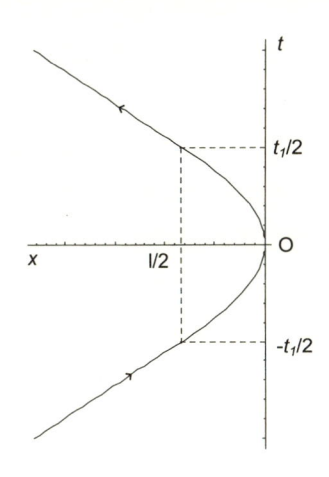

図 **12.4** 特殊相対論的等加速度運動

ら分かるように，ロケットの航行時間 $T' = (T-t_1)\sqrt{1-V^2} + \tau$ のうち，加速期間 τ, t_1 の部分は (12.65) から分かるように a が大きいと反比例して小さくなるので，T' の大部分は等速期間 $T\sqrt{1-V^2}$ によるものである．

Section 12.3
電磁気学の 4 次元的定式化

特殊相対論によって時間と空間を対等に取り扱う必要があることが分かった．Newton 力学や電磁気学などで取り扱う物理量は時間を特別扱いして，

3次元空間におけるベクトルで法則を定式化する．しかし，相対論では時間も空間と同様に相対的になったので4次元時空の中で様々な物理量を定式化しなければならない．物理法則を4元形式に定式化することにより，特殊相対性原理すなわち「物理法則はどんな慣性系においても同じ形に表される」という原理を満たすことになるのである．

ここでは，力学や電磁気学の法則を4次元的に定式化する．既にみたようにNewton力学は修正を受けるが，電磁気学はほとんどそのままでよい．実は，特殊相対論は電磁気学を記述するための理論的枠組みであるといってもよい．その真骨頂は電磁場の従う方程式，Mawellの方程式である．3次元形式では電場 $\vec{E}$ と磁場 $\vec{B}$ の3次元ベクトル場を偏微分した量が電荷密度 ρ_e と電流密度 $\vec{j}_e$ に結び付けられるやや複雑な偏微分方程式系であったものが，4元形式では電場と磁場は2階反対称テンソル $f_{\mu\nu}$ として，電荷や電流密度も4元電流密度ベクトル j_e^ν として1つにまとめられ，これらの関係式が $\partial_\nu f^{\mu\nu} = -j_e^\mu/(\varepsilon_0 c^2)$ という4元形式に集約される．この過程では，3次元よりも1つ次元が多い4次元でのベクトルやテンソルを用いるので，多くの添え字がついたテンソルの計算を避けて通れない．結果の式は簡潔に表現されていても，それにたどり着く計算には忍耐力を必要とする．そして，このような計算に慣れることが，一般相対論を理解する第一歩になるのである．

12.3.1　基本テンソルと反変・共変ベクトル

Minkowski時空において，時空点 x の座標 $x^\mu = (ct, x, y, z)$ の微分 dx^μ の大きさの2乗 ds^2 を次式で定義する：

$$ds^2 = (ct)^2 - (dx)^2 - (dy)^2 - (dz)^2 \tag{12.76}$$

これは $x, x+dx$ 間の微小世界距離である．これを基本テンソル η^μ

$$(\eta_{\mu\nu}) = \begin{pmatrix} 1 & 0 & 0 & 0 \\ 0 & -1 & 0 & 0 \\ 0 & 0 & -1 & 0 \\ 0 & 0 & 0 & -1 \end{pmatrix} \tag{12.77}$$

を用いて表すと，

$$ds^2 = \eta_{\mu\nu} dx^\mu dx^\nu \tag{12.78}$$

とかける．x が運動する粒子の座標であるとすると，粒子の固有時間 $d\tau$ は，

$$d\tau = ds/c = \frac{1}{c}\sqrt{\eta_{\mu\nu} dx^\mu dx^\nu} \tag{12.79}$$

とかける．

4元速度 u^μ を

$$u^\mu \equiv \frac{dx^\mu}{d\tau} = \left(c\frac{dt}{d\tau}, \frac{d\vec{r}}{dt}\frac{dt}{d\tau}\right) \tag{12.80}$$

で定義する．特殊相対性理論では $d\tau = dt\sqrt{1-v^2/c^2}$ が成り立つから，

$$u^\mu = \frac{dx^\mu}{d\tau} = \left(\frac{c}{\sqrt{1-v^2/c^2}}, \frac{\vec{v}}{\sqrt{1-v^2/c^2}}\right) \tag{12.81}$$

と書ける．さらに，4元運動量 p^μ を物体の慣性質量 m と4元速度を使って，次式で定義する：

$$p^\mu \equiv m u^\mu = m\frac{dx^\mu}{d\tau} = \left(\frac{mc}{\sqrt{1-v^2/c^2}}, \frac{m\vec{v}}{\sqrt{1-v^2/c^2}}\right) \tag{12.82}$$

微分 dx^μ，4元速度 $u^\mu = dx^\mu/d\tau$，4元運動量 p^μ は，4次元 Minkowski 時空における4元ベクトルと呼ばれる．なぜなら，Lorentz 変換を $x^{\mu'} = \alpha^{\mu'}{}_\nu x^\nu$ ($\alpha^{\mu'}{}_\nu$ は定数) とすると，その微分 $dx^{\mu'}$ は Lorentz 変換と同じような変換 $dx^{\mu'} = \alpha^{\mu'}{}_\nu dx^\nu$ を受け，固有時間 $d\tau$ は Lorentz な量であるから，$u^\mu = dx^\mu/d\tau$, $p^\mu = mu^\mu$ は Lorentz 変換と同じような変換 $u^{\mu'} = \alpha^{\mu'}{}_\nu u^\nu$, $p^{\mu'} = \alpha^{\mu'}{}_\nu p^\nu$

を受けるので，4元ベクトルとよばれる．丁度，3次元空間における座標系の回転において，空間変位や速度，運動量が同じように変換するので，3次元ベクトルとよばれるのと同様である．今定義した4元ベクトルは反変ベクトルともいう．

一般に，反変ベクトル p^μ は，Lorentz 変換 $x^{\mu'} = \alpha^{\mu'}{}_\nu x^\nu$ に対し，

$$p^{\mu'} = \alpha^{\mu'}{}_\nu p^\nu \tag{12.83}$$

のように変換する量である．

4元運動量の空間部分 $m\vec{v}/\sqrt{1-v^2/c^2}$ は，Newton 力学の運動量 $m\vec{v}$ を特殊相対論的に拡張したもので，それを使って掻いた特殊相対論的運動方程式が (12.17) である．4元運動量には重要な次の性質がある．$\eta_{\mu\nu}$ を使って，共変ベクトル

$$p_\mu \equiv \eta_{\mu\nu} p^\nu = (p^0, -\vec{p}) \tag{12.84}$$

を定義すると，

$$p^\mu p_\mu = (p^0)^2 - \vec{p}^2 = \frac{m^2 c^2}{1-v^2/c^2} - \frac{mv^2}{1-v^2/c^2} = m^2 c^2 \tag{12.85}$$

と定数になる．両辺を時間 τ で微分すると，$p_\mu dp^\mu/d\tau = 0$ を得る．ここで，$dp^\mu/d\tau = f^\mu$ を Minkowski の四元力とよび，この力は4元速度 $u^\mu = dx^\mu/d\tau$ と"直交"する：

$$u_\mu f^\mu = 0 \tag{12.86}$$

今定義した共変ベクトル p_ν から反変ベクトル p^μ に戻るには，$\eta_{\mu\nu}$ の逆行列 $\eta^{\mu\nu}$ を使えばよい：$\eta^{\mu\nu} p_\nu = \eta^{\mu\nu} \eta_{\nu\rho} p^\rho = \delta^\mu_\rho p^\rho = p^\mu$．すなわち，

$$p^\mu = \eta^{\mu\nu} p_\nu \tag{12.87}$$

次に，共変ベクトル $p_\mu = \eta_{\mu\nu} p^\nu$ が Lorentz 変換 $x^{\mu'} = \alpha^{\mu'}{}_\nu p^\nu$ に際してどのように変換されるか調べてみよう．$p^\nu = \alpha^\nu{}_\lambda p^\lambda$ であるから，$p_{\mu'} = \eta_{\mu'\nu'} p^{\nu'} = \eta_{\mu'\nu'} \alpha^{\nu'}{}_\lambda p^\lambda = \eta_{\mu'\nu'} \alpha^{\nu'}{}_\lambda \eta^{\lambda\rho} p_\rho$ となるから，

$$\alpha_{\mu'}{}^\rho \equiv \eta_{\mu'\nu'} \alpha^{\nu'}{}_\lambda \eta^{\lambda\rho} \tag{12.88}$$

12.3 電磁気学の4次元的定式化

を定義すると, $p_{\mu'} = \alpha_{\mu'}{}^{\rho} p_{\rho}$ となる. この変換係数 $\alpha_{\mu'}{}^{\rho}$ は Lorentz 変換の逆変換 $x^{\rho} = \alpha_{\mu'}{}^{\rho} x^{\mu'}$ を与える. なぜなら, Lorentz 変換の係数 $\alpha^{\mu'}{}_{\nu}$ は, $dx^{\mu'} = \alpha^{\mu'}{}_{\nu} dx^{\nu}$ を満たすが, これは世界距離 $ds'^2 = \eta_{\lambda'\rho'} dx^{\lambda'} dx^{\rho'} = \eta_{\mu\nu} dx^{\mu} dx^{\nu}$ を不変にするので, $\eta_{\lambda'\rho'} \alpha^{\lambda'}{}_{\mu} \alpha^{\rho'}{}_{\nu} dx^{\mu} dx^{\nu} = \eta_{\mu\nu} dx^{\mu} dx^{\nu}$ が任意の dx について成り立たねばならないから,

$$\eta_{\lambda'\rho'} \alpha^{\lambda'}{}_{\mu} \alpha^{\rho'}{}_{\nu} = \eta_{\mu\nu} \tag{12.89}$$

が成り立ち,

$$\alpha^{\mu'}{}_{\sigma} \alpha_{\mu'}{}^{\rho} = \alpha^{\mu'}{}_{\sigma} \eta_{\mu'\nu'} \alpha^{\nu'}{}_{\lambda} \eta^{\lambda\rho} = \eta_{\mu'\nu'} \alpha^{\mu'}{}_{\sigma} \alpha^{\nu'}{}_{\lambda} \eta^{\lambda\rho} = \eta_{\sigma\lambda} \eta^{\lambda\rho} = \delta^{\rho}_{\sigma} \tag{12.90}$$

となるからである.

一般に, 共変ベクトル p_{μ} とは, Lorentz 変換の逆変換 $x^{\mu} = \alpha_{\nu'}{}^{\mu} x^{\nu'}$ のように変換するベクトルをいう:

$$p_{\mu'} = \alpha_{\mu'}{}^{\nu} p_{\nu} \tag{12.91}$$

なお, 微分演算子 $\partial_{\mu} \equiv \partial/\partial x^{\mu}$ は, 合成関数の微分公式

$$\partial_{\mu'} = \frac{\partial}{\partial x^{\mu'}} = \frac{\partial x^{\nu}}{\partial x^{\mu'}} \frac{\partial}{\partial x^{\nu}} = \alpha_{\mu'}{}^{\nu} \partial_{\nu} \tag{12.92}$$

により, 共変ベクトルのように変換される.

12.3.2 電磁場中の荷電粒子の運動方程式

4元力 f^{μ} の空間部分を $\vec{f}$ とすれば, $dp^{\mu}/d\tau = f^{\mu}$ の空間部分は $d\vec{p}/dt = \vec{F} \equiv \vec{f}\sqrt{1 - v^2/c^2}$ となり, $\vec{F}$ を Newton 力という. 特殊相対論における Newton 力として, 電磁場から電荷 e の荷電粒子に働く力 Lorentz(12.18) $\vec{F} = e(\vec{E} + \vec{v} \times \vec{B})$ がはたらき, 次の方程式が成り立つ:

$$\frac{d}{dt}\left(\frac{mc^2}{\sqrt{1-v^2/c^2}}\right) = e\vec{E} \cdot \vec{v}, \quad \frac{d}{dt}\left(\frac{m\vec{v}}{\sqrt{1-v^2/c^2}}\right) = e(\vec{E} + \vec{v} \times \vec{B}) \tag{12.93}$$

これを4元形式に書き換えよう．まず，左辺は4元運動量mu^μ(12.82)の時間微分である．ただし，時間成分の式は両辺をcで割ったものである．4元速度$u^\mu = dx^\mu/d\tau$のを縦ベクトル$(u^\mu) = (u^0, u^1, u^2, u^3)^T$と考え，行列形式にかくと，

$$m\frac{d}{dt}\begin{pmatrix} u^0 \\ u^1 \\ u^2 \\ u^3 \end{pmatrix} = e\begin{pmatrix} (v_x E_x + v_y E_y + v_z E_z)/c \\ E_x + v_y B_z - v_z B_y \\ E_y + v_z B_x - v_x B_z \\ E_z + v_x B_y - v_y B_x \end{pmatrix} = e\begin{pmatrix} 0 & E_x/c & E_y/c & E_z/c \\ E_x/c & 0 & B_z & -B_y \\ E_y/c & -B_z & 0 & B_x \\ E_z/c & B_y & -B_x & 0 \end{pmatrix}\begin{pmatrix} c \\ v_x \\ v_y \\ v_z \end{pmatrix}$$

$$= e\begin{pmatrix} 1 & 0 & 0 & 0 \\ 0 & -1 & 0 & 0 \\ 0 & 0 & -1 & 0 \\ 0 & 0 & 0 & -1 \end{pmatrix}\begin{pmatrix} 0 & E_x/c & E_y/c & E_z/c \\ -E_x/c & 0 & -B_z & B_y \\ -E_y/c & B_z & 0 & -B_x \\ -E_z/c & -B_y & B_x & 0 \end{pmatrix}\begin{pmatrix} c \\ v_x \\ v_y \\ v_z \end{pmatrix} \quad (12.94)$$

この最右辺は正方行列$(\eta^{\mu\nu})$と正方行列$(f_{\nu\lambda})$と縦ベクトル$(v^\lambda \equiv dx^\lambda/dt)$の積になっており，行列としては

$$m\frac{d}{dt}(u^\mu) = e(\eta^{\mu\nu})(f_{\nu\lambda})(v^\lambda) \quad (12.95)$$

となる．$\eta^{\mu\nu}$はMinkowski時空の計量テンソルであり，$f_{\mu\nu}$は電磁場を表す2階反対称テンソル

$$(f_{\mu\nu}) = \begin{pmatrix} 0 & E_x/c & E_y/c & E_z/c \\ -E_x/c & 0 & -B_z & B_y \\ -E_y/c & B_z & 0 & -B_x \\ -E_z/c & -B_y & B_x & 0 \end{pmatrix} \quad (12.96)$$

である．空間ベクトルで表した電磁場$\vec{E}, \vec{B}$は6つの成分は，4次元時空では2階反対称テンソルの成分6つになるわけである．電磁場のLorentz変換にともなう変換は，これの4次元テンソルとしての変換をもって定義するのである．そうすると，慣性系によよって電場と磁場が混ざり合った変

換をするので，ある系で電場に見えたものが別の系では磁場に見えたりする．相対性理論では，電場と磁場は一体の電磁場として取り扱うのである．

こうして，3次元スカラのエネルギー $E = mc^2/\sqrt{1-v^2/c^2}$ と3次元運動量 $\vec{p} = m\vec{v}/\sqrt{1-v^2/c^2}$ の時間発展の式として表された荷電粒子の運動方程式 (12.93) は，

$$m\frac{du^\mu}{dt} = e\eta^{\mu\nu} f_{\nu\lambda} v^\lambda \tag{12.97}$$

としてまとめられる．これは先の行列の方程式を成分で表したものである．これを4元形式といいたいが，u^μ, x^λ を Lorentz でない座標時間で微分した $du^\mu/dt, v^\lambda = dx^\lambda/dt$ は4元ベクトルではない．そこで，Minkowski 時空における固有時間と座標時間の関係 $d\tau = dt\sqrt{1-v^2/c^2}$ で (12.97) を書き換える，すなわち両辺を $d\tau/dt = \sqrt{1-v^2/c^2}$ で割れば，

$$m\frac{du^\mu}{d\tau} = e\eta^{\mu\nu} f_{\nu\lambda} u^\lambda \tag{12.98}$$

は4元ベクトルの運動方程式である．ここで，Lorentz 力に対応する Minkowski の四元力 $f^\mu = mdu^\mu/d\tau$ は，

$$f^\mu = e\eta^{\mu\nu} f_{\nu\lambda} u^\lambda \tag{12.99}$$

となる．これが (12.86) を満たすことは，電磁場テンソルの反対称性 $f_{\mu\nu} = -f_{\nu\mu}$ から次のように証明できる：

$$u_\mu f^\mu = \eta_{\mu\nu} u^\nu e\eta^{\mu\rho} f_{\rho\lambda} u^\lambda = q\underline{\eta_{\mu\nu}\eta^{\mu\rho}} u^\nu u^\lambda f_{\rho\lambda} = e\underline{\delta^\rho_\nu} u^\nu u^\lambda f_{\rho\lambda}$$
$$= eu^\nu u^\lambda f_{\nu\lambda} = -eu^\lambda u^\nu f_{\lambda\nu} = -u_\mu f^\mu \tag{12.100}$$

$$\therefore u_\mu f^\mu = 0$$

12.3.3 Maxwell 方程式

電磁場の Maxwell 方程式を4元形式で書き表しておこう．
3次元ベクトル形式の Maxwell 方程式の第1組は，

$$\vec{\nabla} \cdot \vec{B} = 0, \ \vec{\nabla} \times \vec{E} + \frac{\partial \vec{B}}{\partial t} = 0 \tag{12.101}$$

である．3次元ベクトル解析で知られているように，最初の式 $\vec{\nabla} \cdot \vec{B} = 0$ はベクトルポテンシャル $\vec{A}$ を用いて $\vec{B} = \vec{\nabla} \times \vec{A}$ と表せることを意味し，これを次の式に代入すると $\vec{\nabla} \times \left(\vec{E} + \partial \vec{A}/\partial t \right) = 0$ となり，これはスカラポテンシャル ϕ を用いて $\vec{E} + \partial \vec{A}/\partial t = -\vec{\nabla} \phi$ と表せることを意味する．つまり，電磁場 $\vec{E}, \vec{B}$ は，まず電磁ポテンシャル $\phi, \vec{A}$ があって，それらの微分を使って定義されると見てもよいわけである．

以上のことを4元形式で考えてみよう．まず，電磁場の定義は，電磁場テンソル $f_{\mu\nu}$ を，電磁ポテンシャルとよばれる4元ベクトル $A^\mu = (\phi/c, \vec{A})$ を用いて，

$$f_{\mu\nu} = A_{\nu,\mu} - A_{\mu,\nu} \tag{12.102}$$

で定義する．ここに，記号 $_{,\nu}$ は x^ν で微分したことを表す．定義式 $f_{\mu\nu} = A_{\nu,\mu} - A_{\mu,\nu}$ は3次元の磁場の定義 $\vec{B} = \vec{\nabla} \times \vec{A}$ を4次元的に拡張したもので，4元回転と呼ぶこともある．この定義式のいくつかの成分について確認してみよう．例えば $A_{1,0} - A_{0,1} = \dfrac{1}{c} \dfrac{\partial(-A_x)}{\partial t} - \dfrac{\partial(\phi/c)}{\partial x} = \dfrac{1}{c}\left(-\dfrac{\partial A_x}{\partial t} - \dfrac{\partial \phi}{\partial x} \right) = E_x/c$, $A_{3,2} - A_{2,3} = \dfrac{\partial(-A_z)}{\partial y} - \dfrac{\partial(-A_y)}{\partial z} = -\left(\dfrac{\partial A_z}{\partial y} - \dfrac{\partial A_y}{\partial z} \right) = -B_x$ など．

(12.102) これを用いると偏微分の順序を自由に入れ換えて，$f_{\mu\nu,\lambda} = A_{\nu,\lambda\mu} - A_{\mu,\nu\lambda}$, $f_{\nu\lambda,\mu} = A_{\lambda,\mu\nu} - A_{\nu,\lambda\mu}$, $f_{\lambda\mu,\nu} = A_{\mu,\nu\lambda} - A_{\lambda,\mu\nu}$ が導かれ，これらを辺々加えて

$$f_{\mu\nu,\lambda} + f_{\nu\lambda,\mu} + f_{\lambda\mu,\nu} = 0 \tag{12.103}$$

が得られる．これが Maxwell 方程式の第1組を4元形式で書いたものに他ならない．(12.96) より，例えば $\lambda\mu\nu = 123$ とすると，

$$\partial_1 f_{23} + \partial_2 f_{31} + \partial_3 f_{12} = 0 \iff \vec{\nabla} \cdot \vec{B} = 0 \tag{12.104}$$

であり，$\lambda\mu\nu = 021$ とすると，

$$\partial_0 f_{21} + \partial_2 f_{10} + \partial_1 f_{02} = 0 \iff \partial_t B_z - \partial_y E_x + \partial_x E_y = \left(\dfrac{\partial \vec{B}}{\partial t} + \vec{\nabla} \times \vec{E} \right)_z = 0 \tag{12.105}$$

12.3 電磁気学の 4 次元的定式化

$f_{\mu\nu}$ の 0 でない成分は (12.96) より, k, l, m は $1, 2, 3$ のいずれかを表すものとして,

$$f_{0k} = E_k/c, \quad f_{kl} = -e_{klm}B_m \iff B_k = -\frac{1}{2!}e_{klm}f_{lm} \tag{12.106}$$

である. ただし, 2 つの同じ添え字が 2 回現れたらそれらの 1,2,3 について和をとるものとする. ここで,

$$e_{klm} = \begin{cases} 1 & (klm \to 123 \text{ が偶置換}) \\ -1 & (klm \to 123 \text{ が奇置換}) \\ 0 & (\text{その他}) \end{cases} \tag{12.107}$$

は 3 次元の 3 階完全反対称テンソルとよばれる.

電磁場テンソルの共変成分 $f^{\mu\nu} = \eta^{\lambda\mu}\eta^{\rho\nu}f_{\lambda\rho}$ は, (12.96) より

$$(f^{\mu\nu}) = \begin{pmatrix} 0 & -E_x/c & -E_y/c & -E_z/c \\ E_x/c & 0 & -B_z & B_y \\ E_y/c & B_z & 0 & -B_x \\ E_z/c & -B_y & B_x & 0 \end{pmatrix} \tag{12.108}$$

を用いて, Maxwell 方程式の第 2 組

$$\vec{\nabla} \cdot \vec{E} = \frac{\rho_e}{\varepsilon_0}, \quad \vec{\nabla} \times \vec{B} - \frac{1}{c^2}\frac{\partial \vec{E}}{\partial t} = \frac{\vec{j}_e}{\varepsilon_0 c^2} \tag{12.109}$$

を 4 元形式に書き直そう. まず, $j_e^\mu = (c\rho_e, \vec{j}_e)$ という 4 元電流密度を定義する. これは, 電荷密度を時間成分に, 電流密度を空間成分にもつ 4 元反変ベクトルである. Maxwell 方程式第 2 組の $\vec{\nabla} \cdot \vec{E} = \frac{\rho_e}{\varepsilon_0}$ は,

$$\frac{\partial(-E_x/c)}{\partial x} + \frac{\partial(-E_y/c)}{\partial y} + \frac{\partial(-E_z/c)}{\partial z} = -\frac{c\rho_e}{\varepsilon_0 c^2} \iff \sum_{k=1}^{3}\frac{\partial f^{0k}}{\partial x^k} = -\frac{j_e^0}{\varepsilon_0 c^2} \tag{12.110}$$

とかける. また, $\frac{\partial(\vec{E}/c)}{\partial(ct)} + \vec{\nabla} \times (-\vec{B}) = -\frac{\vec{j}_e}{\varepsilon_0 c^2}$ の x 成分は,

$$\frac{\partial(E_x/c)}{\partial(ct)} + \frac{\partial(-B_z)}{\partial y} + \frac{\partial B_y}{\partial z} = -\frac{j_{ex}}{\varepsilon_0 c^2} \iff \frac{\partial f^{10}}{\partial x^0} + \sum_{k=1}^{3}\frac{\partial f^{1k}}{\partial x^k} = -\frac{j_e^1}{\varepsilon_0 c^2} \tag{12.111}$$

とかける．y, z 成分も同様．これらは，ひとつにまとめて，

$$f^{\mu\nu}{}_{,\nu} = -\frac{f_{\mathrm{e}}^{\mu}}{\varepsilon_0 c^2} \tag{12.112}$$

とかける．

12.3.4　エネルギー運動量テンソルと保存則

　場の方程式や粒子の運動方程式からそのエネルギーと運動量の保存則をまとめて取り扱うために，系のエネルギー運動量テンソルというものを定義しよう．

　まず，電磁場のエネルギー運動量テンソル $T_{\mathrm{e}}^{\mu\nu}$ を得るために，3 次元形式の Maxwell の応力テンソル σ_{kl} を 4 次元的に拡張することを試みよう．

　その準備のために，3 階完全反対称テンソル

$$e_{klm} = \begin{cases} 1 & (klm \to 123 : \text{偶置換}) \\ -1 & (klm \to 123 : \text{奇置換}) \end{cases} \tag{12.113}$$

の扱いに慣れておこう．これを用いると，例えば 3 次元ベクトルの外積や反対称テンソルの取扱に便利なのであった．例えば，$\vec{C} = \vec{A} \times \vec{B}$ を成分で表すと $C_k = e_{klm} A_l B_m$ である．

　e_{klm} に関わる公式をいくつかあげる．まず，e_{klm} の定義と行列式の定義より

$$e_{pqr} e_{klm} = \begin{vmatrix} \delta_{pk} & \delta_{pl} & \delta_{pm} \\ \delta_{qk} & \delta_{ql} & \delta_{qm} \\ \delta_{rk} & \delta_{rl} & \delta_{rm} \end{vmatrix} \tag{12.114}$$

12.3 電磁気学の4次元的定式化

が成り立つ. これを $m = r = 1, 2, 3$ として和をとる（これを縮約という）と,

$$e_{pqm}e_{klm} = \begin{vmatrix} \delta_{pk} & \delta_{pl} & \delta_{p1} \\ \delta_{qk} & \delta_{ql} & \delta_{q1} \\ \delta_{1k} & \delta_{1l} & \delta_{11} \end{vmatrix} + \begin{vmatrix} \delta_{pk} & \delta_{pl} & \delta_{p2} \\ \delta_{qk} & \delta_{ql} & \delta_{q2} \\ \delta_{2k} & \delta_{2l} & \delta_{22} \end{vmatrix} + \begin{vmatrix} \delta_{pk} & \delta_{pl} & \delta_{p3} \\ \delta_{qk} & \delta_{ql} & \delta_{q3} \\ \delta_{3k} & \delta_{3l} & \delta_{33} \end{vmatrix}$$

$$= \delta_{pk}\delta_{ql}\delta_{11} + \delta_{qk}\delta_{l1}\delta_{p1} + \delta_{1k}\delta_{pl}\delta_{q1} - (\delta_{p1}\delta_{ql}\delta_{1k} + \delta_{q1}\delta_{1l}\delta_{pk} + \delta_{11}\delta_{pl}\delta_{qk})$$

$$+ \delta_{pk}\delta_{ql}\delta_{22} + \delta_{qk}\delta_{l2}\delta_{p2} + \delta_{2k}\delta_{pl}\delta_{q2} - (\delta_{p2}\delta_{ql}\delta_{2k} + \delta_{q2}\delta_{2l}\delta_{pk} + \delta_{22}\delta_{pl}\delta_{qk})$$

$$+ \delta_{pk}\delta_{ql}\delta_{33} + \delta_{qk}\delta_{l3}\delta_{p3} + \delta_{3k}\delta_{pl}\delta_{q3} - (\delta_{p3}\delta_{ql}\delta_{3k} + \delta_{q3}\delta_{3l}\delta_{pk} + \delta_{33}\delta_{pl}\delta_{qk})$$

$$= 3(\delta_{pk}\delta_{ql} - \delta_{pl}\delta_{qk})$$

$$+ \delta_{qk}(\delta_{l1}\delta_{p1} + \delta_{l2}\delta_{p2} + \delta_{l3}\delta_{p3}) + \delta_{pl}(\delta_{1k}\delta_{q1} + \delta_{2k}\delta_{q2} + \delta_{3k}\delta_{q3})$$

$$- \delta_{ql}(\delta_{p1}\delta_{1k} + \delta_{p2}\delta_{2k} + \delta_{p3}\delta_{3k}) - \delta_{pk}(\delta_{q1}\delta_{1l} + \delta_{q2}\delta_{2l} + \delta_{q3}\delta_{3l})$$

$$\tag{12.115}$$

と整理される. ここで, 最後の式の第2項 () の部分は

$$\delta_{l1}\delta_{p1} + \delta_{l2}\delta_{p2} + \delta_{l3}\delta_{p3} = \begin{cases} \delta_{p1}^2 + \delta_{p2}^2 + \delta_{p3}^2 = 1 & (l = p) \\ 0 & (l \neq p) \end{cases} \tag{12.116}$$

となり, これは δ_{pl} に他ならない. 他の同様の項も同じように書き直せば,

$$e_{pqm}e_{klm} = 3(\delta_{pk}\delta_{ql} - \delta_{pl}\delta_{qk}) + \delta_{qk}\delta_{lp} + \delta_{pl}\delta_{kq} - \delta_{ql}\delta_{pk} - \delta_{pk}\delta_{ql} = \delta_{pk}\delta_{ql} - \delta_{pl}\delta_{qk}$$

$$\tag{12.117}$$

となる.

Maxwell の応力テンソル σ_{kl} を電磁場テンソル $f_{\mu\nu}$ で表すことを考える. $E_k = cf_{0k}, B_k = -(1/2)e_{klm}f_{lm}$ であるから,

$$\sigma_{kl} = -\varepsilon_0 E_k E_l - \varepsilon_0 c^2 B_k B_l + \frac{\varepsilon_0}{2}\delta_{kl}(E_n E_n + c^2 B_n B_n)$$

$$= -\varepsilon_0 c^2 f_{0k}f_{0l} - \frac{\varepsilon_0 c^2}{4}e_{kij}e_{lpq}f_{ij}f_{pq} + \frac{\varepsilon_0 c^2}{2}\delta_{kl}\left(f_{0n}f_{0n} + \frac{1}{4}e_{nij}e_{npq}f_{ij}f_{pq}\right)$$

$$= \varepsilon_0 c^2 \left(-f_{0k}f_{0l} - \frac{1}{4}e_{kij}e_{lpq}f_{ij}f_{pq} + \frac{1}{2}\delta_{kl}f_{0n}f_{0n} + \frac{1}{8}\delta_{kl}e_{nij}e_{npq}f_{ij}f_{pq}\right)$$

$$\tag{12.118}$$

ここで，

$$
\begin{aligned}
e_{kij}e_{lpq}f_{ij}f_{pq} &= (\delta_{kl}\delta_{ip}\delta_{jq} + \delta_{il}\delta_{jp}\delta_{kq} + \delta_{jl}\delta_{kp}\delta_{iq} \\
&\quad - \delta_{jl}\delta_{ip}\delta_{kq} - \delta_{jp}\delta_{iq}\delta_{kl} - \delta_{jq}\delta_{il}\delta_{kp})f_{ij}f_{pq} \\
&= \delta_{kl}\delta_{ip}\delta_{jq}f_{ij}f_{pq} + \delta_{il}\delta_{jp}\delta_{kq}f_{ij}f_{pq} + \delta_{jl}\delta_{kp}\delta_{iq}f_{ij}f_{pq} \\
&\quad - \delta_{jl}\delta_{ip}\delta_{kq}f_{ij}f_{pq} - \delta_{jp}\delta_{iq}\delta_{kl}f_{ij}f_{pq} - \delta_{jq}\delta_{il}\delta_{kp}f_{ij}f_{pq} \\
&= \delta_{kl}f_{pq}f_{pq} + f_{lp}f_{pk} + f_{ql}f_{kq} - f_{pl}f_{pk} - \delta_{kl}f_{qp}f_{pq} - f_{lq}f_{kq} \\
&= \delta_{kl}f_{pq}f_{pq} - f_{pk}f_{pl} - f_{qk}f_{ql} - f_{pk}f_{pl} + \delta_{kl}f_{pq}f_{pq} - f_{kq}f_{lq} \\
&= 2\delta_{kl}f_{pq}f_{pq} - 4f_{pk}f_{pl} \\
e_{nij}e_{npq}f_{ij}f_{pq} &= (\delta_{ip}\delta_{jq} - \delta_{iq}\delta_{jp})f_{ij}f_{pq} = \delta_{ip}\delta_{jq}f_{ij}f_{pq} - \delta_{iq}\delta_{jp}f_{ij}f_{pq} \\
&= f_{pq}f_{pq} - f_{qp}f_{pq} = f_{pq}f_{pq} + f_{pq}f_{pq} = 2f_{pq}f_{pq}
\end{aligned}
$$
(12.119)

よって，

$$
\begin{aligned}
\sigma_{kl} &= \varepsilon_0 c^2 \left\{ -f_{0k}f_{0l} - \frac{1}{4}(2\delta_{kl}f_{pq}f_{pq} - 4f_{pk}f_{pl}) + \frac{1}{2}\delta_{kl}f_{0n}f_{0n} + \frac{1}{8}\delta_{kl}(2f_{pq}f_{pq}) \right\} \\
&= \varepsilon_0 c^2 \left(-f_{0k}f_{0l} - \frac{1}{2}\delta_{kl}f_{pq}f_{pq} + f_{pk}f_{pl} + \frac{1}{2}\delta_{kl}f_{0n}f_{0n} + \frac{1}{4}\delta_{kl}f_{pq}f_{pq} \right) \\
&= \varepsilon_0 c^2 \left(-f_{0k}f_{0l} + f_{pk}f_{pl} + \frac{1}{2}\delta_{kl}f_{0n}f_{0n} - \frac{1}{4}\delta_{kl}f_{pq}f_{pq} \right) \\
&= \varepsilon_0 c^2 \left\{ -f_{0k}f_{0l} + f_{pk}f_{pl} - \frac{1}{4}\delta_{kl}\left(-2f_{0n}f_{0n} + f_{pq}f_{pq}\right) \right\} \\
&= \varepsilon_0 c^2 \left\{ f^{0k}f_{0l} + f^{pk}f_{pl} - \frac{1}{4}\delta_{kl}\left(2f^{0n}f_{0n} + f^{pq}f_{pq}\right) \right\}
\end{aligned}
$$
(12.120)

ここで，$f^{00} = f_{00} = 0$ と $\delta_{kl} = \delta_l^k, \sigma_{kl} = -\sigma_l^k$ に注意して，

$$
\begin{aligned}
\sigma_l^k &= -\varepsilon_0 c^2 \left\{ f^{0k}f_{0l} + f^{pk}f_{pl} - \frac{1}{4}\delta_l^k \left(f^{00}f_{00} + 2f^{0n}f_{0n} + f^{pq}f_{pq}\right) \right\} \\
&= -\varepsilon_0 c^2 \left(f^{\mu k}f_{\mu l} - \frac{1}{4}\delta_l^k f^{\mu\nu}f_{\mu\nu} \right)
\end{aligned}
$$
(12.121)

この形から，$\alpha, \beta = 0, 1, 2, 3$ として，2 階対称テンソル

$$T_{\mathrm{e}\beta}^{\alpha} = -\varepsilon_0 c^2 \left(f^{\mu\alpha} f_{\mu\beta} - \frac{1}{4} \delta_\beta^\alpha f^{\mu\nu} f_{\mu\nu} \right) \tag{12.122}$$

を電磁場のエネルギー運動量テンソルと定義する．これは，$\delta_\alpha^\alpha = 4$ より $T_{\mathrm{e}\alpha}^{\alpha} = 0$ という性質をもつ．拡張された時間成分は，電磁場のエネルギー密度 W とその流れ $\vec{S}$ を作っていることを示そう．

$$\begin{aligned}
T_{\mathrm{e}}{}^{00} = T_{\mathrm{e}0}^{0} &= -\varepsilon_0 c^2 \left(f^{\mu 0} f_{\mu 0} - \frac{1}{4} f^{\mu\nu} f_{\mu\nu} \right) = -\varepsilon_0 c^2 \left\{ f^{m0} f_{m0} - \frac{1}{4}(2 f^{m0} f_{m0} + f^{mn} f_{mn}) \right\} \\
&= -\varepsilon_0 c^2 \left(\frac{1}{2} f^{m0} f_{m0} - \frac{1}{4} f^{mn} f_{mn} \right) = \varepsilon_0 c^2 \left(\frac{1}{2} f_{m0} f_{m0} + \frac{1}{4} f_{mn} f_{mn} \right)
\end{aligned} \tag{12.123}$$

ここで，$f_{m0} = -f_{0m} = -E_m/c, f_{mn} = -e_{kmn} B_k$ であるから，

$$\begin{aligned}
T_{\mathrm{e}}{}^{00} &= \varepsilon_0 c^2 \left\{ \frac{1}{2}(-E_m/c)(-E_m/c) - \frac{1}{4}\{(-e_{kmn} B_k)(-e_{lmn} B_l)\} \right\} \\
&= -\varepsilon_0 \left(\frac{1}{2} E_m E_m + \frac{c^2}{4} e_{kmn} e_{lmn} B_k B_l \right)
\end{aligned} \tag{12.124}$$

公式 $e_{nij} e_{npq} = e_{ijn} e_{pqn} = \delta_{ip}\delta_{jq} - \delta_{iq}\delta_{jp}$ より，$e_{kmn} e_{lmn} = \delta_{kl}\delta_{mm} - \delta_{km}\delta_{ml} = 3\delta_{kl} - \delta_{kl} = 2\delta_{kl}$ であるから，

$$T_{\mathrm{e}}{}^{00} = \varepsilon_0 \left(\frac{1}{2} E_m E_m + \frac{c^2}{2} \delta_{kl} B_k B_l \right) = \varepsilon_0 \left(\frac{1}{2} E_m E_m + \frac{c^2}{2} B_k B_k \right) = \frac{\varepsilon_0}{2}(\vec{E}^2 + c^2 \vec{B}^2) = W \tag{12.125}$$

また，

$$\begin{aligned}
T_{\mathrm{e}k}^{0} &= -\varepsilon_0 c^2 f^{\mu 0} f_{\mu k} = -\varepsilon_0 c^2 f^{m0} f_{mk} = \varepsilon_0 c^2 f^{0m} f_{mk} = \varepsilon_0 c^2 (E_m/c)(-e_{lmk} B_l) \\
&= \varepsilon_0 c^2 e_{lmk} E_m B_l = -\varepsilon_0 c^2 e_{kml} E_m B_l = -S_k \\
T_{\mathrm{e}}{}^{0k} &= -T_k^0 = S_k
\end{aligned} \tag{12.126}$$

である．

電磁場のエネルギー運動量テンソルの 4 元発散を計算する.

$$\begin{aligned}
T_{\mathrm{e}\beta}{}^{\alpha}{}_{,\alpha} &= -\varepsilon_0 c^2 \left(f^{\mu\alpha}{}_{,\alpha} f_{\mu\beta} + f^{\mu\alpha} f_{\mu\beta,\alpha} - \frac{1}{4}\delta^{\alpha}_{\beta} f^{\mu\nu}{}_{,\alpha} f_{\mu\nu} - \frac{1}{4}\delta^{\alpha}_{\beta} f^{\mu\nu} f_{\mu\nu,\alpha} \right) \\
&= -\varepsilon_0 c^2 \left(f^{\mu\nu}{}_{,\nu} f_{\mu\beta} + f^{\mu\nu} f_{\mu\beta,\nu} - \frac{1}{4} f^{\mu\nu}{}_{,\beta} f_{\mu\nu} - \frac{1}{4} f^{\mu\nu} f_{\mu\nu,\beta} \right) \quad (12.127) \\
&= -\varepsilon_0 c^2 f^{\mu\nu}{}_{,\nu} f_{\mu\beta} + \varepsilon_0 c^2 \left(f^{\mu\nu} f_{\beta\mu,\nu} + \frac{1}{2} f^{\mu\nu} f_{\mu\nu,\beta} \right)
\end{aligned}$$

最後の行の括弧内について, Maxwell 方程式の第 1 組 (12.103) を用いると,

$$\begin{aligned}
f^{\mu\nu} f_{\beta\mu,\nu} + \frac{1}{2} f^{\mu\nu} f_{\mu\nu,\beta} &= f^{\mu\nu}(-f_{\mu\nu,\beta} - f_{\nu\beta,\mu}) + \frac{1}{2} f^{\mu\nu} f_{\mu\nu,\beta} = -f^{\mu\nu} f_{\nu\beta,\mu} - \frac{1}{2} f^{\mu\nu} f_{\mu\nu,\beta} \\
&= -\left(f^{\mu\nu} f_{\nu\beta,\mu} + \frac{1}{2} f^{\mu\nu} f_{\mu\nu,\beta} \right) = -\left\{ (-f^{\nu\mu})(-f_{\beta\nu,\mu}) + \frac{1}{2} f^{\mu\nu} f_{\mu\nu,\beta} \right\} \\
&= -\left(f^{\nu\mu} f_{\beta\nu,\mu} + \frac{1}{2} f^{\mu\nu} f_{\mu\nu,\beta} \right) = -\left(f^{\mu\nu} f_{\beta\mu,\nu} + \frac{1}{2} f^{\mu\nu} f_{\mu\nu,\beta} \right) = 0
\end{aligned}$$
$$(12.128)$$

よって,

$$T_{\mathrm{e}}{}^{\alpha\beta}{}_{,\alpha} = \eta^{\beta\lambda} T_{\mathrm{e}\lambda}{}^{\alpha}{}_{,\alpha} = -\varepsilon_0 c^2 f^{\mu\nu}{}_{,\nu} \eta^{\beta\lambda} f_{\mu\lambda} = \varepsilon_0 c^2 f^{\mu\nu}{}_{,\nu} \eta^{\beta\lambda} f_{\lambda\mu} \quad (12.129)$$

これは, 電磁場の定義 (12.102) だけから導かれる表式であり, 電磁場の方程式 (12.112) は使っていない.

次に, 粒子系のエネルギー運動量テンソル $T_{\mathrm{m}}^{\mu\nu}$ は, 4 元スカラである質量密度 ρ_{m} と 4 元速度場 u^{μ} を使って, 次のように定義される:

$$T_{\mathrm{m}}^{\mu\nu} = \rho_{\mathrm{m}} u^{\mu} u^{\nu} \quad (12.130)$$

ここで, ρ_{m} を粒子の静止系からみると $\rho_{(\mathrm{m})}^{0}$ であるとすれば, 一般系の質量密度

$$\begin{aligned}
\rho_{(\mathrm{m})}(\vec{r}, t) &= \sum_{k=1}^{N} m_a \delta^3\{\vec{r} - \vec{r}_a(t)\} = \int_{-\infty}^{\infty} ds\, \delta(t - s) \sum_{k=1}^{N} m_a \delta^3\{\vec{r} - \vec{r}_a(s)\} \\
&= \int_{-\infty}^{\infty} ds \sum_{k=1}^{N} m_a \delta^4\{x - x_a(s)\}
\end{aligned}$$
$$(12.131)$$

12.3 電磁気学の 4 次元的定式化

との関係は，Lorentz 不変量 $\rho_{(m)}dV = \rho^0_{(m)}dV^0$ において，$\rho^0_{(m)} = \rho_m$ と Lorentz 収縮の式 $dV = dV^0\sqrt{1-v^2/c^2}$ から $\rho_m = \rho_{(m)}\sqrt{1-v^2/c^2}$ が成り立つので，

$$\begin{aligned}
\rho_m &= \int_{-\infty}^{\infty} ds \sum_{k=1}^{N} m_a \delta^4\{x - x_a(s)\} \sqrt{1 - v^2/c^2} \\
&= \sum_{k=1}^{N} m_a \int_{-\infty}^{\infty} ds \sqrt{1 - v_a^2/c^2} \delta^4\{x - x_a(s)\} \\
&= \sum_{k=1}^{N} m_a \int_{-\infty}^{\infty} d\tau_a \delta^4\{x - x_a(\tau_a)\}
\end{aligned} \qquad (12.132)$$

この形から ρ_m が確かに 4 元スカラであることがわかる．また，4 元質量密度 $j^\mu_m = \rho_m u^\mu$ は

$$\begin{aligned}
j^\mu_m &= \rho_m \frac{dx^\mu}{dt}\frac{dt}{d\tau} = \frac{\rho_m}{\sqrt{1-v^2/c^2}}\frac{dx^\mu}{dt} = \rho_{(m)} v^\mu = \sum_{k=1}^{N} m_a v^\mu_a \delta^3\{\vec{r} - \vec{r}_a(t)\} \\
&= \left(c \sum_{k=1}^{N} m_a \delta^3\{\vec{r} - \vec{r}_a(t)\}, \sum_{k=1}^{N} m_a \vec{v}_a(t) \delta^3\{\vec{r} - \vec{r}_a(t)\} \right)
\end{aligned} \qquad (12.133)$$

とかけるので，連続の方程式

$$j^\nu_{m,\nu} = \frac{\partial \rho_{(m)}}{\partial t} + \mathrm{div}(\rho_{(m)}\vec{v}) = 0 \qquad (12.134)$$

が成り立つ．そこで，$T^{\alpha\beta}_m$ の 4 元発散を計算する．$T^{\alpha\beta}_m = j^\alpha_m u^\beta$，$j^\nu_{m,\nu} = 0$ により，

$$\begin{aligned}
T^{\alpha\beta}_{m,\alpha} &= (j^\alpha_m u^\beta)_{,\alpha} = j^\alpha_{m,\alpha} u^\beta + j^\alpha_m u^\beta_{,\alpha} = \rho_m u^\alpha u^\beta_{,\alpha} = \rho_m \frac{dx^\alpha}{d\tau}\frac{\partial u^\beta}{\partial x^\alpha} = \rho_m \frac{du^\beta}{d\tau} \\
&= \frac{\rho_m}{\sqrt{1-v^2/c^2}}\frac{du^\beta}{dt} = \rho_{(m)} \frac{du^\beta}{dt} = \sum_{a=1}^{N} m_a \delta^3\{\vec{r} - \vec{r}_a(t)\} \frac{du^\beta}{dt} \\
&= \sum_{a=1}^{N} m_a \frac{du^\beta_a}{dt} \delta^3\{\vec{r} - \vec{r}_a(t)\} = \sum_{a=1}^{N} \int_{-\infty}^{\infty} ds\, m_a \frac{du^\beta_a}{ds} \delta(s-t) \delta^3\{\vec{r} - \vec{r}_a(t)\} \\
&= \sum_{a=1}^{N} \int_{-\infty}^{\infty} d\tau_a m_a \frac{du^\beta_a}{d\tau_a} \delta^4\{x - x_a(\tau_a)\}
\end{aligned}$$

$$(12.135)$$

となる．

(12.129) と (12.135) により，電磁場と N 荷電粒子系の共存系のエネルギー運動量テンソルを

$$T^{\alpha\beta} \equiv T_{\text{e}}^{\alpha\beta} + T_{\text{m}}^{\alpha\beta} \tag{12.136}$$

を定義し，この4元発散を計算すると，

$$\begin{aligned}T^{\alpha\beta}{}_{,\alpha} &= T_{\text{e}}^{\alpha\beta}{}_{,\alpha} + T_{\text{m}}^{\alpha\beta}{}_{,\alpha} = \varepsilon_0 c^2 f^{\mu\nu}{}_{,\nu}\eta^{\beta\lambda}f_{\lambda\mu} + \int_{-\infty}^{\infty} d\tau_a \sum_{a=1}^{N} m_a \frac{du_a^\beta}{d\tau_a}\delta^4\{x - x_a(\tau_a)\} \\ &= (\varepsilon_0 c^2 f^{\mu\nu}{}_{,\nu} + j_{\text{e}}^\mu)\eta^{\beta\lambda}f_{\lambda\mu} + \int_{-\infty}^{\infty} d\tau_a \sum_{a=1}^{N} m_a \frac{du_a^\beta}{d\tau_a}\delta^4\{x - x_a(\tau_a)\} - j_{\text{e}}^\mu \eta^{\beta\lambda}f_{\lambda\mu}\end{aligned} \tag{12.137}$$

ここで，j_{e}^μ は N 個の荷電粒子系の4元電流密度で，4元質量密度と同様に，各粒子の電荷 $e_a\ (a = 1, \cdots, N)$ を用いて，

$$j_{\text{e}}^\mu = \rho_{\text{e}} u^\mu \quad \rho_{\text{e}}(x) = \sum_{a=1}^{N} e_a \int_{-\infty}^{\infty} d\tau_a \delta^4\{x - x_a(\tau_a)\} \tag{12.138}$$

と表せる．ここに，ρ_{e} は4元スカラとしての電荷密度である．これを $T^{\alpha\beta}{}_{,\alpha}$ の後ろの j_{e}^μ に代入すると，

$$\begin{aligned}T^{\alpha\beta}{}_{,\alpha} &= (\varepsilon_0 c^2 f^{\mu\nu}{}_{,\nu} - j_{\text{e}}^\mu)\eta^{\beta\lambda}f_{\lambda\mu} \\ &\quad + \sum_{a=1}^{N} \int_{-\infty}^{\infty} d\tau_a m_a \frac{du_a^\beta}{d\tau_a}\delta^4\{x - x_a(\tau_a)\} + \sum_{a=1}^{N} e_a \int_{-\infty}^{\infty} d\tau_a \delta^4\{x - x_a(\tau_a)\}\eta^{\beta\lambda}f_{\lambda\mu} \\ &= (\varepsilon_0 c^2 f^{\mu\nu}{}_{,\nu} + j_{\text{e}}^\mu)\eta^{\beta\lambda}f_{\lambda\mu} + \sum_{a=1}^{N} \left(m_a \frac{du_a^\beta}{d\tau_a} - e_a u_a^\mu \eta^{\beta\lambda}f_{\lambda\mu} \right)\delta^4\{x - x_a(\tau_a)\}\end{aligned} \tag{12.139}$$

こうして，電磁場の方程式 (12.112) と荷電粒子の運動方程式 (12.97) が成り立てば，電磁場と N 荷電粒子の共存系のエネルギー運動量テンソルの保存則

$$T^{\alpha\beta}{}_{,\alpha} = 0 \tag{12.140}$$

が成り立つことがわかる．

Section 12.4
一般相対論の基本的な考え方

　特殊相対論では，慣性系から見た物体の運動に関する量を計算する道具は，Newton 力学と同様通常の微分積分である．例えば (12.17) や (12.10) がそうである．A の立場から A' の運動を論じて，A' の時間が A より遅れていることを示すにはこれらの式を使えばよい．それでは A' の立場から A の運動を論じて，このことを示せないのだろうか．加速度運動系から物体の運動を論じるときは，一般相対性理論を使う．

12.4.1　等価原理と一般相対性原理

　一般相対性理論の指導原理は 2 つあって，

等価原理　重力場内の任意の点の近傍において適当な加速度系に移れば重力を消去できる．

一般相対性原理　すべての物理法則は任意の一般座標系で同じ形で表される

である．

　等価原理は，一般相対性理論が単なる数学的な理論ではなくて，時空物理学であるということを主張している．双子のパラドクスにおいて，地球から旅立って遠くに離れた星でロケットが U ターンするときの加速度運動によるみかけの重力の発生を，等価原理によって真の重力と同等とみなすことができる．一般相対論では，重力場のある時空では時間の進み方が異なることがロケット系の時計を遅らせる，という説明によってパラドクスを解消する．つまり，天体の質量などが存在しない平坦な時空でも，重力以外の力による加速度運動によって発生したみかけの重力を真の重力と同

等に扱うのである．このとき，ロケット系からみると時空全体に重力場が生じていて，地球に残った双子が U ターンすることになる．なお，このような加速度系に移ることによって生じたみかけの重力場を偽の重力場とよんで，天体の質量などによる真の重力場と区別することがある．等価原理によると，真の重力場が生じている時空に物体があるときも，物体を含む<u>小さな領域</u>を一般座標変換によって無重力状態にすることができる．しかし，真の重力場が生じている時空<u>全体</u>を無重力状態にすることはできない．

一般相対性原理とは，物理学の法則は，一般座標変換に対して共変的な形式に書き表せることをいう．後に紹介する Einstein 方程式のように，物理学の法則が 4 元テンソル形式でかけることが一般相対性原理を満たすことになる．

12.4.2　時空の計量と重力ポテンシャル

一般相対論では，重力場が生じている時空の世界距離の線素 ds^2 は特殊相対論における (12.8) のようにはならず，もっと一般的に，時空の計量とよばれる $g_{\mu\nu}(x)$ を用いて

$$ds^2 = \sum_{\mu=0}^{3}\sum_{\nu=0}^{3} g_{\mu\nu}(x)dx^\mu dx^\nu \tag{12.141}$$

と表される．ここで，$x = (x^\mu)$ は時空の 4 元座標で，光速 c を表に出して

$$x^0 = ct, x^1 = x, x^2 = y, x^3 = z \tag{12.142}$$

である．以下，光速は表に出したままにして，$\mu = 0, 1, 2, 3$ の和の記号は上下に同じ添え字が現われたときは省略する．ds^2 は dx^μ の 2 次形式なので，計量 $g_{\mu\nu} = g_{\nu\mu}$ が成り立つ．もし $g_{\mu\nu} \neq g_{\nu\mu}$ なら $(g_{\mu\nu} + g_{\nu\mu})/2$ を改めて $g_{\mu\nu}$ と

12.4 一般相対論の基本的な考え方

再定義すればよい：

$$ds^2 = g_{\mu\nu}dx^\mu dx^\nu$$
$$= g_{00}c^2dt^2 + g_{11}dx^2 + g_{22}dy^2 + g_{33}dz^2$$
$$+ 2(g_{01}cdtdx + g_{02}cdtdy + g_{03}cdtdz + g_{12}dxdy + g_{13}dxdz + g_{23}dydz) \tag{12.143}$$

計量 $g_{\mu\nu}(x)$ は一般に時空各点において異なった値をとるので，一般に時空は曲がっている．物体の運動の軌跡は線素 ds の描く世界線であり，これが曲線になることを重力場の影響とみる．つまり，時空の曲がり具合を重力場とみなすのである．したがって，計量テンソル $g_{\mu\nu}(x)$ を重力ポテンシャルとよぶ．

なお，計量行列 $(g_{\mu\nu})$ の逆行列を $(g^{\mu\nu})$ とかく：

$$g^{\lambda\nu}g_{\mu\nu} = \delta^\lambda_\nu = \begin{cases} 1 & (\lambda \neq \nu) \\ 0 & (\lambda = \nu) \end{cases} \tag{12.144}$$

特殊相対性理論が成り立つ時空とは，計量 $g_{\mu\nu}(x)$ が次のような定数 $\eta_{\mu\nu}$

$$\eta_{00} = 1, \eta_{11} = \eta_{22} = \eta_{33} = -1; \eta_{\mu\nu} = 0 \; (\mu \neq \nu) \tag{12.145}$$

となる場合をいう．このとき，

$$\eta^{\mu\nu} = \eta_{\mu\nu} \tag{12.146}$$

であり，線素 ds は

$$ds^2 = \eta_{\mu\nu}dX^\mu dX^\nu = (dX^0)^2 - (dX^1)^2 - (dX^2)^2 - (dX^3)^2 \tag{12.147}$$

となり，(12.8) のように書ける．逆に，天体の質量などによる真の重力場が広がっていても，ある点の近傍において，適当な一般座標変換 $x^\mu = x^\mu(X)$ を行えば重力場を消し去ることが，等価原理により常に可能である．その点の近傍では (12.147) が成り立ち，特殊相対性理論が成り立つ．

$$ds^2 = \eta_{\mu\nu}dX^\mu dX^\nu \tag{12.148}$$

ds^2 は Lorentz 変換を含む，もっと一般的な座標変換 $x^{\mu'} = x^{\mu'}(x)$ について不変であるとする．また，x^μ が時空を運動する物体の4元座標を表すとき，物体の固有時間 τ をやはり

$$c^2 d\tau^2 = ds^2 = g_{\mu\nu}(x)dx^\mu dx^\nu \tag{12.149}$$

で定義する．$d\tau$ は一般座標変換に対して不変であり，慣性系に対しては特殊相対性理論の固有時間に一致する．

12.4.3 重力場中の物体の運動方程式

重力場 $g_{\mu\nu}(x)$ における物体の運動方程式を得るには等価原理を用いる．すなわち，線素が $ds^2 = g_{\mu\nu}(x)dx^\mu dx^\nu$ のように表される重力場があり，時空が曲がっていても，物体の近傍に適当な一般座標変換 $x = (x^\mu) \to X = (X^\mu)$ を施し，局所的な慣性系に移ることができ，そこでの線素は (12.147) となり，時空は平坦で重力場はないので特殊相対論がなりたつ．

まず，局所慣性系の座標 X で表された (12.147) を線素を一般座標系の座標で書き直す．

$$dX^\mu = \frac{\partial X^\mu}{\partial x^\nu} dx^\nu \tag{12.150}$$

となるから，

$$ds^2 = \eta_{\lambda\rho} \frac{\partial X^\lambda}{\partial x^\mu} dx^\mu \frac{\partial X^\rho}{\partial x^\nu} dx^\nu = \eta_{\lambda\rho} \frac{\partial X^\lambda}{\partial x^\mu} \frac{\partial X^\rho}{\partial x^\nu} dx^\mu dx^\nu \tag{12.151}$$

これが $ds^2 = g_{\mu\nu}(x)dx^\mu dx^\nu$ と一致するから，

$$g_{\mu\nu}(x) = \eta_{\alpha\beta} \frac{\partial X^\alpha}{\partial x^\mu} \frac{\partial X^\beta}{\partial x^\nu} \tag{12.152}$$

が成り立つ．この逆行列は，

$$g^{\mu\nu}(x) = \eta^{\lambda\rho} \frac{\partial x^\mu}{\partial X^\lambda} \frac{\partial x^\nu}{\partial X^\rho} \tag{12.153}$$

となる．その理由を以下に説明しよう．$x^\nu = f^\nu(X)$ かつ $X^\mu = F^\mu(x)$ であるから，合成関数 $x = f(F(x))$ を x で微分して，

$$\frac{\partial x^\nu}{\partial x^\lambda} = \frac{\partial f^\nu}{\partial X^\rho} \frac{\partial F^\rho}{\partial x^\lambda} \tag{12.154}$$

12.4 一般相対論の基本的な考え方

となる．左辺は δ_λ^ν を与え，右辺を書き換えて，左辺と右辺を入れ替えると，次の最初の等式を得る．2番目の等式は x と X を入れ替えて同様なことを行えば得られる．

$$\frac{\partial x^\nu}{\partial X^\mu}\frac{\partial X^\mu}{\partial x^\lambda} = \delta_\lambda^\nu, \quad \frac{\partial X^\nu}{\partial x^\mu}\frac{\partial x^\mu}{\partial X^\lambda} = \delta_\lambda^\nu \tag{12.155}$$

これらを用いると，

$$\begin{aligned}
g^{\mu\nu}g_{\mu\rho} &= \eta^{\alpha\beta}\frac{\partial x^\mu}{\partial X^\alpha}\frac{\partial x^\nu}{\partial X^\beta}\eta_{\sigma\tau}\frac{\partial X^\sigma}{\partial x^\mu}\frac{\partial X^\tau}{\partial x^\rho} = \eta^{\alpha\beta}\eta_{\sigma\tau}\underline{\frac{\partial x^\mu}{\partial X^\alpha}\frac{\partial X^\sigma}{\partial x^\mu}}\frac{\partial x^\nu}{\partial X^\beta}\frac{\partial X^\tau}{\partial x^\rho} \\
&= \eta^{\alpha\beta}\eta_{\sigma\tau}\underline{\delta_\alpha^\sigma}\frac{\partial x^\nu}{\partial X^\beta}\frac{\partial X^\tau}{\partial x^\rho} = \eta^{\sigma\beta}\eta_{\sigma\tau}\frac{\partial x^\nu}{\partial X^\beta}\frac{\partial X^\tau}{\partial x^\rho} = \underline{\delta_\tau^\beta}\frac{\partial x^\nu}{\partial X^\beta}\frac{\partial X^\tau}{\partial x^\rho} = \frac{\partial x^\nu}{\partial X^\tau}\frac{\partial X^\tau}{\partial x^\rho} \\
&= \delta_\rho^\nu
\end{aligned}$$
$$\tag{12.156}$$

となる．1 行目の下線部分に (12.155) を用いている．2 行目の下線は公式 (12.146) を用いている．このような計算に慣れないと以後難しく感じることが多いだろう．納得いかない読者は，2 変数関数の合成微分法を教科書で見直して，例えば $X = r\cos\theta, Y = r\sin\theta$ の場合で (12.155) を確認してみよう！

さて，局所慣性系では無重力状態で特殊相対性理論が成り立つので，運動方程式

$$\frac{d^2 X^\mu}{d\tau^2} = 0 \tag{12.157}$$

が成り立つ．合成関数の微分公式を 2 回使って，

$$\begin{aligned}
\frac{dX^\mu}{d\tau} &= \frac{dX^\mu(x(\tau))}{d\tau} = \frac{\partial X^\mu}{\partial x^\lambda}\frac{dx^\lambda}{d\tau} \\
\frac{d^2 X^\mu}{d\tau^2} &= \frac{d}{d\tau}\left(\frac{\partial X^\mu}{\partial x^\lambda}\frac{dx^\lambda}{d\tau}\right) = \frac{d}{d\tau}\left(\frac{\partial X^\mu}{\partial x^\lambda}\right)\frac{dx^\lambda}{d\tau} + \frac{\partial X^\mu}{\partial x^\lambda}\frac{d^2 x^\lambda}{d\tau^2} \\
&= \frac{\partial}{\partial x^\rho}\left(\frac{\partial X^\mu}{\partial x^\lambda}\right)\frac{dx^\rho}{d\tau}\frac{dx^\lambda}{d\tau} + \frac{\partial X^\mu}{\partial x^\lambda}\frac{d^2 x^\lambda}{d\tau^2} \\
0 &= \frac{\partial X^\mu}{\partial x^\lambda}\frac{d^2 x^\lambda}{d\tau^2} + \frac{\partial^2 X^\mu}{\partial x^\lambda \partial x^\rho}\frac{dx^\lambda}{d\tau}\frac{dx^\rho}{d\tau}
\end{aligned}$$
$$\tag{12.158}$$

従って，(12.155) を用いて，

$$
\begin{aligned}
\frac{\partial x^\nu}{\partial X^\mu} 0 &= \frac{\partial x^\nu}{\partial X^\mu}\left(\frac{\partial X^\mu}{\partial x^\lambda}\frac{d^2 x^\lambda}{d\tau^2} + \frac{\partial^2 X^\mu}{\partial x^\lambda \partial x^\rho}\frac{dx^\lambda}{d\tau}\frac{dx^\rho}{d\tau}\right) \\
0 &= \delta^\nu_\lambda \frac{d^2 x^\lambda}{d\tau^2} + \frac{\partial x^\nu}{\partial X^\mu}\frac{\partial^2 X^\mu}{\partial x^\lambda \partial x^\rho}\frac{dx^\lambda}{d\tau}\frac{dx^\rho}{d\tau} \\
\frac{d^2 x^\nu}{d\tau^2} &= -\frac{\partial x^\nu}{\partial X^\mu}\frac{\partial^2 X^\mu}{\partial x^\lambda \partial x^\rho}\frac{dx^\lambda}{d\tau}\frac{dx^\rho}{d\tau}
\end{aligned}
\tag{12.159}
$$

少し記号の変更をして，

$$
\frac{d^2 x^\lambda}{d\tau^2} = -\frac{\partial x^\lambda}{\partial X^\mu}\frac{\partial^2 X^\mu}{\partial x^\rho \partial x^\sigma}\frac{dx^\rho}{d\tau}\frac{dx^\sigma}{d\tau} \tag{12.160}
$$

ここで，Cristoffel の記号 $\Gamma^\lambda{}_{\rho\sigma} = \Gamma^\lambda{}_{\sigma\rho}$ を次のように定義する：

$$
\Gamma^\lambda{}_{\rho\sigma} = \frac{1}{2}g^{\lambda\tau}\left(\frac{\partial g_{\tau\sigma}}{\partial x^\rho} + \frac{\partial g_{\tau\rho}}{\partial x^\sigma} - \frac{\partial g_{\rho\sigma}}{\partial x^\tau}\right) \tag{12.161}
$$

(12.152)，(12.153) によってこれを書き直す．まず，$\partial g^{\rho\sigma}/\partial x^\tau$ に (12.152) を代入して計算する．

$$
\begin{aligned}
\frac{\partial g_{\rho\sigma}}{\partial x^\tau} &= \frac{\partial}{\partial x^\tau}\left(\eta_{\alpha\beta}\frac{\partial X^\alpha}{\partial x^\rho}\frac{\partial X^\beta}{\partial x^\sigma}\right) = \eta_{\alpha\beta}\frac{\partial}{\partial x^\tau}\left(\frac{\partial X^\alpha}{\partial x^\rho}\frac{\partial X^\beta}{\partial x^\sigma}\right) \\
&= \eta_{\alpha\beta}\frac{\partial^2 X^\alpha}{\partial x^\tau \partial x^\rho}\frac{\partial X^\beta}{\partial x^\sigma} + \eta_{\alpha\beta}\frac{\partial X^\alpha}{\partial x^\rho}\frac{\partial^2 X^\beta}{\partial x^\tau \partial x^\sigma}
\end{aligned}
\tag{12.162}
$$

この式で添え字 ρ, τ の入れ替えを行い，その結果の式で再び添え字 ρ, σ の入れ替えを行い，得られた 2 項を加えて，最初の項を引く：

$$
\begin{aligned}
\frac{\partial g_{\tau\sigma}}{\partial x^\rho} &= \eta_{\alpha\beta}\frac{\partial^2 X^\alpha}{\partial x^\rho \partial x^\tau}\frac{\partial X^\beta}{\partial x^\sigma} + \eta_{\alpha\beta}\frac{\partial X^\alpha}{\partial x^\tau}\frac{\partial^2 X^\beta}{\partial x^\rho \partial x^\sigma}, \quad \frac{\partial g_{\tau\rho}}{\partial x^\sigma} \\
&= \eta_{\alpha\beta}\frac{\partial^2 X^\alpha}{\partial x^\sigma \partial x^\tau}\frac{\partial X^\beta}{\partial x^\rho} + \eta_{\alpha\beta}\frac{\partial X^\alpha}{\partial x^\tau}\frac{\partial^2 X^\beta}{\partial x^\sigma \partial x^\rho} \\
\therefore \frac{\partial g_{\tau\sigma}}{\partial x^\rho} &+ \frac{\partial g_{\tau\rho}}{\partial x^\sigma} - \frac{\partial g_{\rho\sigma}}{\partial x^\tau} \\
&= \left(\eta_{\alpha\beta}\frac{\partial^2 X^\alpha}{\partial x^\rho \partial x^\tau}\frac{\partial X^\beta}{\partial x^\sigma} + \eta_{\alpha\beta}\frac{\partial X^\alpha}{\partial x^\tau}\frac{\partial^2 X^\beta}{\partial x^\rho \partial x^\sigma}\right) + \left(\eta_{\alpha\beta}\frac{\partial^2 X^\alpha}{\partial x^\sigma \partial x^\tau}\frac{\partial X^\beta}{\partial x^\rho} + \eta_{\alpha\beta}\frac{\partial X^\alpha}{\partial x^\tau}\frac{\partial^2 X^\beta}{\partial x^\sigma \partial x^\rho}\right) \\
&\quad - \left(\eta_{\alpha\beta}\frac{\partial^2 X^\alpha}{\partial x^\tau \partial x^\rho}\frac{\partial X^\beta}{\partial x^\sigma} + \eta_{\alpha\beta}\frac{\partial X^\alpha}{\partial x^\rho}\frac{\partial^2 X^\beta}{\partial x^\tau \partial x^\sigma}\right) \\
&= 2\eta_{\alpha\beta}\frac{\partial X^\alpha}{\partial x^\tau}\frac{\partial^2 X^\beta}{\partial x^\rho \partial x^\sigma} + \eta_{\alpha\beta}\frac{\partial^2 X^\alpha}{\partial x^\sigma \partial x^\tau}\frac{\partial X^\beta}{\partial x^\rho} - \eta_{\alpha\beta}\frac{\partial X^\alpha}{\partial x^\rho}\frac{\partial^2 X^\beta}{\partial x^\tau \partial x^\sigma}
\end{aligned}
\tag{12.163}
$$

最後の 2 項は，対称性 $\eta_{\alpha\beta} = \eta_{\beta\alpha}$ によって同じものの差になって消える．よって，

$$\frac{\partial g_{\tau\sigma}}{\partial x^\rho} + \frac{\partial g_{\tau\rho}}{\partial x^\sigma} - \frac{\partial g_{\rho\sigma}}{\partial x^\tau} = 2\eta_{\alpha\beta}\frac{\partial X^\alpha}{\partial x^\tau}\frac{\partial^2 X^\beta}{\partial x^\rho \partial x^\sigma} \tag{12.164}$$

となり，Cristoffel 記号は

$$\begin{aligned}\Gamma^\lambda{}_{\rho\sigma} &= \frac{1}{2}g^{\lambda\tau}\left(\frac{\partial g_{\tau\sigma}}{\partial x^\rho} + \frac{\partial g_{\tau\rho}}{\partial x^\sigma} - \frac{\partial g_{\rho\sigma}}{\partial x^\tau}\right) = \frac{1}{2}\eta^{\mu\nu}\frac{\partial x^\lambda}{\partial X^\mu}\frac{\partial x^\tau}{\partial X^\nu}\left(2\eta_{\alpha\beta}\frac{\partial X^\alpha}{\partial x^\tau}\frac{\partial^2 X^\beta}{\partial x^\rho \partial x^\sigma}\right) \\ &= \eta^{\mu\nu}\eta_{\alpha\beta}\frac{\partial x^\lambda}{\partial X^\mu}\frac{\partial X^\alpha}{\partial x^\tau}\frac{\partial x^\tau}{\partial X^\nu}\frac{\partial^2 X^\beta}{\partial x^\rho \partial x^\sigma} = \eta^{\mu\nu}\eta_{\alpha\beta}\frac{\partial x^\lambda}{\partial X^\mu}\delta^\alpha_\nu\frac{\partial^2 X^\beta}{\partial x^\rho \partial x^\sigma} \\ &= \eta^{\mu\nu}\eta_{\nu\beta}\frac{\partial x^\lambda}{\partial X^\mu}\frac{\partial^2 X^\beta}{\partial x^\rho \partial x^\sigma} = \delta^\mu_\beta\frac{\partial x^\lambda}{\partial X^\mu}\frac{\partial^2 X^\beta}{\partial x^\rho \partial x^\sigma} = \frac{\partial x^\lambda}{\partial X^\mu}\frac{\partial^2 X^\mu}{\partial x^\rho \partial x^\sigma}\end{aligned}$$

$$\tag{12.165}$$

となる．最後の形に負号をつけると，それは (12.160) の右辺における $\dfrac{dx^\rho}{d\tau}\dfrac{dx^\sigma}{d\tau}$ の係数に等しい．よって，

$$\frac{d^2 x^\lambda}{d\tau^2} + \Gamma^\lambda{}_{\rho\sigma}\frac{dx^\rho}{d\tau}\frac{dx^\sigma}{d\tau} = 0 \tag{12.166}$$

を得る．この形はもはや局所慣性系の座標が含まれておらず，計量＝重力ポテンシャル $g_{\mu\nu}$ と物体の 4 元速度 $dx^\rho/d\tau$ と 4 元加速度 $d^2x^\mu/d\tau^2$ を含む．これが，重力 $-\Gamma^\mu{}_{\rho\sigma}u^\rho u^\sigma$ を受ける物体の運動方程式で，測地線方程式とよばれる．特殊相対論で電磁力 $e\eta^{\mu\nu}f_{\nu\lambda}u^\lambda$ を受ける物体の運動方程式 (12.98) に対応する．

Section 12.5
重力場の方程式

　前節で，電磁ポテンシャル A^μ の場（電磁場）における荷電粒子の運動方程式 (12.98) に相当するものが，重力ポテンシャル $g_{\mu\nu}$ の場（重力場）における粒子の測地線方程式 (12.166) であることを述べた．それなら，電磁

場 $f_{\mu\nu}$ の従う方程式 (12.112)，すなわち Maxwell 方程式 $f^{\mu\nu}{}_{,\nu} = -f_e^\mu/(\varepsilon_0 c^2)$ に相当する重力場の従う方程式があるはずである．電磁場 $f_{\mu\nu}$ に対応する Cristoffel 記号 $\Gamma^\lambda{}_{\rho\sigma} = \dfrac{1}{2}g^{\lambda\tau}(g_{\tau\sigma,\rho} + g_{\tau\rho,\sigma} - g_{\rho\sigma,\tau})$ をもう 1 階微分した量で，一般座標変換に対してテンソルの変換性を持つ量として Ricci テンソルと呼ばれる次の 2 階テンソルがある：

$$R_{\mu\nu} = (\Gamma^\alpha_{\mu\nu})_{,\alpha} - (\Gamma^\alpha_{\mu\alpha})_{,\nu} + \Gamma^\alpha_{\rho\alpha}\Gamma^\rho_{\mu\nu} - \Gamma^\alpha_{\rho\nu}\Gamma^\rho_{\mu\alpha} \qquad (12.167)$$

$f^{\mu\nu}{}_{,\nu}$ が電磁場の源としての電流密度 f_e^μ に比例するように，Ricci テンソルは，重力の源を表すあるテンソルに比例するだろうということが予想される．

ところで，Newton の重力理論では，重力場は質量分布をその源としている．原点に静止した質量 M の物体のつくる重力場の中における，慣性質量 m_I，重力質量 m_G の物体の運動方程式 $m_I d\vec{v}/dt = \vec{F}_G$ は，Newton ポテンシャル $\Phi = -GM/r$ を用いて，

$$\begin{aligned}m_I \frac{d\vec{v}}{dt} &= \vec{F}_G = -\vec{\nabla}m_G\Phi = Gm_G M \vec{\nabla}\frac{1}{r} = -Gm_G M \frac{1}{r^2}\frac{\vec{r}}{r} \\ \frac{d\vec{v}}{dt} &= -GM\frac{1}{r^2}\frac{\vec{r}}{r} \quad (\because m_I = m_G \text{等価原理})\end{aligned} \qquad (12.168)$$

で与えられる．この場合は質量密度 $\rho^0 = M\delta^3(\vec{r})$ がポテンシャル $\Phi = -GM/r$ の重力場を発生させている．数学的公式

$$\vec{\nabla}^2\left(\frac{1}{r}\right) = -4\pi\delta^3(\vec{r}) \qquad (12.169)$$

によって，$\Phi = -GM/r, \rho^0 = M\delta^3(\vec{r})$ は Poisson 方程式

$$\vec{\nabla}^2\Phi = 4\pi G\rho^0 \qquad (12.170)$$

を満たすことが分かる．連続的な質量分布 $\rho^0(\vec{r})$ のときは，空間の位置 $\vec{r}'$ にある微小体積 d^3x' 中にある質量 $\rho^0(\vec{r}')d^3x'$ による位置 $\vec{r}$ での Newton ポテンシャルへの寄与を $d\Phi(\vec{r})$ とすると，

$$d\Phi = -G\frac{\rho^0(\vec{r}')d^3x'}{|\vec{r}-\vec{r}'|}, \quad \therefore \Phi(\vec{r}) = -G\int\frac{\rho^0(\vec{r}')d^3x'}{|\vec{r}-\vec{r}'|} \qquad (12.171)$$

12.5 重力場の方程式

この Φ の積分表式が Poisson 方程式を満たしていることは，(12.169) の原点を $\vec{r}$ にずらした公式 $\vec{\nabla}^2 (1/|\vec{r} - \vec{r}'|) = -4\pi\delta^3(\vec{r} - \vec{r}')$ を用いると確かめられる：

$$\vec{\nabla}^2 \Phi(\vec{r}) = -G \int \rho^0(\vec{r}')d^3x' \vec{\nabla}^2 \frac{1}{|\vec{r} - \vec{r}'|} = -G \int \rho^0(\vec{r}')d^3x' \{-4\pi\delta(\vec{r} - \vec{r}')\}$$
$$= 4\pi G \rho^0(\vec{r})$$

(12.172)

Einstein の重力理論は，すでに十分正しい Newton の重力理論を再現するものでなければならないから，Ricci テンソルが比例する量は，物質の質量密度を拡張したものでなければならないだろう．そうだとすれば，その方程式はある極限で (12.170) になるだろう．すでに特殊相対論から質量はエネルギーに等価であることが分かっている．したがって，(12.170) の右辺を拡張した量は物質のエネルギー運動量を表す 2 階対称テンソルでなければならない．それを $T^{\mu\nu}$ とかくと，重力場の満たす方程式は

$$R^{\mu\nu} = \kappa T^{\mu\nu} \tag{12.173}$$

となるであろう．

しかし，これでは困ったことが 1 つある．特殊相対性理論では，例えば荷電粒子と電磁場の共存系のエネルギー運動量テンソル $T^{\mu\nu} = T^{\mu\nu}_{\mathrm{m}} + T^{\mu\nu}_{\mathrm{e}}$ について，保存則 $T^{\mu\nu}{}_{,\nu} = 0$ が成り立つ．一般相対論においてもこれを拡張した方程式 $T^{\mu\nu}{}_{;\nu} = 0$ が成り立つ．記号 $_{;\nu}$ は，テンソルを微分したときその結果もテンソルになるように拡張された共変微分を表す．この場合 x^ν で微分して ν についての和をとるので，この演算は共変的発散とも呼ばれる．困ったことというのは，Ricci テンソルでは方程式 $R^{\mu\nu}{}_{;\nu} = 0$ は一般に成立しないことである．

そこで Ricci テンソルの代わりに，Einstein テンソル

$$G^{\mu\nu} \equiv R^{\mu\nu} - \frac{1}{2}g^{\mu\nu}R \tag{12.174}$$

を用いよう．ここに R は Ricci テンソルから

$$R \equiv g_{\mu\nu}R^{\mu\nu} \tag{12.175}$$

のように定義されるスカラ曲率と呼ばれる量である．恒等式 $G^{\mu\nu}{}_{;\nu} = 0$ が成立することを数学的に証明することができるので，正しい重力場の方程式は，$G^{\mu\nu} = \kappa T^{\mu\nu}$ であることが考えられる．あるいは，計量の共変微分は 0 であることが証明されるので，λ を定数として $G^{\mu\nu} - \lambda g^{\mu\nu} = \kappa T^{\mu\nu}$ であるとも考えられる．λ は太陽系などを論ずるときには無視できる項で宇宙定数とよばれる．通常は λ を無視して，

$$R^{\mu\nu} - \frac{1}{2}g^{\mu\nu}R = \kappa T^{\mu\nu} \tag{12.176}$$

を Einstein の重力場方程式とよぶ．$T^{\mu\nu}$ の具体的な形は特殊相対論の式 (12.130) や (12.122) をそのまま使うことができる．ただし，そこでの計量は Minkowski 時空の計量 $\eta_{\mu\nu}$ から考えている時空の計量 $g_{\mu\nu}$ に置き換える必要がある．この方程式は，静的（計量 $g_{\mu\nu}$ が x^0 に依存せず，$g_{0\nu} = 0$）で弱い重力場の中を運動する遅い粒子に対して，測地線方程式 (12.166) が $d^2x^k/dt^2 = -\partial_k\Phi$ になり，重力場方程式が Poisson 方程式 $\vec{\nabla}^2\Phi = 4\pi G\rho^0$ になることが示される．そのとき，計量の成分 g_{00} と Newton ポテンシャル Φ に対応

$$g_{00} = 1 + \frac{2\Phi}{c^2} \tag{12.177}$$

がつき，定数 κ は

$$\kappa = \frac{8\pi G}{c^4} \tag{12.178}$$

であることが示される．

　直後に述べるように，2 階対称テンソルの Ricci テンソルやスカラ曲率は，曲率テンソルとよばれる時空の曲がりを表す量から定義される．つまり，Einstein 方程式は，時空の曲がり（左辺）が物質や場の存在（右辺）によって決められるということである．右辺は物質や場の力学的な特徴を表すので，一般相対論は時空の力学を扱う物理学であるといえる．その時空の曲がりは重力場という物理的な意味が込められている．

12.5.1 曲率テンソル

少々天下りになるが，ここで，Riemann-Cristoffell の曲率テンソル $R^\alpha{}_{\beta\mu\nu}$ を

$$R^\alpha{}_{\beta\mu\nu} \equiv (\Gamma^\alpha_{\beta\nu})_{,\mu} - (\Gamma^\alpha_{\beta\mu})_{,\nu} + \Gamma^\alpha_{\rho\mu}\Gamma^\rho_{\beta\nu} - \Gamma^\alpha_{\rho\nu}\Gamma^\rho_{\beta\mu} \tag{12.179}$$

で定義しよう．Ricci テンソル (12.167) は，このの 2 番目と 4 番目の添え字を縮約したものである．縮約とは，2 つの添え字を同じにして 0, 1, 2, 3 までの和をとることを言う．さらに，Ricci テンソルを縮約すれば，(12.175) すなわちスカラ曲率 $R = g^{\mu\nu}R_{\mu\nu} = R^\nu_\nu$ が定義されることはすでに述べた．

重力場方程式 (12.176) に含まれている Ricci テンソル，スカラ曲率は，曲率テンソルに関わる量であるから，曲率テンソルがどのような意味をもつかが重要である．それについては次のことが知られている：

時空が平坦である ⇔ 時空の曲率テンソルの成分がすべて 0

その曲率テンソルは重力ポテンシャルすなわち計量の 2 階微分からなる量である．重力場方程式の右辺に置かれる物質や電磁場などのエネルギー運動量テンソルによって，左辺の Ricci テンソルやスカラ曲率を通して時空の曲率が影響を受け，一般には時空が曲がる．その曲がった時空における測地線にそって物体が運動を行う．つまり，力を受けて物体の軌道が曲線になるという通常の力学の考え方を，物質のエネルギー運動量によって曲がった時空の測地線を「まっすぐに」進むととらえるのである．

しかし，このようなややこしい 4 階テンソルを導入しなくても，階数の低い計量テンソル $g_{\mu\nu}$ や Cristoffel 記号 $\Gamma^\mu_{\nu\rho}$ だけで時空が曲がっているかどうかを判断できないか，という疑問や期待が生じる．とくに一般相対性理論の基礎としての Riemman 幾何学に初めて触れる初学者ならそうあって欲しいと考えるのではないだろうか．あるいは，具体的に次のような疑問を抱くかもしれない．「平坦な時空で曲線座標を採用すれば，計量は定数でなくなり，Cristoffel 記号も 0 でなくなるのだから，曲率テンソルも 0 ではな

いのではないか.」これは曲線座標が文字通り直線でない曲がった座標軸を使うことからこのように考えてしまうのであって，この疑問の答は No である．

そこで，一般相対論の基本的な考え方と数学的手法に慣れるために，身近な一様重力を一般相対論で取り扱うとどうなるかをみてみよう．

12.5.2 等加速度時空

以下，特殊相対論での光速 c が 1 となる時間の単位系を採用する．a を正の定数として，次の計量をもつ時空を考える：

$$ds^2 = (1+ax)^2 dt^2 - dx^2 - dy^2 - dz^2 \tag{12.180}$$

つまり，計量テンソルが

$$(g_{\mu\nu}) = \begin{pmatrix} (1+ax)^2 & 0 & 0 & 0 \\ 0 & -1 & 0 & 0 \\ 0 & 0 & -1 & 0 \\ 0 & 0 & 0 & -1 \end{pmatrix}$$

$$(g^{\mu\nu}) = (g_{\mu\nu})^{-1} = \begin{pmatrix} 1/(1+ax)^2 & 0 & 0 & 0 \\ 0 & -1 & 0 & 0 \\ 0 & 0 & -1 & 0 \\ 0 & 0 & 0 & -1 \end{pmatrix} \tag{12.181}$$

となるような時空で，これは静的である．

a が小さいとき，この計量で決まる時空は Newton 力学における一様重力場による等加速度系に対応していることを確認しよう．静的で弱い重力場において，光速に比べてゆっくり運動する物体の Newton ポテンシャル Φ は，計量の成分 g_{00} と (12.177) の関係式が成り立つことを思い出そう．$a = 0$ のとき時空は平坦な Minkowski 時空になるので，a が重力の強さを決めると考えてよい．従って，弱い重力場の場合 a が小さいとして $g_{00} = (1+ax)^2 \simeq 1+2ax$

12.5 重力場の方程式

と展開でき，(12.177) により，Newton ポテンシャルは，

$$\Phi(x) = ax \tag{12.182}$$

となる．Newton の運動方程式は，

$$\frac{d^2 x^k}{dt^2} = -\frac{\partial \Phi(x)}{\partial x^k} = -a\delta_{k1} \tag{12.183}$$

となり，物体は一様な重力による一定の加速度 a を受けて運動する．その向きは，x 軸の負の向きである．

まず，Cristoffel 記号を計算する．静的な重力場であるから，0 でない可能性のある成分のみを計算する．まず，添え字に 0 が含まれるもので 0 でないものは，

$$\Gamma^0_{01} = \Gamma^0_{10} = \frac{g^{00}}{2} g_{00,1} = \frac{1}{2(1+ax)^2} \frac{\partial (1+ax)^2}{\partial x} = \frac{2a(1+ax)}{2(1+ax)^2} = \frac{a}{1+ax}$$

$$\Gamma^1_{00} = \frac{1}{2} g_{00,1} = \frac{1}{2} \left\{ \frac{\partial (1+ax)^2}{\partial x} \right\} = \frac{1}{2} \cdot 2a(1+ax) = a(1+ax)$$

$$\tag{12.184}$$

である．計量の空間成分は $g_{mn} = g^{mn} = -\delta_{mn}$ のように定数である．よって，添え字のすべてが空間成分である Cristoffel 記号は 0 である：$\Gamma^k_{ln} = 0$．こうして，実際に 0 でない Cristoffel 記号の成分は $\Gamma^0_{01} = \Gamma^0_{10}, \Gamma^1_{00}$ の 3 つのみである．

曲率テンソル (12.179) については，Cristoffel 記号が 0 でないものは $\Gamma^0_{01} = \Gamma^0_{10}, \Gamma^1_{00}$ だけであることに注意する．まず，添え字が 0 または 1 であるとき，$R^\mu{}_{\nu 00} = R^\mu{}_{\nu 11} = 0$ で，残り $R^\mu{}_{\nu 01} = -R^\mu{}_{\nu 10} = \Gamma^\mu_{\nu 1,0} - \Gamma^\mu_{\nu 0,1} + \Gamma^\mu_{\alpha 0}\Gamma^\alpha_{\nu 1} - \Gamma^\mu_{\alpha 1}\Gamma^\alpha_{\nu 0} = -\Gamma^\mu_{\nu 0,1} + \Gamma^\mu_{00}\Gamma^0_{\nu 1} + \Gamma^\mu_{10}\Gamma^1_{\nu 1} - \Gamma^\mu_{01}\Gamma^0_{\nu 0} - \Gamma^\mu_{11}\Gamma^1_{\nu 0} = -\Gamma^\mu_{\nu 0,1} + \Gamma^\mu_{00}\Gamma^0_{\nu 1} - \Gamma^\mu_{01}\Gamma^0_{\nu 0}$ を計算す

ればよい：

$$R^0{}_{001} = -\Gamma^0_{00,1} + \Gamma^0_{00}\Gamma^0_{01} - \Gamma^0_{01}\Gamma^0_{00} = 0$$

$$R^0{}_{101} = -\Gamma^0_{10,1} + \Gamma^0_{00}\Gamma^0_{11} - \Gamma^0_{01}\Gamma^0_{10} = -\Gamma^0_{01,1} - (\Gamma^0_{01})^2$$

$$= -\frac{\partial}{\partial x}\left(\frac{a}{1+ax}\right) - \left(\frac{a}{1+ax}\right)^2 = \frac{a^2}{(1+ax)^2} - \left(\frac{a}{1+ax}\right)^2 = 0 \quad (12.185)$$

$$R^1{}_{001} = -\Gamma^1_{00,1} + \Gamma^1_{00}\Gamma^0_{01} - \Gamma^1_{01}\Gamma^0_{00} = -\Gamma^1_{00,1} + \Gamma^1_{00}\Gamma^0_{01}$$

$$= -\frac{\partial\{a(1+ax)\}}{\partial x} + a(1+ax)\frac{a}{1+ax} = -a^2 + a^2 = 0$$

$$R^1{}_{101} = -\Gamma^1_{10,1} + \Gamma^1_{00}\Gamma^0_{11} - \Gamma^1_{01}\Gamma^0_{10} = 0$$

よって，添え字が0または1の曲率テンソルの成分は0である．次に，添え字がすべて2以上である場合，添え字の少なくとも1つが2以上であるCristoffel記号は0であるから，(12.179)の添え字α, β, μ, νのすべてが2以上のとき，

$$R^\alpha{}_{\beta\mu\nu} = (\Gamma^\alpha_{\beta\nu})_{,\mu} - (\Gamma^\alpha_{\beta\mu})_{,\nu} + \Gamma^\alpha_{\rho\mu}\Gamma^\rho_{\beta\nu} - \Gamma^\alpha_{\rho\nu}\Gamma^\rho_{\beta\mu} = \Gamma^\alpha_{0\mu}\Gamma^0_{\beta\nu} + \Gamma^\alpha_{1\mu}\Gamma^1_{\beta\nu} - \Gamma^\alpha_{0\nu}\Gamma^0_{\beta\mu} - \Gamma^\alpha_{1\nu}\Gamma^1_{\beta\mu} = 0 \quad (12.186)$$

となる．よって，曲率テンソルはすべて0である．したがって，Ricciテンソル$R_{\mu\nu}$も，スカラ曲率Rも0で，Einsteinテンソルも$G_{\mu\nu} = R_{\mu\nu} - (1/2)g_{\mu\nu}R = 0$で，この時空は真空中のEinstein方程式の自明な解になっている．等加速度時空は平坦なMinkowski時空であったのである．

このように，平坦な時空において，一般座標変換によってみかけの重力$\Gamma^\lambda_{\mu\nu} \neq 0$が現れることがある．今の場合，平坦なMinkowski時空

$$ds^2 = d\bar{t}^2 - d\bar{x}^2 - d\bar{y}^2 - d\bar{z}^2 \quad (12.187)$$

に，一般座標変換

$$\bar{t} = \frac{1}{a}(1+ax)\sinh at, \quad \bar{x} = \frac{1}{a}(1+ax)\cosh at - \frac{1}{a}, \quad \bar{y} = y, \quad \bar{z} = z \quad (12.188)$$

を施すことによって生じたみかけの重力である(C. メラー「相対性理論」p.253,(140))．このことをみるために，この変換式の微分をとって線素ds^2

12.5 重力場の方程式

を座標 t, x, y, z で書き表す：

$$d\bar{t} = dt\cosh at(1+ax) + dx\sinh at$$

$$d\bar{x} = dt\sinh at(1+ax) + dx\cosh at, \quad d\bar{y} = dy, \quad d\bar{z} = dz$$

$$\begin{aligned}\therefore\ ds^2 &= d\bar{t}^2 - d\bar{x}^2 - d\bar{y}^2 - d\bar{z}^2 \\ &= \{dt\cosh at(1+ax) + dx\sinh at\}^2 - \{dt\sinh at(1+ax) + dx\cosh at\}^2 \\ &\quad - dy^2 - dz^2 \\ &= \{(1+ax)^2 dt^2 - dx^2\}(\cosh^2 at - \sinh^2 at) - dy^2 - dz^2 \\ &= (1+ax)^2 dt^2 - dx^2 - dy^2 - dz^2 \end{aligned}$$

(12.189)

となり，これは等加速度系の線素 (12.180) に他ならない．このように，時空自体は曲がっていないとき，等価原理によって現われた重力場を偽の重力場といって，天体の質量などによる真の重力場と区別することがある．偽の重力場の例は，いわゆる双子のパラドクスで平坦な時空をロケットで加速度運動をする兄が感じる重力がこれにあたる．この場合は，加速度系から地球系にもどれば，この偽の重力場を時空全体にわたって消去することができる．その場合，加速度系で静止している原点は地球系からみると，重力以外の一様な力で加速する物体の運動をすることになる．

以後，$\bar{t}, \bar{x}; t, x$ 以外の座標は変換によって不変としているから，それらの座標についての式は省略する．

加速度系に静止している物体の世界線は $x = 0$ であるから，これを (12.188) に代入すれば，地球系からみたその物体の加速度運動の世界線が得られる：

$$\bar{t} = \frac{1}{a}\sinh at, \quad \bar{x} = \frac{1}{a}(\cosh at - 1)$$

$$\therefore\ \bar{x}(\bar{t}) = \frac{1}{a}\left(\sqrt{1+\sinh^2 at} - 1\right) = \frac{1}{a}\left(\sqrt{1+a^2\bar{t}^2} - 1\right)$$

(12.190)

これらの式はすでに 12.2.5 で求めた (12.57) や (12.60) と全く同じ関係式である．そこでは，座標時間 t と固有時間 t' はそれぞれ $\bar{t}, t$ に対応している．

これとは反対に地球系に静止している物体を加速度系からみた世界線をもとめてみよう．まず，(12.188) を t, x について解こう．$a\bar{t} = (1+ax)\sinh at, 1+$

$a\bar{x} = (1 + ax) \cosh at$ の両辺の比をとって計算すると，

$$\frac{a\bar{t}}{1 + a\bar{x}} = \frac{(1 + ax) \sinh at}{(1 + ax) \cosh at} = \tanh at$$

$$\therefore t = \frac{1}{a} \tanh^{-1}\left(\frac{a\bar{t}}{1 + a\bar{x}}\right) = \frac{1}{2a} \log \left(\frac{1 + \dfrac{a\bar{t}}{1 + a\bar{x}}}{1 - \dfrac{a\bar{t}}{1 + a\bar{x}}}\right) = \frac{1}{2a} \log \frac{1 + a\bar{x} + a\bar{t}}{1 + a\bar{x} - a\bar{t}}$$

$$\therefore x = \frac{\dfrac{1 + a\bar{x}}{a}}{\cosh at} - \frac{1}{a} = \frac{1 + a\bar{x}}{a} \sqrt{1 - \tanh^2 at} - \frac{1}{a}$$
$$= \frac{1 + a\bar{x}}{a} \sqrt{1 - \left(\frac{a\bar{t}}{1 + a\bar{x}}\right)^2} - \frac{1}{a} = \frac{1}{a}\left(\sqrt{(1 + a\bar{x})^2 - a^2\bar{t}^2} - 1\right)$$

$$\hspace{10cm} (12.191)$$

地球に静止している物体を加速度系からみた世界線の方程式は，(12.191) の最初の比の式に $\bar{x} = L$ を代入したもの $a\bar{t}/(1 + aL) = \tanh at$ と，(12.188) における $\bar{x}$ の式を x について解けばよい：

$$\bar{t} = (L + 1/a) \tanh at, \quad x = \frac{L + 1/a}{\cosh at} - 1/a \hspace{2cm} (12.192)$$

この式は，一般座標変換 (12.188) によって加速度系に生じた重力場の中の物体の運動を表す．等価原理によると，座標変換によって生じた重力場もれっきとした重力場で，この重力場の中を運動する物体の軌道は測地線方程式 (12.166) によって決まるはずである．実際，初期条件 $x(0) = L, dx(0)/dt = 0$ のもとに加速系の測地線方程式を厳密に解けばこれと全く同じ結果が得られるはずである．これを確かめてみよう．

測地線方程式

測地線方程式 (12.166) において，世界距離 s の代わりにパラメータ λ をとる．$u^0 = dt/d\lambda = \dot{t}, u^1 = dx/d\lambda = \dot{x}$ に対して，

$$\frac{d\dot{t}}{d\lambda} + 2\Gamma^0_{01}\dot{t}\dot{x} = \frac{d\dot{t}}{d\lambda} + \frac{2a\dot{t}\dot{x}}{1 + ax} = 0, \quad \frac{d\dot{x}}{d\lambda} + \Gamma^1_{00}\dot{t}^2 = \frac{d\dot{x}}{d\lambda} + a(1 + ax)\dot{t}^2 = 0 \hspace{0.3cm} (12.193)$$

12.5 重力場の方程式

となる．ここで，λ の関数 $f(\lambda)$ に対し $df/d\lambda = \dot{f}$ とかいた．等式の両辺に a をかけて，

$$X = ax,\ T = at \tag{12.194}$$

とおくと，

$$\frac{d\dot{T}}{d\lambda} + \frac{2\dot{T}\dot{X}}{1+X} = 0,\ \frac{d\dot{X}}{d\lambda} + (1+X)\dot{T}^2 = 0 \tag{12.195}$$

となる．

この連立非線形常微分方程式を初期条件，

$$T(0) = 0,\ \dot{T}(0) = ar;\ X(0) = aL,\ \dot{X}(0) = 0 \tag{12.196}$$

の下に解いてみよう．ここで，$r = \dot{T}(0)/a = dt(0)/d\lambda$ の値はまだ指定しない．λ は世界距離 s に比例するパラメータとしよう．すると，r は物体の初速度に比例する量になる．初期条件を $x = x(\lambda), t = t(\lambda)$ についてかくと，

$$t(0) = 0,\ \frac{dt(0)}{d\lambda} = r;\quad x(0) = L,\ \frac{dx(0)}{d\lambda} = 0 \tag{12.197}$$

となる．物体は時空の原点から距離 L だけ離れたところで加速度運動をしていて時刻 0 のとき速度が 0 になるという設定である．$x(0) = 0, dx(0) = \{dx(0)/d\lambda\}d\lambda = 0$ であるから，(12.180) により，$\lambda = 0$ において

$$ds = dt\sqrt{\{1+ax(0)\}^2 - (dx/dt)^2} = \sqrt{(1+aL)^2}dt = (1+aL)dt = (1+aL)\frac{dt}{d\lambda}d\lambda$$
$$= r(1+aL)d\lambda \tag{12.198}$$

となる．s, λ の原点をそろえて，λ は s に比例するとしているので，

$$s = r(aL+1)\lambda \tag{12.199}$$

となる．

それでは実際に解いていこう．まず，(12.193) の両辺に $d\lambda/\dot{T}$ をかけて，

(12.196) を考慮して積分してゆくと，

$$\frac{d\dot{T}}{\dot{T}} + \frac{2dX}{1+X} = 0, \int \frac{d\dot{T}}{\dot{T}} + 2\int \frac{dX}{1+X} = 定数$$

$$\log|\dot{T}| + 2\log|1+X| = \log|\dot{T}|(1+X)^2 = \log|\dot{T}(0)|\{1+X(0)\}^2 = \log|ar(1+aL)^2|$$

$$|\dot{T}|(1+X)^2 = ar(1+aL)^2, \dot{T} = \frac{dT}{d\lambda} = \frac{\pm ar(1+aL)^2}{(1+X)^2}$$

(12.200)

(12.199) において，s が λ の増加関数になるとすれば $r > 0$ で，$\dot{T}(0) = adt(0)/d\lambda = ar > 0$ より，$\lambda = 0$ を含むある区間で，

$$\frac{dT}{d\lambda} = \frac{ar(1+aL)^2}{(1+X)^2} \tag{12.201}$$

となる．この結果を (12.195) に代入して，(12.196) を考慮して積分してゆくと，

$$\frac{d\dot{X}}{d\lambda} + (1+X)\left\{\frac{ar(1+aL)^2}{(1+X)^2}\right\}^2 = \frac{d\dot{X}}{d\lambda} + \frac{a^2r^2(1+aL)^4}{(1+X)^3} = 0$$

$$\dot{X}\left\{\frac{d\dot{X}}{d\lambda} + \frac{a^2r^2(1+aL)^4}{(1+X)^3}\right\} = \dot{X}0, \quad \dot{X}\frac{d\dot{X}}{d\lambda} + \frac{a^2r^2(1+aL)^4\dot{X}}{(1+X)^3} = 0$$

$$\frac{d}{d\lambda}\left(\frac{\dot{X}^2}{2}\right) + a^2r^2(1+aL)^4\frac{d}{d\lambda}\left\{\frac{(1+X)^{-3+1}}{-3+1}\right\} = \frac{d}{d\lambda}\left\{\frac{\dot{X}^2}{2} - \frac{a^2r^2(1+aL)^4}{2(1+X)^2}\right\} = 0$$

$$\frac{\dot{X}^2}{2} - \frac{a^2r^2(1+aL)^4}{2(1+X)^2} = \frac{\dot{X}(0)^2}{2} - \frac{a^2r^2(1+aL)^4}{2\{1+X(0)\}^2} = -\frac{a^2r^2(1+aL)^4}{2(1+aL)^2} = -\frac{a^2r^2(1+aL)^2}{2}$$

$$\dot{X}^2 = \frac{a^2r^2(1+aL)^4}{(1+X)^2} - a^2r^2(1+aL)^2 = a^2r^2(1+aL)^2\left\{\frac{(1+aL)^2}{(1+X)^2} - 1\right\}$$

(12.202)

最後の等式から，$(1+aL)^2/(1+X)^2 - 1 \geqq 0, 0 < \{(X+1)/(aL+1)\}^2 \leqq 1, 0 < |(X+1)/(aL+1)| \leqq 1$ となるから $(X+1)/(aL+1) = \cos\theta \, (\cos\theta \neq 0)$ とおける．このとき，

$$\left(\frac{dX}{d\lambda}\right)^2 = a^2r^2(1+aL)^2\left(\frac{1}{\cos^2\theta} - 1\right) = a^2r^2(1+aL)^2\tan^2\theta = \{ar(aL+1)\tan\theta\}^2$$

$$\frac{dX}{d\lambda} = \pm ar(aL+1)\tan\theta = ar(aL+1)\tan(\pm\theta)$$

(12.203)

$\pm\theta$ を改めて θ とかくと，

$$\frac{dX}{d\lambda} = ar(aL+1)\tan\theta, \ X = -1 + (aL+1)\cos\theta \tag{12.204}$$

となる．この式を初期条件 (12.196) を満たすようにするには，$\theta(0) = 0$ とすればよい．後の式 $X = -1 + (aL+1)\cos\theta$ を λ で微分すると，$dX/d\lambda = -(aL+1)\sin\theta d\theta/d\lambda$ であるから，前の式と比べて，

$$ar(aL+1)\tan\theta = -(aL+1)\sin\theta\frac{d\theta}{d\lambda}, \ \frac{ar}{\cos\theta} = -\frac{d\theta}{d\lambda}$$
$$ard\lambda = -\cos\theta d\theta, \ ar\lambda = -\sin\theta \tag{12.205}$$

ここで，$|ar\lambda| = |\sin\theta| < 1 (\because \cos\theta \neq 0)$ より $-1/ar < \lambda < 1/ar$ である．さらに，

$$X = -1 + (aL+1)\cos\theta = -1 \pm (aL+1)\sqrt{1-a^2r^2\lambda^2} \quad (-1/ar < \lambda < 1/ar) \tag{12.206}$$

となるが，$-$ の解は初期条件 $X(0) = ax(0) = aL$ を満たさないから捨てる．$X(\lambda)$ の表式を (12.201) に代入すると，

$$\frac{dT}{d\lambda} = \frac{ar(1+aL)^2}{(1+X)^2} = \frac{ar}{1-a^2r^2\lambda^2} = \frac{ar}{2}\left(\frac{1}{1+ar\lambda} + \frac{1}{1-ar\lambda}\right)$$
$$T = \frac{ar}{2}\int_0^\lambda \left(\frac{1}{1+ar\lambda'} + \frac{1}{1-ar\lambda'}\right)d\lambda' = \frac{1}{2}\log\left(\frac{1+ar\lambda}{1-ar\lambda}\right) \quad (-1/ar < \lambda < 1/ar) \tag{12.207}$$

となる．これで (12.193),(12.195) は解けた．この解が，(12.180) を満たすことを確認しよう．まず，(12.180) の両辺に $a^2/d\lambda^2$ をかけて両辺を入れ換え，$ax = X, at = T$ を使って書き直すと，

$$(1+X)^2\dot{T}^2 - \dot{X}^2 = a^2\left(\frac{ds}{d\lambda}\right)^2 \tag{12.208}$$

この左辺を，(12.204) とそれから導かれる $\dot{T} = ar(aL+1)/(X+1) = ar/\cos\theta$ を使って計算すると，

$$\text{左辺} = (aL+1)^2\cos^2\theta\frac{a^2r^2}{\cos^4\theta} - a^2r^2(aL+1)^2\tan^2\theta$$
$$= a^2r^2(aL+1)^2\left(\frac{1}{\cos^2\theta} - \tan^2\theta\right) = a^2r^2(aL+1)^2 \tag{12.209}$$

となる．一方，(12.199) により右辺もこの値になる．

$ar\lambda$ を改めて λ とおき，結果をまとめると

$$x = -\frac{1}{a} + \left(L + \frac{1}{a}\right)\sqrt{1-\lambda^2},\ t = \frac{1}{2a}\log\frac{1+\lambda}{1-\lambda},\ s = \left(L + \frac{1}{a}\right)\lambda \tag{12.210}$$

$$(-1 < \lambda < 1)$$

x, t の式から λ を消去し，x, t の関係式を求めてみよう．$X = -1 + (aL + 1)\sqrt{1-\lambda^2}, T = (1/2)\log\{(1+\lambda)/(1-\lambda)\}$ の第2式より，

$$2T = \log\frac{1+\lambda}{1-\lambda},\ e^{2T} = \frac{1+\lambda}{1-\lambda},\ e^{2T} - \lambda e^{2T} = 1 + \lambda$$

$$\lambda(e^{2T} - 1) = e^{2T} - 1,\ \lambda = \frac{e^{2T}-1}{e^{2T}+1} = \frac{e^T - e^{-T}}{e^T + e^{-T}} = \tanh T$$

$$\therefore\ X = -1 + (aL+1)\sqrt{1-\tanh^2 T} = -1 + (aL+1)\sqrt{\frac{1}{\cosh^2 T}}$$

$$= -1 + \frac{aL+1}{\cosh T}$$

$$\tag{12.211}$$

となるから，世界距離の式もそえて，

$$x = -1/a + \frac{L + 1/a}{\cosh at},\quad s = (L + 1/a)\tanh at \tag{12.212}$$

t の変域は $\lambda = \tanh at, -1 < \lambda < 1$ より $-\infty < t < \infty$ である．これは，地球に静止している物体の世界線 $\bar{x} = L$ を一般座標変換 (12.188) によって変換して得られた結果 (12.192) と正確に一致する．

双子のパラドクスの一般相対論的解決

　一般相対論の基本方程式がわかった上で，特殊相対論で議論した双子のパラドクスをもう一度議論してみよう．特殊相対論では，撃力または一様な力による等加速度運動を用いて解決した．ここでは，一般相対論が特殊相対論を含む理論であることを意識しながら，一般相対論の式を用いてこのパラドクスを解決する．以下では，弟の立場を地球系，兄の立場をロケット系とよぶ．この2つ立場の大きな違いは，地球系は一貫して慣性系であ

るのに対し，ロケット系は慣性系になったり加速度系になったりすることである．

双子のパラドクスがパラドクスではないことを完全に示すには，次の 2 点が正しくなければならない．兄が地球に帰ってきたとき，

- 兄弟双方とも，兄は弟より若いと主張する．

- その上で，兄弟双方の主張する年齢差が正確に一致する．

特殊相対論の範囲内では第 1 点のみ解決でき，第 2 点については慣性系にいる弟が主張する年齢差しか示すことができない．この第 2 点に関する不十分さに目をつぶるなら，特殊相対論の範囲内で双子のパラドクスは解決したということができる．第 2 点における，加速度系にいる兄が主張する年齢差を定量的に引き出すには，加速度系から兄弟双方の時間の進み方を論じなければならず，それは一般相対論によって可能になるのである．

特殊相対論からみた双子のパラドクスを復習しておこう．撃力による解決は等加速度運動の極限 $a \to \infty$ として得られるので，等加速度運動を復習する．地球からのロケットの U ターン地点までの距離が L のとき，ロケットが出発点を初速 0 から等加速度で速度 V まで加速し，その後速度 V で等速度運動を行い，U ターン地点の少し前から減速して U ターン地点で速度 0 になるまでの経過時間を地球系からみると $t_1/2 + T_E + t_1/2 = T_E + t_1$，ロケット系からみると同様に $T_R + \tau$ とする．T_E, T_R はロケットの等速度運動期間の片道分で，そのとき地球系もロケット系も慣性系であるから，地球から見たロケットの経過時間は特殊相対論の公式

$$T_R = T_E \sqrt{1 - V^2} \tag{12.213}$$

で計算できる．運動は相対的なので $T_E = T_R \sqrt{1 - V^2}$ も成り立つように思えるが，そのときの T_E, T_R は等速度運動期間のロケット系で計算したもので，地球系で計算した上記の T_E, T_R とは異なる．今は，一貫して地球系から計算しているのである．出発時速度 0 のロケットが速度 V まで加速するまでの航行距離，ロケットが減速し始める地点と U ターン地点の距離は同

じで，地球系からみて $l/2$ とする．このとき，加速度期間のロケットの加速度を a とすれば，次の式が成り立つことをみた (12.65)：

$$t_1 = \frac{2V}{a\sqrt{1-V^2}},\ \tau = \frac{1}{a}\log\left(\frac{1+V}{1-V}\right),\ \frac{l}{2} = \frac{1}{a}\left(\frac{1}{\sqrt{1-V^2}} - 1\right)$$

これらはすべて $a \to \infty$ で 0 になるので，地球系の経過時間 $2T_E + 2t_1$ とロケット系の経過時間 $2T_R + 2\tau$ はそれぞれ $2T_E, 2T_R$ になり，結局

$$2T_R = 2T_E\sqrt{1-V^2}$$

となり，これでロケット系の経過時間が遅れることを結論する．

特殊相対論でロケット系の経過時間を考えるときは，ロケット系が慣性系であるときの T_R とロケット系が加速度系であるときの τ を考えるときである．τ の計算も Minkowski 時空での固有時間 $ds = d\bar{t}\sqrt{1-\bar{v}^2}$ として計算したものであるから，すべての計算は慣性系での時空座標から計算したものである．

これに対し，一般相対論ではロケットの加速度運動を加速度系の時空座標を使って計算することが可能になる．そこでは地球が加速度系に生じた重力で運動する．つまり，弟の立場で計算するのではなく兄の立場で計算するわけである．ロケット U ターン期間の地球系の経過時間も加速度系であるロケット系から地球の U ターンの経過時間として計算することになる．

さて，双子のパラドクスにおいて，$(\bar{t}, \bar{x})$ 座標系を地球系，(t, x) 座標系をロケット系とよぶことにしよう．地球系は慣性系で，ロケット系は加速度系の場合と慣性系の場合がある．特殊相対論では地球系からロケットの運動を論じて，ロケット系の時間は固有時間 $dt = ds = d\bar{t}\sqrt{1-\bar{v}^2}$ を使って求めた．今から行うのは，ロケット系から地球の運動を論じて，地球の時間は固有時間 $d\bar{t} = ds = dt\sqrt{(1 \pm ax)^2 - v^2}$ を使って計算する．大きな違いは，特殊相対論では地球系が終始慣性系であったので世界距離 $ds = d\bar{t}\sqrt{1-\bar{v}^2}$ の表現が常に変わらなかったが，一般相対論では，ロケットの運動に応じ

て，別々の時空を採用する：

$$ds = \begin{cases} dt\sqrt{(1-ax)^2 - v^2} & \text{(出発時・到着時の加速期間)} \\ dt\sqrt{(1-0x)^2 - V^2} = dt\sqrt{1-V^2} & \text{(等速度運動期間)} \\ dt\sqrt{(1+ax)^2 - v^2} & \text{(U ターン時の加速期間)} \end{cases}$$
(12.214)

等速度運動期間の地球系の時間の進み方 ds とロケット系の時間の進み方 dt の違いは特殊相対論の考えそのものであるが，注目すべきは，2 つの加速期間での時間の進み方 ds の違いである．出発時・到着時と U ターン時の瞬間を考えると，ともに $v \simeq 0$ だが，出発時・到着時では $x \simeq 0, ds \simeq dt$，U ターン時では $x \simeq L, ds \simeq dt(1+aL)$ であるので，同じロケット系の時間の進み方 dt に対し，地球とロケットの距離 L が両加速期間の時間の進み方 ds に大きな違いを生んでいることが予想される．

等速度運動と加速度運動が切り替わる瞬間に，地球系からみた速度とロケット系からみた速度を比較する必要がでてくるので，一般座標変換 (12.188) から速度 $d\bar{x}/d\bar{t} = \bar{v}, dx/dt = v$ の変換式を導いておこう．(12.188) の全微分をとると，

$$d\bar{x} = dx\cosh at + (1/a)(1+ax)adt\sinh at = dx\cosh at + dt(1+ax)\sinh at$$
$$= dx + dt(1+ax)\tanh at$$
$$d\bar{t} = dx\sinh at + (1/a)(1+ax)adt\cosh at = dx\sinh at + dt(1+ax)\cosh at$$
$$= dx\tanh at + dt(1+ax)$$
$$\frac{d\bar{x}}{d\bar{t}} = \frac{dx + dt(1+ax)\tanh at}{dx\tanh at + dt(1+ax)} = \frac{(dx/dt) + (1+ax)\tanh at}{(dx/dt)\tanh at + 1 + ax}$$
$$\bar{v} = \frac{v + (1+ax)\tanh at}{v\tanh at + 1 + ax}$$

(12.215)

となる．

ロケット系から地球の運動をみる

くどいようだが，特殊相対論では地球系からロケットの運動をみて地球系の経過時間とロケットの経過時間を比較したのに対し，今から行うのは一般相対論の立場でロケット系から地球の運動をみて地球系の経過時間とロケット系の経過時間を比較しようとしているのである．

出発時 0 から V まで加速

地球は初速度 0 で一様重力場によって加速され速度は V になる．(12.212) において，重力の向きと x 座標軸の向きを合わせるために a を $-a$ に，出発時の地球の位置は原点にあるので L を 0 とする：

$$x = \frac{1}{a}\left(1 - \frac{1}{\cosh at}\right), \quad s = \frac{1}{a}\tanh at \tag{12.216}$$

出発時刻は $t = 0$ である．時刻 $t = t_R/2$ において加速が終了するとすれば，このときのロケットの速度 $v(t_R/2)$ を地球系から見ると V である．一方，速度の変換式 (12.215) において，ロケット系から見たロケット自身は静止しているので，その位置と速度は常に 0 であるから，(12.215) において $t = t_R/2, x = 0, v = 0$ とすると（上記のロケット系から見た地球の世界線の方程式の $x, v = dx/dt$ と混同しない！），

$$\begin{aligned}\bar{v}(t = t_R/2) &= \frac{0 + (1 + a0)\tanh(at_R/2)}{0\tanh(at_R/2) + 1 + a0} = \tanh(at_R/2) = V \\ \therefore\ t_R &= \frac{1}{a}\log\left(\frac{1+V}{1-V}\right)\end{aligned} \tag{12.217}$$

この t_R は $a \to \infty$ で 0 に近づく．

ロケット系の経過時間は $t_R/2$ で与えられ，対応する地球系の経過時間 $\bar{t}_E(0 \to V)$ は，地球の固有時間 $s = (1/a)\tanh at$ で計算される：

$$\bar{t}_E(0 \to V) = s(t_R/2) = \frac{1}{a}\tanh(at_R/2) = \frac{V}{a} \tag{12.218}$$

となる．この $\bar{t}_E$ も $a \to \infty$ で 0 に近づく．

このように，加速度系のロケットと静止系の地球が殆ど同じ位置にある場合は，両者の時計の進み方に大差はない．

V で等速度運動（往路）

出発時の加速が終わり，U ターン時の加速を始めるまでのロケット系での経過時間を $T(\mathrm{R})$ とすると，ロケット系は慣性系であるから，対応する地球系（これはいつでも慣性系）での経過時間 $T(\mathrm{E})$ を特殊相対論の公式から計算できる：

$$T(\mathrm{E}) = T(\mathrm{R})\sqrt{1-V^2} \tag{12.219}$$

U ターン時 $V \to 0 \to -V$ に加速

世界線は (12.212) で表され，地球は時刻 $t = -t_\mathrm{R}/2 (< 0)$ に速度 $v(-t_\mathrm{R}/2) > 0$ から減速し始め，時刻 $t = 0$ で速度が 0 になり，時刻 $t = t_\mathrm{R}/2$ に速度 $v(t_\mathrm{R}/2) < 0$ になる．U ターン中のロケットの時計の経過時間が時刻 $t = 0$ を中心とした t_R になる．出発時・帰着時の加速期間 t_R と同じ t_R が使えるのは，加速度運動の対称性からである．一方，U ターン中の地球系の経過時間 $\bar{t}_\mathrm{E}$ は，(12.212) により，

$$\bar{t}_\mathrm{E} = \bar{t}(t_\mathrm{R}/2) - \bar{t}(-t_\mathrm{R}/2) = 2(L+1/a)\tanh(at_\mathrm{R}/2) = 2(L+1/a)V \tag{12.220}$$

したがって，

$$\lim_{a \to \infty} \bar{t}_\mathrm{E} = 2LV \tag{12.221}$$

となる．

このことは，大きな加速度 a で U ターンすると，ロケット系での U ターン期間の経過時間 $t_\mathrm{R} = (1/a)\log\{(1+V)/(1-V)\}$ は a に反比例して 0 に近づくが，これに対応する地球系での U ターン期間は有限な $2LV$ になるということである．つまり，ロケットの兄が一瞬で U ターンするときに，U ターン地点から距離 L だけ離れた地球では有限の経過時間が経つわけである．地球を離れるときも同様な加速度運動を行っているが，そこでは加速度系のロケットと静止系の地球が殆ど同じ位置にあったので両者の時計の進み方に大差はなかった．それはここでの $L = 0$ の場合に相当する．ロケットと地球の間の距離が時計の進み方の違いを与えているのである．

$-V$ で等速度運動（復路）

ロケット系での経過時間 $T(\mathrm{R})$，対応する地球系での経過時間 $T(\mathrm{E})$ も往路の等速度運動と全く同じで，その関係も (12.219) で与えられる．

到着時 $-V$ から 0 まで加速

「出発時 0 から V まで加速」の運動を時間反転したものである．具体的には，世界線の方程式は変わらず，ロケット系の時間の区間を $-t_\mathrm{R}/2 \leqq t \leqq 0$ としたものである．したがって，ロケット系の経過時間は $t_\mathrm{R}/2$ で与えられ，対応する地球系の経過時間 $\bar{t}_\mathrm{E}(-V \to 0)$ も (12.218) に等しい：

$$\bar{t}_\mathrm{E}(-V \to 0) = \bar{t}_\mathrm{E}(0 \to V) = \frac{V}{a} \qquad (12.222)$$

となる．出発時と同様，加速度系のロケットと静止系の地球が殆ど同じ位置にある場合は，両者の時計の進み方に大差はない．

以上の考察の結果，ロケット系での全経過時間は

$$\frac{t_\mathrm{R}}{2} + T(\mathrm{R}) + t_\mathrm{R} + T(\mathrm{R}) + \frac{t_\mathrm{R}}{2} = 2\{T(\mathrm{R}) + t_\mathrm{R}\} = 2T(\mathrm{R}) + \frac{2}{a} \log\left(\frac{1+V}{1-V}\right) \qquad (12.223)$$

となり，対応する地球系の経過時間は，

$$\bar{t}_\mathrm{E}(0 \to V) + T(\mathrm{E}) + \bar{t}_\mathrm{E} + T(\mathrm{E}) + \bar{t}_\mathrm{E}(-V \to 0) = 2T(\mathrm{E}) + \bar{t}_\mathrm{E} + 2\bar{t}_\mathrm{E}(0 \to V)$$
$$= 2T(\mathrm{R})\sqrt{1-V^2} + 2LV + \frac{4V}{a}$$
$$(12.224)$$

ここで，$a \to \infty$ の極限をとったときの，ロケット系での全経過時間と地球系での全経過時間をそれぞれ，$2T_\mathrm{R}, 2T_\mathrm{E}$ とかくと，

$$2T_\mathrm{R} = \lim_{a \to \infty} \left\{ 2T(\mathrm{R}) + \frac{2}{a} \log\left(\frac{1+V}{1-V}\right) \right\} = 2 \lim_{a \to \infty} T(\mathrm{R}) \qquad (12.225)$$

$$2T_\mathrm{E} = \lim_{a \to \infty} \left\{ 2T(\mathrm{R})\sqrt{1-V^2} + 2LV + \frac{4V}{a} \right\} = 2 \lim_{a \to \infty} T(\mathrm{R})\sqrt{1-V^2} + 2LV$$
$$(12.226)$$

12.5 重力場の方程式

ここで,$\lim_{a\to\infty} T(\mathrm{R})$ を消去すると,

$$2T_\mathrm{E} = 2T_\mathrm{R}\sqrt{1-V^2} + 2LV \tag{12.227}$$

ここで,極限値 T_E は,一定の速さ V で距離 L の経路を航行した場合の地球系での所要時間と考えることができるので,

$$L = VT_\mathrm{E} \tag{12.228}$$

が成り立つ.これを直前の式に代入すると,$2T_\mathrm{E} = 2T_\mathrm{R}\sqrt{1-V^2}+2V^2T_\mathrm{E}$, $2T_\mathrm{E}(1-V^2) = 2T_\mathrm{R}\sqrt{1-V^2}$ すなわち,

$$2T_\mathrm{R} = 2T_\mathrm{E}\sqrt{1-V^2} \tag{12.229}$$

が成り立つ.これは特殊相対論で得られた結果と全く同じである.

なお,計算では $T(\mathrm{E}) = T(\mathrm{R})\sqrt{1-V^2}$ が隠れてしまったが,$\lim_{a\to\infty} T(\mathrm{R}) = T_\mathrm{R}$ と $T_\mathrm{R} = T_\mathrm{E}\sqrt{1-V^2}$ から,

$$2\lim_{a\to\infty} T(\mathrm{E}) = 2\lim_{a\to\infty} T(\mathrm{R})\sqrt{1-V^2} = 2T_\mathrm{E}(1-V^2) = 2T_\mathrm{E} - 2T_\mathrm{E}V^2 = 2T_\mathrm{E} - 2LV$$
$$= 2T_\mathrm{E} - \lim_{a\to\infty} \bar{t}_\mathrm{E}$$
$$\tag{12.230}$$

これは,もともと $2T(\mathrm{E})$ は,地球系の全経過時間から U ターン時の経過時間 $\bar{t}_\mathrm{E} = 2(L + 1/a)V$ を除いた等速度運動期間に対応する時間だったことに符合する.しかし,加速度運動による $\bar{t}_\mathrm{E} = 2(L + 1/a)V$ が $a \to \infty$ で 0 とならないため,$2\lim_{a\to\infty} T(\mathrm{E})$ は $2T_\mathrm{E}$ より有限な量 $2LV$ だけ短い.$2\lim_{a\to\infty} T(\mathrm{E})$ はロケットの立場から計算したものであり,$2T_\mathrm{E}$ は,計算こそロケット系の立場,つまり一般相対性理論の立場から計算しているが,計算しているのは地球の固有時間であり,地球系の立場の全経過時間を計算したものといえる.立場が異なれば,時間の進み方も違うのは相対論の真髄である.$T(\mathrm{E}) = T(\mathrm{R})\sqrt{1-V^2}$ と $T_\mathrm{R} = T_\mathrm{E}\sqrt{1-V^2}$ がそれを物語っている.この両方の式で記号 T は同じでも,E,R のつけ方を変えたのはこのためである.これらを同じものと混同すると,パラドクスに陥ってしまう.

さて，もう少しこの結果を考察してみよう．特殊相対論では慣性系が異なれば時間の進み方が異なるのであった．しかし，同じ慣性系であれば，どんなに空間的に離れていようとも，運動せず静止していれば時間は同じように進む．しかし，一般相対論では，同じ一般座標系にいて静止していても時計の進み方も異なるのである．そのことは，この等加速度系ではっきり現れている．時間の計算は，どんな一般座標系でも共通な世界距離 ds をそれぞれの系で書き表しておこなう．例えば，ロケットのUターン地点を $x = 0$，地球の位置を $x = L$ とした場合，ロケット系に静止している兄の固有時間はロケット系の座標時間 t である．これを基準に位置 x の場所の時間は，その場所に静止 ($v = 0$) している時計の固有時間 τ として

$$d\tau = dt\sqrt{(1+ax)^2 - v^2} = dt(1+ax) \tag{12.231}$$

によって計算される．そのまま積分して，

$$\tau(x) = (1+ax)t \tag{12.232}$$

この式から，x が大きいほど時間の進み方が速くなることがわかる．Uターン地点 $x = 0$ と地球 $x = L$ では時間の進み方が大きく異なるのはこのためである．

第13章
本格的に勉強するために

　本は知性のデータベースである．読者が大学生なら，専門家になろうとするならもちろん，そうではなくてもここ 4-6 年によい入門書をきっちり読むことが必要である．社会人になれば，一つの数理科学系の本を隅々まで熟読する時間はそう簡単には取れなくなるからだ．それではどんな本を読めばよいか．大学生以下の場合は，授業をする側が選んだ本を読むことになるが，それは一定の集団の平均値に対して適切な本であったり，授業する側に適切であったりする本なので，いいかどうかは別として，本人に最適な本であるとは限らない．本人に最適な本を見つけるためには，やはり，予め与えられた本の評価に関する情報を集め，その情報を元に，実際の本の目次や本文の一部を読んでみることである．入門書の場合，参考書がきちんと紹介してあるかどうかを選択基準の一つにしてみるとよい．

　以下の各節において分野別に数理科学に関係する分野の本を紹介する．それらの中には著者が本書を執筆するにあたって参考にした本も含まれているが，学生，社会人といろいろな読者が漠然と数理科学方面に興味を持っていることを想定して，なるだけ広い分野の本を紹介するのが目的である．本格的に学ぶためにはここで示す本を入門とするのがよい．紹介するにあたって，断っておかなければならないことがある．紹介している本は，筆者の独断と偏見が入っているかもしれないこと，多忙を理由に完全に通読していない本も含まれていること．最近は殆どの本はインターネットですぐに購入できるけれども，興味があって購入しようと思うなら，必ず本屋で直接見て欲しい．

Section 13.1
数学関係の本

　読者が高校生なら，教科書や参考書など受験を意識した本以外のものに，次のシリーズがある．

- 松坂和夫「代数への出発」（数学入門シリーズ1），岩波書店，1982 [ISBN:4000076310]

- 雨宮一郎「微積分への道」（数学入門シリーズ2），岩波書店，1982 [ISBN:4000076329]

- 片山孝次「複素数の幾何学」（数学入門シリーズ3），岩波書店，1982 [ISBN:4000076337]

- 岩堀長慶「2次行列の世界」（数学入門シリーズ4），岩波書店，1983 [ISBN:4000076345]

- 山本幸一「順列・組合せと確率」（数学入門シリーズ5），岩波書店，1983 [ISBN:4000076353]

- 鷲尾泰俊「日常のなかの統計学」（数学入門シリーズ6），岩波書店，1983 [ISBN:4000076361]

- 小平邦彦「幾何のおもしろさ」（数学入門シリーズ7），岩波書店，1985 [ISBN:400007637X]

- 和田秀男「コンピュータ入門」（数学入門シリーズ8），岩波書店，1982 [ISBN:4000076388]

筆者が高校数学教員になったばかりの頃（1994）に，自身がかつて学んだ教育課程が新しくなり，従来には教えられていなかった分野が「複素数平

面」と「平面幾何」であった．当時，学校の研究紀要にこれらに関する小論を記載した．そのとき参考にしたのが，このシリーズ「複素数の幾何学」や「幾何のおもしろさ」であった．現在（2007）の教育課程では，「複素数の幾何学」は全く教えられなくなり，「平面幾何」は平面図形と呼び名をかえてあまり深入りしないように教えられている．高校生読者なら，だからこそ学んでみる価値があるかもしれない．

高校では整数論を体系的に教えることはしない．数学少年なら，整数論は魅力ある分野だろう．例えば，

- 田島一郎「整数」(数学ワンポイント双書10)，共立出版，1977 [ISBN:4320012313]

がある．これと同じシリーズで，大学入試でお馴染みの「確率と漸化式」の背景として

- 渡部隆一「マルコフ・チェーン」（数学ワンポイント双書31），共立出版，1979 [ISBN:4320012518]

がある．本書でもとりあげているように，マルコフ過程は確率過程の基本的なものである．このシリーズには大学数学の最初の関門「$\varepsilon-\delta$論法」に関するものもあるようだ．余裕のある高校生なら今のうちに慣れておくのもよいだろう．

大学生の読者には，大学前半の時期に読むべき本を紹介しよう．おおよそ理工系の大学であれば，まず「微分積分」や「線形代数」を履修するだろう．専門課程に進む前に，なんといっても次の2冊は読んでおきたい．

- 高木貞治「解析概論 改訂第3版 軽装版」，岩波書店，1983 [ISBN:4000051717]

- 佐武一郎「線型代数学」（数学選書1），裳華房，1974 [ISBN:4785313013]

「解析概論」は日本語もしっかりしていると思う．整数論や代数に興味がある場合には

- 高木貞治「初等整数論講義 第2版」，共立出版，1971 [ISBN:4320010019]

- 高木貞治「代数学講義 改訂新版」，共立出版，1965 [ISBN:4320010000]

がある．工学部などの学生にとっては，もう少し現実的な

- 田島一郎・渡部隆一・宮崎浩「微分・積分」（改訂　工科の数学 1），培風館，1978 [ISBN:4563005304]

- 田島一郎・渡部隆一・宮崎浩「微分・積分」（改訂　演習工科の数学 1），培風館，1978 [ISBN:4563005355]

- 小西栄一・深見哲造・遠藤静男「線形代数・ベクトル解析」（改訂　工科の数学 2），培風館，1978 [ISBN:4563005312]

- 小西栄一・深見哲造・遠藤静男「線形代数・ベクトル解析」（改訂　演習工科の数学 2），培風館，1978 [ISBN:4563005363]

がある．教養数学として微分・積分，線形代数の次にくるのはやはり確率・統計であろう．統計学の基礎としての確率論は，理系でも文系でも身につけておくべきだ．ところが，大学の講義などでは，一貫性をもって丁寧に学ぶ機会が少ないような気もする．少し独特な

- 小針あき宏「確率・統計入門」，岩波書店，1973 [ISBN:4000051571]

は面白いかもしれない．工学や物理など応用志向なら，

- 和達三樹・十河 清「理工系数学のキーポイント　確率統計」（理工系数学のキーポイント），岩波書店，1993 [ISBN:4000078666]

- 伏見正則「確率と確率過程」（理工学者が書いた数学の本），講談社，1987 [ISBN:4061868373]

もある．確率過程など高度な部分も含む

- 国沢清典「確率論とその応用」（岩波全書 332），岩波書店，1982 [ISBN:4000211099]

は熟読する価値があると思う．最近（2006），Gauss 賞を受賞された伊藤清博士の「伊藤の公式」も載っている．この確率解析とよばれる分野は，工学や物理などだけでなく，最近では数理ファイナンスの分野でも重要なものになっている．世界的に有名な確率論の本として，

- フェラー，W.（河田龍夫 監訳，卜部舜一・矢部真・池守昌幸・大平坦・阿部舜一 訳）「確率論とその応用 I 上」，紀伊國屋書店，1960 [ISBN:4314000120]

- フェラー，W.（河田龍夫 監訳，卜部舜一・矢部真・池守昌幸・大平坦・阿部舜一 訳）「確率論とその応用 I 下」，紀伊國屋書店，1961 [ISBN:4314000163]

- フェラー，W.（国沢清典 監訳，羽島裕久・大平坦 訳）「確率論とその応用 II 上」，紀伊國屋書店，1969 [ISBN:4314000554]

- フェラー，W.（国沢清典 監訳，羽島裕久・大平坦 訳）「確率論とその応用 II 下」，紀伊國屋書店，1970 [ISBN:4314000600]

をあげておこう．統計学はどの分野でも実際的に重要なものであるのに，数学教育の中ではなかなかきちんと扱われていないようだ．現在の教育課程では，大学に入るまで事実上全く学ばない生徒が多く存在する．そういう筆者もまともに取り組んだことがない．筆者は

- 高橋磐郎・小柳芳雄・小林竜一「統計解析」（改訂　工科の数学 5），培風館，1992 [ISBN:4563005347]

を大学生のときに購入した．このシリーズの他の本には演習版がでているが，10 年ほど前に書店に問い合わせて以来出版されている気配はない．

現代数学の始まりはカントールの集合論から始まるといわれる．集合や位相の入門として，

- 松坂和夫「集合・位相入門」，岩波書店，1989 [ISBN:4000054244]

- 田村一郎「トポロジー」(岩波全書 276), 岩波書店, 1972 [ISBN:4000214136]

がある．筆者は，このような入門書を手に入れる前に，無謀にも

- 吉田耕作「位相解析の基礎」，岩波書店, 1960 [ISBN:4000050257]

を通読しようとしたが，途中で挫折してしまった．

大学3年ぐらいになると，理工系では微分方程式やフーリエ解析などを学ぶ．常微分方程式のスタンダードとして，

- ポントリャーギン, L. S.「ポントリャーギン　常微分方程式〔新版〕」，共立出版, 1968 [ISBN:4320010388]

がある．具体的な常微分方程式を解くことは，受験数学のような反復練習である程度可能になるが，その一般論は結構難しい．解の一意性の証明など一度は経験しておくべきである．また，現実に現れる微分方程式は手計算で解けないようなものが多く，コンピュータの助けをかりて数値的に解くことが行われる．このとき，誤差の評価を行う場合にも一般論を理解していることが重要になるので，一般論を学ぶことは実用的でもあるのだ．もっととっつきやすい本には，

- 近藤次郎・高橋磐郎・小柳佳勇 他「微分方程式・フーリエ解析」(改訂　工科の数学　3), 培風館, 1981 [ISBN:4563005320]

- 近藤次郎・小林竜一・高橋磐郎 他「微分方程式・フーリエ解析」(改訂　演習工科の数学3), 培風館, 1981 [ISBN:4563005371]

などがある．フーリエ解析の基礎理論は「解析概論」にも載っている．これらの本には偏微分方程式についても記述がある．フーリエ解析や偏微分方程式は，筆者の場合，物理学の理論とともに具体的に学んできたので，これに特化した本を熟読したことがない．有名な

- 溝畑 茂「偏微分方程式論」，岩波書店, 1965 [ISBN:4000059718]

をあげておこう.

分野ごとの単行本ではなく,複数の分野をまとめた

- 寺沢寛一「自然科学者のための数学概論 増訂版改版」,岩波書店,1983 [ISBN:4000054805]

- 寺沢寛一「自然科学者のための数学概論 応用編」,岩波書店,1960 [ISBN:4000054813]

は,通読というより事典のように読むとよいだろう.次の公式集は数学を駆使する理工系研究者を目指すなら必携だろう.

- 森口繁一・宇田川 久・一松 信「岩波 数学公式 I 微分積分・平面曲線」(岩波 数学公式〔新装版〕版1),岩波書店,1987 [ISBN:4000055070]

- 森口繁一・宇田川 久・一松 信「岩波 数学公式 II 級数・フーリエ解析」(岩波 数学公式〔新装版〕版2),岩波書店,1987 [ISBN:4000055089]

- 森口繁一・宇田川 久・一松 信「岩波 数学公式 III 特殊函数」(岩波 数学公式〔新装版〕版3),岩波書店,1987 [ISBN:4000055097]

複素関数論は,純粋な数学理論としても重要だが,回路網理論などの工学分野や物理理論への応用にとっても重要である.基本的な内容は「解析概論」にも載っている.まず有名なのは,筆者は熟読しきれていないが,

- L.V. アールフォルス(笠原堅吉 訳)「複素解析」,現代数学社,1982 [ISBN:4768701183]

がある.もう少し学びやすい

- 渡部隆一・宮崎浩・遠藤静男「複素関数」(改訂 工科の数学4),培風館,1980 [ISBN:4563005339]

- 渡部隆一・宮崎浩・遠藤静男「複素関数」(改訂 演習工科の数学4),培風館,1980 [ISBN:456300538X]

がある．物理学への応用を解説した

- 今村 勤「物理と関数論」（物理と数学シリーズ），岩波書店，1994 [ISBN:4000078984]

もある．

　数学的な素養が整い始めると，自分の興味をもつ分野について学びたくなる．筆者が学生時代にきちんと学びたかった分野に群論がある．まず，

- 山内恭彦・杉浦光夫「連続群論入門」（新数学シリーズ），培風館，1960 [ISBN:4563003182]

はよく知られている．群論は素粒子論でも必要になる．素粒子物理学者が書いた次の本は線形代数を学んだ後ならとっつきやすい．

- 梁 成吉「行列と変換群」（理工系数学のキーポイント），岩波書店，1996 [ISBN:4000078682]

筆者は社会人になって非線形理論に興味を持った．

- 山口昌哉「カオスとフラクタル」（ブルーバックス），講談社，1986 [ISBN:406132652X]

は面白い．この本で，筆者は「決定論的システムにおける予測不可能性」というカオスの本質が何となく理解できた様な気がする．縦書きの新書で，いわゆる啓蒙書であるが，数式もかなり記述してあり，それをフォローするだけでも手頃な勉強になる．これらの分野の教科書的な本として，

- 山口昌哉「カオス入門」（カオス全書1），朝倉書店，1996 [ISBN:4254126719]

- 畑 政義「神経回路モデルのカオス」（カオス全書6），朝倉書店，1998 [ISBN:425412676X]

- 広田良吾・高橋大輔「差分と超離散」，共立出版，2003 [ISBN:4320017293]

がある．これらの本を読んでみると，非線形数学も入門的なことは高度な現代数学は必要ないこと，非線形数学にコンピュータが果たした役割は大きいことがわかる．

最近は，PC（パソコン）の普及とともに，コンピュータソフトウェアを使って数理科学を理解しようと銘打っている本も多くなった．例えば，

- 間瀬 茂・神保雅一・鎌倉稔成 他「工学のためのデータサイエンス入門 −フリーな統計環境 R を用いたデータ解析」（工学のための数学 3），数理工学社 (サイエンス社)，2004 [ISBN:4901683128]

- S・ワゴン「Mathematica 現代数学探求　基礎篇」，シュプリンガー・フェアラーク東京，2001 [ISBN:4431708618]

- S・ワゴン「Mathematica 現代数学探求　応用篇」，シュプリンガー・フェアラーク東京，2001 [ISBN:4431708626]

- S・ワゴン「Mathematica 現代数学探究　発展篇」，シュプリンガー・フェアラーク東京，2001 [ISBN:4431708634]

- 小林道正「MATHEMATICA 微分方程式」（Mathematica 数学 1），朝倉書店，1998 [ISBN:4254115210]

- 小林道正「MATHEMATICA 確率−基礎から確率微分方程式まで」（Mathematica 数学 2），朝倉書店，2000 [ISBN:4254115229]

などがある．Mathematica は高価なソフトなので個人で購入するのには勇気がいる．

次の本は，数学の本を紹介している「本」である．

- 「数学ブックガイド 100」，培風館，1984 [ISBN:456302029X]

- 数学書房編集部「この数学書がおもしろい」，数学書房，2006 [ISBN:4826931018]

Section 13.2
物理学関係の本

　物理学は数学と関連が深い．
　Newton 力学を考えればわかるように，関数概念や微分・積分の発見は，時間とともに変化する対象を論ずる力学と深く関係している．現代物理学の2本柱である量子論と相対論は，数学と密接な関わりをもっている．量子力学を行列力学として発見した Heisenberg は，行列算法を知らずに物理的考察からこれを定義した．同じく量子力学を波動力学として発見した Schrödinger は，自身の名前を冠した波動方程式すなわち Schroödinger 方程式を解くために解析学を駆使した．Schrödinger 方程式を特殊相対論の要請を満たすように拡張した Dirac 方程式には，それまで実験的に確認されていた電子スピンが自動的に織り込まれていたし，Dirac 方程式の解の解釈から電子の反粒子の存在が予言され，後に実験的にも確認された．相対論的重力場の理論を作り上げた Einstein は，自身の名前を冠した重力場の方程式すなわち Einstein 方程式をまさに Riemann 幾何学という数学に導かれて発見した．この方程式は観測技術の発展とともに科学として認知されるようになった現代宇宙論の基本方程式である．この方程式の数学的な解から Newton 力学で説明できなかった水星の近日点のずれが説明されたり，ブラックホールという奇妙な天体も予言され，観測的裏付けがなされている．
　さて，物理学の基礎はまず力学と電磁気学から始まる．まず名著

- 山内恭彦「一般力学 増訂第3版」, 岩波書店, 1959 [ISBN:4000050206]

- 砂川重信「理論電磁気学 第2版」, 紀伊國屋書店, 1973 [ISBN:4314001011]

をあげなければならない．後者は第3版がでている．これらはいきなりとっつくのは難しいだろう．したがって，岩波書店の「物理入門コース」や「物理テキストシリーズ」などの力学や電磁気学からはじめるとよいだろう．

- 戸田盛和「力学」（物理入門コース 1），岩波書店，1982 [ISBN:4000076418]
- 小出昭一郎「解析力学」（物理入門コース 2），岩波書店，1983 [ISBN:4000076426]
- 長岡洋介「電磁気学 I　電場と磁場」（物理入門コース 3），岩波書店，1982 [ISBN:4000076434]
- 長岡洋介「電磁気学 II　変動する電磁場」（物理入門コース 4），岩波書店，1983 [ISBN:4000076442]
- 小出昭一郎「力学」（物理テキストシリーズ 1），岩波書店，1987 [ISBN:4000077414]
- 大貫義郎「解析力学」（物理テキストシリーズ 2），岩波書店，1987 [ISBN:4000077422]

この 2 つの物理コースは大体同じレベルだが，物理入門コースの方がより一貫性があって，入門者にはとりつきやすい．物理テキストシリーズは，岩波全書から衣替えしたものもあり，記述レベルにばらつきがあるように感じる．なお，解析力学とは力学を数学的に洗練された形にしたものであるが，その形式は量子力学の定式化にもつながった．物理理論をやるなら不可欠である．

力学，電磁気学の次は熱力学だ．やはり 2 つの物理コースから

- 戸田盛和「熱・統計力学」（物理入門コース 7），岩波書店，1983 [ISBN:4000076477]
- 横田伊佐秋「熱力学」（物理テキストシリーズ 3），岩波書店，1987 [ISBN:4000077430]
- 中村 伝「統計力学」（物理テキストシリーズ 10），岩波書店，1993 [ISBN:4000077503]

をあげておこう．最後の「統計力学」は，簡潔な語りでかかれている．統計力学とは，熱力学に現れる巨視的な物理量を微視的な視点から再構成しよ

うとするものだということもできる．熱・統計力学の真骨頂はBoltzmannの原理 $S = k \log W$ で，この原理を出発点として理論を論理的に構成することができる．この式のもつ意味を本当に理解するのはかなり難しい．それを突破できたら，

- ランダウ・リフシッツ（小林秋男 他訳）「統計物理学　上　第3版」，岩波書店，1980 [ISBN:4000057200]

- ランダウ・リフシッツ（小林秋男 他訳）「統計物理学　下　第3版」，岩波書店，1980 [ISBN:4000057219]

に進んでよいのだろう．筆者は通読したことがないが，初学者には難しいらしい．下巻をぱらぱらとページをめくったら，線形応答理論の久保公式も載っていた．あるいは，固体物理学方面に興味をもつ読者なら，

- キッテル，C.「キッテル　熱物理学　第2版」，丸善，1983 [ISBN:4621027271]

- キッテル　「統計物理」，サイエンス社，1977 [ISBN:478190212X]

がよいのかもしれない．この2冊の著者には，固体物理の入門書の定番

- C. キッテル（宇野良清 他訳）「固体物理学入門　上」（第6版），丸善，1988 [ISBN:462103250X]

- C. キッテル（宇野良清 他訳）「固体物理学入門　下」（第6版），丸善，1988 [ISBN:4621032518]

がある．

電子工学など物理学科以外の理工系なら，力学，電磁気学，熱・統計力学が学部課程までの物理学の主な内容であろう．これに加えて，量子力学の入門的な講義が用意されているが，原子核工学などでもない限り，相対性理論が教えられることはほとんどない．少なくとも筆者の経験ではそうであった．それでは現代物理学の2本柱，量子力学と相対性理論の本を紹介しよう．

13.2 物理学関係の本

　量子力学については，大学初年級から読めるものはやはり先の 2 つの物理コースから

- 中嶋貞雄「量子力学 I」(物理入門コース 5)，岩波書店，1983 [ISBN:4000076450]
- 中嶋貞雄「量子力学 II」(物理入門コース 6)，岩波書店，1984 [ISBN:4000076469]
- 阿部龍蔵「量子力学入門」(物理テキストシリーズ 6)，岩波書店，1987 [ISBN:4000077465]

をあげよう．上述の「量子力学 II」では，角運動量や電磁場の量子化も取り扱っていて，入門書のわりには内容的に充実していると思う．筆者もこの本で量子力学を学んだ．その時の感想は，電磁場の量子化は電磁気学をきちんとやっていれば何とか理解できるのに対し，角運動量の部分はやはり難解で，今でもきちんと理解しているとは言えない．これらの入門書を読破したなら本格的な

- ランダウ・リフシッツ・ピタエフスキー (佐々木健・好村滋洋 訳)「量子力学 1 – 非相対論的理論 (改訂新版)」(ランダウ =リフシッツ理論物理学教程)，東京図書，1983 [ISBN:4489000596]
- ランダウ・リフシッツ・ピタエフスキー (好村滋洋・佐々木健 訳)「量子力学 2 – 非相対論的理論 (改訂新版)」(ランダウ =リフシッツ理論物理学教程)，東京図書，1983 [ISBN:4489000588]

に進むのが標準的なのだろう．筆者もこれを読んだがやはり難しく，通読できていない．あるいは，先の入門書とこのランダウの本の中間レベルぐらいの本なら学部学生でも読めるかもしれない．そのような本が，

- シッフ, L. (井上 健 訳)「新版　量子力学　上」(物理学叢書　2)，吉岡書店，1970 [ISBN:4842701471]
- シッフ, L. (井上 健 訳)「新版　量子力学　下」(物理学叢書　9)，吉岡書店，1972 [ISBN:4842701587]

- 井上 健 監・三枝寿勝・瀬藤憲昭 「量子力学演習-シッフの問題解説」（物理学叢書 別巻），吉岡書店，1971 [ISBN:484270179X]

ではないだろうか．最初の2つの教科書の演習問題の詳しい解答解説が3つ目の演習書であり，これは日本人によって企画執筆されたものある．なお，この演習書に対して，ある東大4年生から約350項目の正誤表が送られてきて，そのほとんどが正しい指摘であり，それに従って訂正されたということである．このような熱心な読者がいるということは，量子力学で最もスタンダードな本ともいえるのではないだろうか．そして，教科書を熱心に読むことができるのは大学生のときしかない，とも言えるような気がする．

場の量子論などこれ以上の量子力学は大学院レベルなのでもう筆者には紹介する資格はない．ただ，日本の優れた理論物理学者による

- 西島和彦「相対論的量子力学」（新物理学シリーズ13），培風館，1973 [ISBN:4563024139]

だけはあげておこう．

相対性理論の本に移る前に，相対性理論の成立過程を量子力学と比較しておこう．量子論の始まりは，Planck のエネルギー量子仮説，Einstein の光量子仮説に始まり，de Broglie, Schödinger の波動力学，Heisenberg の行列力学を経て，Dirac による定式化をもって一応完成する．この過程の一つ一つが重要であり，多くの実験データを踏まえており，ある意味量子論は多くの物理学者の合作である．これに対し，相対性理論は Einstein1 人によってその基本的な大部分が完成された．特殊相対性理論は，Einstein の 1905 年の論文にそのほとんどすべてがあった．その数学的な表現こそ Lorentz や Poincare たちの研究ですでに得られていたものであったが，エーテルの実在を否定し，時間の相対性にはっきりと踏み込んだのは Einstein が最初であった．Newton の重力理論を特殊相対性理論に整合させようと Einstein 以外の当時の碩学たちも努力した．数学者 Riemann が完成させていた曲がった空間の幾何学を利用して，一般相対性原理と等価原理という指導原

理によって Newton の重力理論含む相対論的重力理論を完成させたのはやはり Einstein であった．この相対論的重力理論すなわち一般相対性理論の基本方程式としての Einstein 方程式は，数学的，演繹的なやりかたで導かれ（1915），それをもとにいくつかの予言を行い，あとから観測的裏付けが次々となされたのである．完全な理論先行であり，基礎理論の重要な考えはほとんど Einstein 一人によって提出された点が，多くの優れた物理学者の合作としての量子力学と対照的である．

最初に，Einstein 本人による特殊相対性理論の原論文の訳本

- アインシュタイン，A.（内山龍雄 訳・解説）「アインシュタイン 相対性理論」（岩波文庫），岩波書店，1988 [ISBN:4003393414]

をあげておこう．

大学初年級から読める相対性理論の本としては，やはり

- 中野董夫「相対性理論」（物理入門コース 9），岩波書店，1984 [ISBN:4000076493]

が最適だろう．非常に読みやすく，隅々まで通読する価値がある．呑み込みの遅い筆者にとっては，巻末で「最初からすべてを理解しなくてもよいから，むずかしいところは残しておいて，後から気分をかえて読みなおしてほしい」と著者が述べてあることがありがたかった．ただし，この本は，一般相対性理論については概要にとどめてある．相対性理論の基礎を学んだというには，やはり一般相対性理論まで含む

- 内山龍雄「相対性理論」（物理テキストシリーズ 8），岩波書店，1987 [ISBN:4000077481]

がよいだろう．これも隅々まで読む価値がある．個性の強かった著者が自慢しているだけのことはあると思う．筆者はこの本を学生時代に通読しきれなかった．この本や後に紹介するランダウの本のテンソル解析の部分をやる気がどうしても起こらなかった．当時は，物理学科の学生でもなかったから，特殊相対性理論までやれば十分と考えていた．いつか読んでみよ

うと思ううちに 10 数年が経ち，あるきっかけで，一般相対論を理解したいと思うようになり，夏休みなどを利用して集中的にやってみたらなんとか理解できたような気がする．一般相対論のファンはかなりいるらしいが，そのような専門家でない者が一般相対論を理解できたかどうかを判断する基準の一つがこの本を読破できるかどうかだろう．著者もそう言っている．あえて付け加えるなら，この本で最初のほうに述べてある「双子のパラドクス」の一般相対論的解決を完全な議論にできることだ．

一般相対性理論の教科書のスタンダードは，

- C. メラー(永田恒夫・伊藤大介 訳)「相対性理論」，みすず書房，1959 [ISBN:4622025086]

- ランダウ・リフシッツ（恒藤敏彦・広重徹 訳）「場の古典論 電気力学，特殊および一般相対性理論」（原書第 6 版），東京図書，1978

と言われている．筆者はメラーの本を最近購入して部分的に読んだが，使用されている記号が古く少し読みにくかった．ランダウの本は必要なことを常に最短で述べているような印象を受ける．筆者はランダウの本を学生時代に一般相対性理論の部分以外を通読した．電気力学の部分に感動を覚え，とくに運動する点電荷のつくる放射電磁場を正確に計算するのに徹夜したことを記憶している．一般相対性理論の部分はすべてではないが最近読んだ．印象は当時と変わらない．次の一冊

- P.A.M.Dirac（江沢 洋 訳）「一般相対性理論」，筑摩書房，2005 [ISBN:4480089500]

は，入門書と標準テキストを読んだ後に読んでみるとよいような気がする．文庫本サイズで，ページ数も少ない．大学初年級ぐらいの数学的知識で丁寧に解説している部分があったりして，天才理論物理学者 Dirac がこんなことまで説明するのか，と驚いてしまったりする．

最後に，この本の相対性理論の部分は,「特殊相対論的力学」として「理系への数学」（2006 年 8 月号)に記載したときに比べて何倍もの分量になっ

ている理由を述べておこう．その記事には，(12.2) を載せていた：

$$\tau_{12} = t_{12}\sqrt{1 - V^2/c^2}$$

ある相対論の専門家から，「これでは τ_{12} はローレンツ変換の V に直接依存してローレンツ不変になりません」という指摘を受けた．これはおかしいとすぐ思った．なぜなら，座標時間 t_{12} も V に依存し，$t_{12} = \tau_{12}/\sqrt{1 - V^2/c^2}$ となるからだ．ただ，この説明では堂々めぐりのようになってしまうので，きちんと示しておこう．この式の左辺 τ_{12} は微分形 $d\tau = dt\sqrt{1 - v^2/c^2}$ を $v(t) = V\,(t_1 \leqq t \leqq t_2)$ という特別な場合に積分したものである．$d\tau$ が Lorentz 不変であることを示すには，$(vdt)^2 = (dx)^2 + (dy)^2 + (dz)^2$ であるから，

$$\begin{aligned}dt\sqrt{1 - v^2/c^2} &= \sqrt{dt^2 - (vdt)^2/c^2} = \frac{1}{c}\sqrt{(cdt)^2 - (dx)^2 - (dy)^2 - (dz)^2} \\ &= \frac{1}{c}\sqrt{(dx^0)^2 - (dx^1)^2 - (dx^2)^2 - (dx^3)^2}\end{aligned}$$

と書き直せば一目瞭然になる．ここで，$ct = x^0, x = x^1, y = x^2, z = x^3$ と書いた．この根号内の量は世界距離という Lorentz 不変量の2乗であるから，$d\tau$ したがって τ_{12} が Lorentz 不変になる．

その相対論の専門家はさらに，筆者が「双子のパラドックスに陥っている」という．数式に対する先の指摘は別として，これは検討してみる価値あると真摯に考えた．なぜなら，多くの相対論の入門書における「双子のパラドクス」に関する記述に筆者も満足しておらず，「双子のパラドクス」についての理解はあいまいなままであったからだ．

そこで，この指摘がきっかけになり，「双子のパラドクス」の完全解決を試みたのが本書の相対性理論の部分である．それは，ここで紹介してきた入門書を読み直すことからはじまり，ややこしいテンソル解析など一般相対性理論の基本から勉強し始めた．ある程度理解でき始めてきた頃，内山龍雄先生の「相対性理論」（物理テキストシリーズ 8，岩波書店，1987）に双子のパラドクスの一般相対論に基づく簡潔な解決が示してあり，その直後「ここで述べた説明のかわりに厳密な計算をしても，これと同じ結果がなりたつ」(26 ページ) と書いてあったことを思い出し，その線に沿った

「厳密な計算」を行ったのである．夏休みなどを利用し，毎日少しずつ考え，期間にして2,3週間ぐらいかかっただろうか．ここで紹介した素晴らしい入門書，教科書の力をかりて，筆者のような凡人でも，学生時代にはなんとなくしか理解できていなかった双子のパラドクスを，ようやく一般相対論による定量的な理解ができたような気がする．

　少し話しが横道にそれてしまった．

　最後に相対性理論の本を読む時に注意しなければならないことを一つ述べておこう．それは，計量テンソルや曲率テンソルの符号の定義がその本の著者によって異なることだ．これまで紹介した本もバラバラである．相対性理論の公式を丸暗記しようなどと思わなければ，それほど混乱することはない．著者の採用している定義をなるだけはやく認識しよう．相対性理論の論理は首尾一貫しているので，みかけの数式の違いにこだわることなく，一貫した論理記述に従うだけである．少なくとも基礎理論はそれでよい．

　弾性体・流体の力学について，やはり2つの物理コースから

- 恒藤敏彦「弾性体と流体」(物理入門コース8), 岩波書店, 1983 [ISBN:4000076485]
- 今井 功「流体力学」(物理テキストシリーズ9), 岩波書店, 1993 [ISBN:400007749X]

をあげておこう．流体力学は水工土木や機械航空などの分野では必須である．基本方程式のナヴィエ・ストークス方程式は複雑な非線形偏微分方程式で，コンピュータの強力な計算力を使ってシミュレーションすることが行われる．数値流体力学という分野が確立していて，世界有数のスーパーコンピュータ「地球シミュレータ」は有名である．

　物理数学の本として，数学関係の本で紹介した，寺沢寛一「自然科学者のための数学概論 増訂版改版」(岩波書店, 1983)の他に，やはり物理入門コースから

- 和達三樹「物理のための数学」（物理入門コース 10），岩波書店，1983 [ISBN:4000076507]

をあげておく．

Section 13.3
情報科学関係の本

　最近はITの普及やヒトゲノム解析など，情報科学という理学部門も認知されている．筆者は一応電子工学科出身だが，学生時代（1986-1990）に本格的にコンピュータに取り組んだことはない．学部でチューリングマシーンなどの計算論の講義を受けたが，当時はさっぱりわからなかった．そのときの教科書

- J. ホップクロフト　「オートマトン 言語理論 計算論」（Information & computing），サイエンス社，1986 [ISBN:4781904327]

をあげておくが，抽象的で分かりにくかったイメージが未だに筆者の通読を拒んでいる．高校数学を意識してかかれた情報数学の本

- 寺田文行「情報数学の基礎−暗号・符号・データベース・ネットワーク・CG」（ライブラリ理工基礎数学　7），サイエンス社，1999 [ISBN:4781909140]

は結構いろいろなことが書かれている．

　情報科学系で，シャノンの情報理論（通信の数学的理論）に関する本を紹介しないわけにはいかない．次の教科書はよく読まれているようだ：

- 今井秀樹「情報理論」，昭晃堂，1984 [ISBN:4785611391]

本書で紹介した標本化定理（Diracのδの応用で紹介）もこれに含まれる．最近のの通信技術の発展はめざましい．これまで，数学の応用に関する教科書は，ほとんどが解析学関係で，整数論・代数学関係の本はほとんどな

かったように思う．データの暗号化やデータ通信の符号誤り訂正の技術は，整数論やガロア理論など代数系の数学に基づくものが多い．それを反映してか，最近は

- 平林隆一「工学基礎　代数系とその応用」（新・工科系の数学　TKM-A1），数理工学社，2006 [ISBN:4901683403]

のような本もでてきた．これらの本を読めば，符号理論におけるデジタル信号の誤り訂正には純粋数学のガロア体が応用されていることを知る．多少の傷がついた音楽 CD が再生できるのもガロア体のおかげだということである．純粋数学が，物理理論や工学理論の思いがけないところで応用されることがあることの例である．

　この後は実用的な本を紹介しよう．読者は，かつて数学者や物理学者などを志したが，実際の仕事は実用的な業務を行っているかもしれない．筆者は出身こそ電子工学だが，在学時はコンピュータ関係には一切興味を持たず，ひたすら紙と鉛筆の計算を重要視していた．いわゆるパソコンをプログラミングを使ったりして本格的に活用しだしたのは 30 歳を過ぎてからである．社会の IT 化が進んでいる最中，少なくとも PC オフィスソフトのいくつかを使いこなすことは最低限のスキルになりつつある．

　先に，筆者がパソコンを本格的に使いだしたのは 30 歳過ぎてからと書いたが，ひとつだけ 20 代後半から付き合ってきたソフトがある．それは，文書処理ソフト LaTeX である．これは，米国の有名な数学者・コンピュータ科学者 D．クヌースが開発した組版ソフト TeX を使いやすくしたマクロパッケージで，数式出力の美しさでこれに勝るものはない．フリーウェアであり，数理系の学生や研究者の論文執筆のスタンダードである．UNIX 生まれのソフトであるが，現在では Windows にも移植され，理系，経済系の論文だけでなく，一般の出版においても明らかに LaTeX で組版したものがでてきた．筆者は，研究者でなくとも，数学教員になったからにはこれは使いこなさなければならないと思って使ってきた．本書の原稿も LaTeX で書いた．しかし，まもなく LaTeX はふつうのオフィスで使われていないこと

がわかってきた．通常のワープロソフトのように見たままの画面がそのまま印刷物になるのではなく，Web ページ記述言語の HTML に似たコマンドを書かなくてはならない．ある程度基本的なコマンドを覚えなくてはならないのが障害となって，一般には普及していないようだ．これについては次の一冊をあげておこう．

- 奥村晴彦「LaTeX 2_ε 美文書作成入門 改訂第 4 版」，技術評論社，2006 [ISBN:4774129844]

一般の人が簡単に使えるソフトウェアのほとんどは，数学的な知識がなくても使えるようになっている．そうでないと一般に普及しないからである．現在最も普及しているオフィスソフトウェアは間違いなく Microsoft Office である．この中に含まれている Word，Excel，PowerPoint は，主に文書作成，会計処理，プレゼンテーションなどの日常業務で頻繁に使用される．これに対して，Access というデスクトップ用のリレーショナルデータベースを使いこなせる人はあまりいない．これらの Office ソフトは，機能的にはバージョン 2000 で充実しており，その後のバージョンアップは主に使いやすくすることを念頭においているようだ．Excel の豊富な関数機能や Access を使いこなすには数学的なセンスが必要になる．

リレーショナルデータベースの基礎は数学的な集合論に基づいていて，様々な種類のデータを 2 次元の表に格納して，この複数の表に数学的な集合演算を施すことにより，いろいろな情報を引き出すことができるようになっている．この演算は関係代数と呼ばれている．SQL というリレーショナルデータベースのデータを実際に操る言語は，この関係代数をもとに作られているので，リレーショナルデータベースを使いこなせるかどうかは，関係代数の考えを理解しているかどうかに大きく左右される．SQL は，いろいろなソフトウェアの開発言語の中で使用することができ，住所録管理から，アンケートデータ処理，テストの成績処理まで実にいろいろなことができる．書店の PC 書籍コーナーにも Access の操作マニュアルはたくさん出ているが，関係代数まで踏み込んで解説しているものは少ない．デー

タベース関連の専門書籍を置いているところに行けば，関係代数やSQLの詳細を述べている本がでてくる．例えば，

- 増永良文「データベース入門-データモデル・SQL・管理システム」(Information & Computing 43)，サイエンス社，2003 [ISBN:4781910246]

- 木村博文・高橋麻奈 著 梅田弘之 監「入門SQL- 10日でマスターするデータベース実習教室」，ソフトバンクパブリッシング，2000 [ISBN:4797309644]

- 梅田弘之・鈴木達也「実践SQL- 10日でマスターするデータベース実習教室」，ソフトバンクパブリッシング，2001 [ISBN:4797309652]

がある．最初のものは教科書で，後の2つは実務向けの本である．関係代数やSQLに興味を持つことは，大規模なデータベースサーバーなどを扱う本格的なデータベースエンジニアになるためには必要条件である．そうではなくて，デスクトップ用リレーショナルデータベースであるMicrosoft Accessを小規模な職場での事務に活用したいと考えるなら，一般PC書籍コーナーに氾濫しているいくつかの解説書で操作法をマスターして，

- 谷尻かおり「ACCESS VBA応用プログラミング- ACCESS2000徹底入門」，技術評論社，2000 [ISBN:4774109258]

- 望月宏一「実践ACCESSデータベース上級テクニック」，日経BP社，2001 [ISBN:482220930X]

などを読んで実務に活用できれば十分だろう．

Section 13.4
その他の本

本書やこれまで紹介していた数理科学系の本には数式がたくさん含まれ

ている．数式というのは世界共通の数学言語で，客観的，論理的をその特徴とする科学を議論するための便利な道具である．それは，高度な知性を連想させるので，数式に慣れていない人に科学的な議論をするときに示すと無言の圧力を示すだろう．

このように科学は絶対的に客観的で論理的なものであり，政治や宗教，あるいは感情に基づく人間の行為のようなものに比べて誤りを犯す確率が非常に小さいと思われている．もし，ある科学の理論が誤りならそれは実験によってすぐ成否が確認され，常に正しい科学だけが存在していると．しかし，上述した科学に対する見方を鵜呑みにしている人がいれば，それは明らかに間違いだと言っておかなければならない．科学の世界であっても，主観に基づく偏見，出世主義，ドロドロとした人間関係があり，データ捏造，盗作など欺瞞が存在する．もちろん，そのような中で一級の科学だけが（時間はかかっても）最終的には生き残り，筆者のような一般の人々は，人類の持つ知性の素晴らしさに感動し，その社会生活を科学技術の成果に依存している．ここでは，

- W. ブロード，N. ウェイド (牧野賢治 訳)「背信の科学者たち」（ブルーバックス Y1140），講談社，2006 [ISBN:4062575353]

- 竹内 薫「99.9 パーセントは仮説 思いこみで判断しないための考え方」（光文社新書 241），光文社，2006 [ISBN:4334033415]

を挙げておこう．

索 引

Bernoulli
　—数, 188
Bezier, 179
　—曲線, 179–183, 186
braベクトル, 106
Brown
　—運動, 130

Cauchy
　—の積分定理, 81, 82
　—の超関数論, 101
convolution, 115
Cristoffel
　—の記号, 262–264, 267, 269, 270

Dirac, 97, 101
　—のデルタ関数, 88, 91, 98, 111

Einstein, 46, 47, 130, 215, 221, 265, 266
　—テンソル, 265, 270
　—方程式, 258, 266, 270
Euclid

　—空間, 218
Euler, 188
　—の公式, 53, 56, 65–68, 97
　—の方程式, 49–51

Fourier, 89
　—逆変換, 114, 116, 117
　—級数, 115, 117
　—積分表示, 90, 98, 109
　—展開, 87, 89–92, 98, 99, 114
　—変換, 87, 89–91, 98, 109, 114–116

Gauss
　—記号, 131, 137

Heaviside
　—関数, 90, 110–112
Hermite, 103
　—共役, 103
　—行列, 103, 104
Hilbert
　—空間, 101

Jacobi

―行列, 46

Jordan

　―の階乗記号, 2

ket ベクトル, 106

Lagrange

　―の補間多項式, 184, 186

　―微分, 47

Leibniz, 5, 6, 46

Lorentz

　―収縮, 224, 225, 255

　―不変, 218, 219, 224, 225, 243, 247, 255

　―変換, 216, 218–220, 229, 243–246, 260

　―力, 221, 222, 224, 245, 247

Markov

　―連鎖, 119–122, 126, 129, 130

Maxwell

　―の応力テンソル, 250, 251

　―方程式, 247–249, 254, 264

Minkowski, 167

　―時空, 218, 241–243, 246, 247, 266, 268, 270, 278

　―の四元力, 244, 247

Newton, 215

　―の運動方程式, 49, 73, 221, 269

　―の重力理論, 264, 265

　―ポテンシャル, 264, 266, 268, 269

　―力学, 130, 153, 215, 221, 226, 227, 241, 242, 244, 257, 268

　―力, 97, 245

Picard

　―の逐次近似法, 59

Poisson

　―方程式, 264–266

Ricci

　―テンソル, 264–267, 270

Riemann, 188

　―積分, 77, 78

　―予想, 188

Riemann-Cristoffell の曲率テンソル, 267

SQL, 202, 203

Stokes

　―の波動公式, 94

Taylor

　―展開, 12, 15–17, 19, 20, 56, 67

　―の定理, 9–11, 23, 28

unitary

―行列, 103

Weierstrass
　―の多項式近似定理, 10
　―の定理, 61

一様収束, 61, 83
一般相対論, 226, 242, 257, 258, 265, 266, 268, 276, 278, 280, 284

運動方程式, 18, 49, 73–75, 221, 229, 233, 244, 247, 250, 256, 260, 261, 263, 264, 269

エネルギー運動量テンソル, 250, 253, 254, 256, 265, 267

階乗, 2
回転流体, 50, 52
カオス, 153, 167
拡散方程式, 85, 86
確率過程, 130
荷電粒子, 221–226, 233, 245, 247, 256, 263, 265
完全流体, 47, 49, 50

極小, 16, 17, 23, 24, 27–29
極大, 17, 23, 24, 27–29
極値, 20, 23–25, 27–29
曲率テンソル, 266, 267, 269, 270

区間力学系, 142, 166, 167
組み合わせ, 2, 3
群, 160, 161

結合演算, 199, 201, 203

広義積分, 78, 79
固有時, 219
固有時間, 216, 219, 220, 227–230, 235, 237, 243, 247, 260, 271, 278, 280, 283, 284
固有値, 103–105, 107, 108, 163, 165
　―問題, 105
固有値問題, 25, 103, 104, 160
固有ベクトル, 102, 103, 165

磁場, 222–224, 242, 246–248
射影演算, 200, 203
周期点, 140–143, 146, 149, 150, 153–156, 160, 164, 166, 167
収束, 10–13, 15, 16, 19, 20, 57, 59, 61, 77, 79, 83, 90, 98, 99, 117, 133, 134, 137, 139–141, 151, 187, 188
重力場, 215, 257–260, 263–269, 271, 272, 280
重力ポテンシャル, 259, 263, 267
順列, 2

条件収束, 16
常微分方程式, 31, 70, 89, 93, 273

スカラ値関数, 44, 45, 113
スカラ場, 86

静止流体, 47–49
整数, 1–7, 53, 54, 68, 119, 126, 127, 131, 133–136, 140, 141, 143, 145, 148, 150–152, 154, 158–160, 163, 164, 166, 170, 174, 178, 179, 200
世界距離, 218, 219, 243, 245, 258, 272, 273, 276, 278, 284

積の法則, 1
絶対参照, 192
絶対収束, 57, 61, 65–67
線形, 10, 18, 25, 57, 69, 70, 89, 93, 102–104, 160, 194
線形代数, 101, 102
選択演算, 200, 201, 203
全微分, 21–23, 279

素因数分解, 173–175, 177, 178
相対参照, 170, 192, 193, 195
相対論, 215, 222, 223, 225, 227, 242, 283
測地線, 267
測地線方程式, 263, 272

畳み込み, 115

逐次近似法, 56, 59

電磁場, 221–223, 242, 245–251, 253, 254, 256, 263–265, 267

電磁ポテンシャル, 248, 263
電場, 222–226, 232, 233, 242, 246, 247

特殊相対論, 218, 221, 222, 226–229, 234, 241, 242, 244, 245, 257, 258, 260, 263, 265, 266, 268, 276–281, 283, 284

ナブラ, 44, 113

二項係数, 3, 6–8, 170
二項定理, 4, 6
二項展開, 7, 8

熱伝導方程式, 86, 87

場, 16, 17, 44, 50, 73, 250, 263, 266
波動方程式, 89, 92, 93, 95

非線形, 273
微分方程式, 14, 18, 31, 32, 34–37, 51, 55–59, 64, 65, 87, 89, 93, 97, 139, 170, 235

複合参照, 192

複素数, 2, 3, 7, 12, 15, 53–57, 63, 64, 66, 67, 69, 72, 75, 81, 83, 98, 102–104

双子のパラドクス, 228, 229, 231, 232, 236, 257, 271, 276–278

平均値の定理, 9, 10

平均到達時間, 130

べき級数, 7, 11–13, 15, 16, 56, 57, 64–67, 84

ベクトル値関数, 44–46, 113

ベクトル場, 86, 242

変数分離法, 34, 35

偏微分方程式, 31, 89, 242

ポテンシャル, 16, 17, 73, 264

無限積分, 79, 90, 91

離散力学系, 139, 168

量子力学, 97, 101, 104, 107

リレーショナルデータベース, 197, 198, 201, 203

連続の式, 50

和の法則, 4

Memo

Memo

(著者紹介)

松延宏一朗（まつのぶ こういちろう）
  1967 年　福岡県生まれ
  1990 年　九州大学工学部電子工学科卒業
  民間企業勤務などを経て
  1994 年　福岡県立高校数学教員
  現在に到る

科学ファンのための理工系数学　　　2007 年 7 月 12 日　　初版 1 刷発行

検印省略	著　者　松延宏一朗
	発行者　富田　栄
	発行所　株式会社　現代数学社
	〒 606-8425　京都市左京区鹿ヶ谷西寺ノ前町 1
	TEL&FAX 075 (751) 0727　振替 01010-8-11144
	http://www.gensu.co.jp/

印刷・製本　　モリモト印刷株式会社

ISBN 978-4-7687-0372-4　　　　　　　　　落丁・乱丁はお取替え致します．